自然语言处理

双　锴　编著

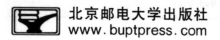
北京邮电大学出版社
www.buptpress.com

内 容 简 介

本书着眼于自然语言处理的一些经典研究和前沿应用,重点介绍了深度学习在自然语言处理中的应用。全书共分为 11 章。第 1 章概述了自然语言处理的发展过程、难点及应用等。第 2～10 章从自然语言处理中的基本概念和基础知识出发,逐步介绍了语言模型、分类任务、信息抽取、知识图谱、机器翻译、摘要生成、语言分析这几种典型的基础型和应用型研究任务的发展、算法原理和模型结构以及未来趋势。第 11 章前瞻性地对时下热门的研究方向进行了分析和讨论。作者对于全书结构和内容都有精心设计,既涵盖科普类知识,避免复杂的公式堆叠,用通俗直白的语言讲解算法的设计思想,又配合有大量的技术性介绍和分析,包括如何利用主流的深度学习框架进行复现,实现了算法和应用的合理结合。

本书的读者对象既包括对该领域不甚了解的普通大众,也包括高校相关专业在校学生以及从事相关领域研究的技术人员。

图书在版编目(CIP)数据

自然语言处理 / 双锴编著 . -- 北京:北京邮电大学出版社,2021.8(2023.4 重印)
ISBN 978-7-5635-6385-2

Ⅰ. ①自… Ⅱ. ①双… Ⅲ. ①自然语言处理 Ⅳ. ①TP391

中国版本图书馆 CIP 数据核字(2021)第 104311 号

策划编辑:姚 顺 刘纳新　　责任编辑:刘 颖　　封面设计:七星博纳

出版发行:北京邮电大学出版社
社　　　址:北京市海淀区西土城路 10 号
邮政编码:100876
发 行 部:电话:010-62282185　传真:010-62283578
E-mail:publish@bupt.edu.cn
经　　　销:各地新华书店
印　　　刷:保定市中画美凯印刷有限公司
开　　　本:787 mm×1 092 mm　1/16
印　　　张:15.5
字　　　数:384 千字
版　　　次:2021 年 8 月第 1 版
印　　　次:2023 年 4 月第 3 次印刷

ISBN 978-7-5635-6385-2　　　　　　　　　　　　　　　　定　价:39.00 元

大 数 据 顾 问 委 员 会

大数据专业教材编委会

　　这是一本关于使用深度学习方法解决自然语言处理任务的教材,书中涵盖与自然语言处理相关的多项任务,内容新颖,紧跟技术潮流,几乎覆盖了该领域近几年的全部研究方向。笔者尽量避免使用长篇大论的公式推导和晦涩难懂的理论解释来向读者阐明观点,相反地,在编写时尽量选择通俗易懂的语言并结合生动的应用场景来进行描述。希望读者在阅读过程中不会产生过多理解障碍,最终可以对现代自然语言处理任务形成一个宏观的认识。这是一本既适合高年级本科生又适用于有一定研究基础的研究生入门自然语言处理领域的教材,同时该书也可以供相关领域的工程技术人员参阅。

　　作为自然语言处理领域普及类教材,本书从自然语言处理基础到深度学习中的应用,再到其他研究热点的介绍及发展趋势的展望,对自然语言处理领域进行了详细且系统的概括和介绍,有助于读者对该领域的研究脉络进行总结和梳理。全书共分为11章。第1章概述了自然语言处理的发展过程、难点及应用等。第2～10章从自然语言处理中的基本概念和基础知识出发,逐步介绍了语言模型、分类任务、信息抽取、知识图谱、机器翻译、摘要生成、语言分析这几种典型的基础型和应用型研究任务的发展、算法原理和模型结构以及未来趋势。第11章前瞻性地对时下热门的研究方向进行了分析和讨论。

　　书中每个章节都提供了一些精选思考题。这些题目不仅可以帮助读者回顾本章的基础知识,更重要的是引导读者对本章的重点内容进行回顾和思考。对于一般课程,这些思考题的深度足以支持。为了给学有余力的读者进一步提升的空间,建议在授课时辅以编程大作业,把知识融会贯通到实践中有利于加深对知识点的理解。

　　为了保证本书涵盖尽可能广的自然语言处理中的各项任务,同时在讲解相关理论和技术细节时足够清晰直白,本书在编撰时有详有略,因此存在一些无法详细阐述的技术细节。此外,和深度学习相关的自然语言处理研究结论日新月异,书中的相关说法和对应内容很难保证在出版时仍保持业界最新,想要做到知识同步还需要读者及时查阅资料。为了启发读者,本书提供了一些经典或更为专业的扩展阅读材料,便于读者深入了解,读者可扫描相关二维码阅读。书中涉及的英文专业术语,考虑到读者阅读的流畅性将其中一部分直译为中文术语,但绝大多数保持其原始英文表述,一是由于意译的结果不统一易引起歧义,二是有意使读者提前熟悉这些文献中的高频词。

　　随着人工智能的飞速发展,自然语言处理也成为研究热点,大量的学术成果和工业应用推动着自然语言处理的进步。虽然身为自然语言处理的研究者,但笔者的时间和精力有限,可能对于自然语言处理的一些问题的理解也不够深入,甚至有些地方可能存在出入,因此书中难免有谬误之处,希望读者指出后一起讨论。

双　锴

于北京邮电大学

目　录

第1章

绪　论

本章思维导图

　　语言是人类区别于其他动物的本质特性,人类的多种智能都与语言有着密切的关系。人类的逻辑思维以语言为形式传达,人类的绝大部分知识也是通过语言文字的形式进行记载从而流传下来。因而,用自然语言与计算机进行通信,具有明显的理论意义和实际价值,必然成为人工智能的一个核心发展方向。

　　自然语言处理经历过怎样的发展历程,现在面临什么样的瓶颈? 从研究内容和应用角度具体落地为哪些任务? 现在最热门的深度学习技术是如何运用在自然语言处理领域的? 本章将对这些问题进行简要的概括介绍。

　　图 1-1 为本章的思维导图,是对本章的知识脉络的总结。

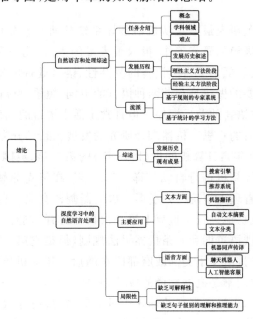

图 1-1　绪论思维导图

1.1　自然语言处理发展

1.1.1　什么是自然语言处理？

（1）自然语言处理的概念

自然语言处理（Natural Language Processing，NLP）是人工智能和语言学交叉领域下的分支学科。该领域主要探讨如何处理及运用自然语言、自然语言认知（即让计算机"懂"人类的语言）、自然语言生成系统（将计算机数据转化为自然语言），以及自然语言理解系统（将自然语言转化为计算机程序更易于处理的形式）。

所谓"自然语言"，其实就是我们日常生活中使用的语言（在这里还包括书面文字和语音视频等），人们熟知的汉语、日语、韩语、英语、法语等语言都属于此范畴。至于"自然语言处理"，则是对自然语言进行数字化处理的一种技术，是通过语音文字等形式与计算机进行通信，从而实现"人机交互"的技术。

（2）自然语言处理的学科领域

自然语言处理是一门多学科交叉的技术，其中包括语言学、计算机科学（提供模型表示、算法设计、计算机实现）、数学（数学模型）、心理学（人类言语心理模型和理论）、哲学（提供人类思维和语言的更深层次理论）、统计学（提供样本数据的预测统计技术）、电子工程（信息论基础和语言信号处理技术）、生物学（人类言语行为机制理论）。

1.1.2　自然语言处理的发展历史

自然语言处理的相关研究最早是从机器翻译系统的研究开始的。20 世纪 60 年代，国外对机器翻译曾有过大规模的研究工作，投入了大量的人力、物力和财力。但是，受到客观历史因素的限制，当时人们低估了自然语言的复杂性，语言处理的理论和技术均不成熟，所以进展并不大。当时主要的做法是存储两种语言的单词、短语对应译法的大词典，翻译时一一对应，技术上只是调整语言的前后顺序。但日常生活中语言的翻译远不是如此简单，很多时候还要参考某句话前后的意思。机器翻译研究的发展大致可分为三个时期。

初创期（1947—1970 年）：计算机问世（1946 年）的第二年，英国工程师布斯和美国工程师威弗最早提出了利用计算机进行自动翻译。1952 年，在洛克菲勒基金会的大力支持下，一些英美学者在美国麻省理工学院召开了第一次机器翻译会议。1954 年，《机器翻译》杂志开始公开发行。同年，成功地进行了世界上第一次机器翻译试验。尽管这次试验用的机器词汇仅仅包含了 250 个俄语单词和 6 条机器语法规则，但是它第一次向公众和科学界展示了机器翻译的可行性，并且激发了美国政府部门在随后十年对机器翻译进行大量资助。随着研究的深入，人们看到的不是机器翻译的成功，而是一个又一个它无法克服的局限。第一代机器翻译系统设计上的粗糙所带来的翻译质量的低劣，最终导致了一些人对机器翻译的研究失去信心。有些人甚至错误地认为机器翻译追求的全自动质量目标是不可能实现的。

机器翻译的研究就此陷入低谷。

复苏期(1971—1976 年)：尽管机器翻译的研究困难重重，但是法国、日本、加拿大等国仍然坚持机器翻译的研究。在 20 世纪 70 年代初期，机器翻译又出现了复苏的局面。在这个时期，研究者们普遍认识到，原语和译语两种语言的差异不仅表现在词汇上，而且表现在句法结构上，为了得到可读性强的译文，必须在自动句法分析上多下功夫。通过大量的科学实验，机器翻译的研究者逐渐认识到机器翻译过程本身必须保持原语和译语在语义上的一致，一个好的机器翻译系统应该把原语的语义准确无误地在译语中表现出来。于是，语义分析在机器翻译中越来越受到重视。美国斯坦福大学的威尔克斯提出了"优选语义学"，并在此基础上设计了英法机器翻译系统。这个系统的语义表示方法比较细致，能够解决仅仅用句法分析难以解决的歧义现象、代词所指等困难问题，译文质量较高，受到专家学者的一致肯定。

繁荣期(1977 年至今)：繁荣期最突出的特点是机器翻译研究走上了实用化的道路。在这段时期，出现了一大批实用化的机器翻译系统，机器翻译产品开始进入市场，逐渐由实用化步入商业化。其中，第二代机器翻译系统以基于转换的方法为代表，普遍采用以句法分析为主、语义分析为辅的基于规则的方法和由抽象的转换表示的分层次实现策略。比如加拿大蒙特利尔大学开发研制的实用性机器翻译系统 TAUM-METEO 就采用了典型的转换方法，整个翻译过程分为 5 个阶段(英-法翻译)：英语形态分析、英语句法分析、转换、法语句法生成和法语形态生成。这个翻译系统投入使用之后，每小时可以翻译 6 万～30 万个词，每天可以翻译 1 500～2 000 篇天气预报的资料，并能够通过电视、报纸立即公布。TAUM-METEO 系统是机器翻译发展史上的一个里程碑，它标志着机器翻译由复苏走向了繁荣。

我国机器翻译的起步并不算太晚，是继美国、苏联、英国之后世界上第四个开展机器翻译研究的国家。早在 20 世纪 50 年代机器翻译就被列入我国科学研究的发展规划。一些研究人员还进行了俄汉机器翻译实验，取得了一定的研究成果。我国机器翻译研究的全面开展始于 20 世纪 80 年代中期，特别是 20 世纪 90 年代以来，一批机器翻译系统相继问世，其中影响力较大的有：中软总公司开发的汉日翻译系统(1993 年)，中科院计算所研制的IMTEC 英汉翻译系统(1992 年)等。

在自然语言处理的形成和发展进程中，除机器翻译外，自然语言理解所起到的作用也是不可忽视的。自然语言理解的发展始于 20 世纪 60 年代中期机器翻译处于举步维艰之时，到了 20 世纪 70 年代初，它的研究已获得了累累硕果。自然语言理解又称"人机对话"，就是"让计算机理解自然语言，使计算机获得人类理解自然语言的智能，并对人给计算机提出的问题，通过对话的方式，用自然语言进行回答"。20 世纪 60 年代中期，人们开始由"词对词"的翻译方式逐步转入对自然语言的语法、语义和语用等基本问题的研究，并尝试让计算机来理解自然语言。许多学者认为，判断计算机是否理解了自然语言的最直观方法，就是让人类同计算机对话，如果计算机对人提出的问题能做出有意义的回答，那就证明计算机已经理解了自然语言。最初的"人机对话"系统(或"自然语言理解"系统)的研究工作主要在美国。一般来讲，第一代自然语言理解系统可以分为四种类型：

① 特殊格式系统。根据人机对话内容的特点，采用特定的格式来进行人机对话。

② 以文本为基础的系统。某些研究者不满意在特殊格式系统中种种格式的限制，因为就一个专门领域来说，最方便的还是使用不受特殊格式结构限制的系统来进行人机对话。

③ 有限逻辑系统。在这种系统中,自然语言的句子以某种更加形式化的记号来替代,这些记号自成一个有限逻辑系统,可以进行某些推理。

④ 一般演绎系统。它使用某些标准数学符号来表达信息,可以表达那些在有限逻辑系统中不容易表达出来的复杂信息,从而进一步提高自然语言理解系统的能力。

随着研究的进一步深入,第二代自然语言理解系统应运而生。这些系统绝大多数是程序演绎系统,大量地进行语义、语境以至语用的分析,输入、输出都使用书面文字。口头的自然语言理解系统还涉及语音识别、语音合成等复杂的技术,发展速度比较缓慢。

总体上来说,自然语言处理任务发展历程大致如下:

1948 年,香农把离散马尔可夫过程的概率模型应用于描述语言的自动机,同时又把"熵"的概念引用到语言处理中,而可莱尼在同一时期研究了有限自动机和正则表达式。

1956 年,乔姆斯基提出了上下文无关语法。这一工作导致了基于规则和基于概率两种不同的自然语言处理方法的诞生,使得该领域的研究分成了采用规则方法的符号派和采用概率方法的随机派两大阵营,进而引发了数十年有关这两种方法孰优孰劣的争执。同年,人工智能诞生以后,自然语言处理迅速融入了人工智能的研究中。随机派学者在这一时期利用贝叶斯方法等统计学原理取得了一定的进步;而以乔姆斯基为代表的符号派也进行了形式语言理论生成句法和形式逻辑系统的研究。由于这一时期多数学者注重研究推理和逻辑问题,只有少数学者在研究统计方法和神经网络,因此符号派的势头明显强于随机派的势头。

1967 年,美国心理学家 Neisser 提出了认知心理学,从而把自然语言处理与人类的认知联系起来。

20 世纪 70 年代初,由于自然语言处理研究中的一些问题未能在短时间内得到解决,而新的问题又不断涌现,许多人因此丧失了信心,自然语言处理的研究进入了低谷时期。尽管如此,一些发达国家的学者依旧没有停止自然语言处理的研究。基于隐马尔可夫模型的统计方法和话语分析在这一时期取得了重大进展。

20 世纪 80 年代,在人们对过去的工作进行反思之后,有限状态模型和经验主义的研究方法开始复苏。

20 世纪 90 年代以后,随着计算机的速度和存储的大幅提高,自然语言处理的物质基础大幅改善,语音和语言处理的商品化开发成为可能。同时,网络技术的发展和 Internet 的逐步商业化使得基于自然语言的信息检索和信息抽取的需求变得更加突出,自然语言处理的应用面渐渐不再局限于机器翻译、语音控制等早期研究领域。

从 20 世纪 90 年代末到 21 世纪初,人们逐渐认识到仅用基于规则的方法或仅用基于统计的方法,都是无法成功进行自然语言处理的。随着各种处理技术(如神经语言模型、多任务学习、Word 嵌入、NLP 的神经网络、序列到序列模型、注意力机制等)的提出,自然语言处理的研究又开始兴旺起来。

自然语言处理
发展及应用综述

若想详细了解自然语言处理的发展历史和详细综述,请扫描书右侧的二维码。

1.2 自然语言处理的难点

（1）单词的边界界定

在口语中，词与词之间通常是连贯的，而界定字词边界通常使用的办法是取用能让给定的上下文最为通顺且在文法上无误的一种最佳组合。在书写上，汉语也没有词与词之间的边界。

（2）词义的消歧

许多字词不单只有一个意思，因而我们必须选出使句意最为通顺的解释。

（3）句法的模糊性

自然语言的文法通常是模棱两可的，针对一个句子通常可能会剖析出多棵剖析树，而我们必须要依赖语意及前后文的信息才能在其中选择一棵最为适合的剖析树。

（4）有瑕疵的或不规范的输入

例如，语音处理时遇到外国口音或地方口音，或者在文本的处理中处理拼写、语法或者光学字符识别的错误。

（5）语言行为与计划

句子常常并不只是字面上的意思。例如，"你能把盐递过来吗"，一个好的回答应当是把盐递过去；在大多数上下文环境中，"能"将是糟糕的回答，虽说回答"不"或者"太远了我拿不到"也是可以接受的。再者，如果一门课程上一年没开设，对于提问"这门课程去年有多少学生没通过？"，回答"去年没开这门课"要比回答"没人没通过"好。

1.3 自然语言处理的发展阶段和流派

1.3.1 理性主义方法阶段和基于规则的专家系统

自然语言处理（NLP）研究的第一次浪潮持续了很长一段时间，可以追溯到20世纪50年代。在这期间出现了一系列基于相同中心思想的方法，这些方法被称为理性主义方法，该方法在NLP中占有主导地位。理性主义方法的核心思想是人类大脑中的语言知识是通过一般遗传而提前固定下来的，假设语言的关键部分在出生时就已经扎根于大脑，作为人类遗传的一部分，理性主义方法会努力设计人工制作的规则，将相关知识和推理机制融入智能NLP系统。

这一时期大致与人工智能的早期发展相吻合，人工智能以专家知识工程为特征，行业专家根据他们所拥有的非常狭窄的应用领域的知识设计了计算机程序。专家们使用基于细致的表示和工程学知识的符号逻辑规则来设计这些程序。这些基于知识的人工智能系统往往通过检查"大脑"或最重要的参数，并针对每个具体情况采取适当行动，从而有效地解决特定领域的问题。这些"大脑"参数由人类专家提前确定，使"尾部"参数和案例保持不变。由于缺乏学习能力,很难将其解决方案推广到新的场景和领域。在此期间的典型方法是专家系统,如模拟人类专家决策能力的计算机系统。这种系统旨在通过推理知识来解决复杂问题。第一个专家系统创建于 20 世纪 70 年代,而后在 20 世纪 80 年代兴起。使用的主要算法是 "if-then-else" 形式的推理规则。这些第一代人工智能系统的主要优势在于其执行逻辑推理(有限的)能力的透明性和可解释性。就像 ELIZA 和 MARGIE 这样的 NLP 系统一样,早期的专家系统使用人工制作的专家知识库,这些知识在某些特定的问题中往往是有效的,尽管推理机制不能处理实际应用中普遍存在的不确定性。

对于语音识别的研究和系统设计,NLP 和人工智能面临的一个长期挑战是在很大程度上需要依赖于专家知识工程的范式。在 20 世纪 70 年代和 80 年代初期,语音识别的专家系统方法非常受欢迎。然而研究人员敏锐地认识到该阶段缺乏从数据中学习和处理推理中不确定性的能力,继而出现接下来描述的第二阶段经验主义方法的迸发。

1.3.2　经验主义方法阶段和基于统计的学习方法

为了解决更加复杂的自然语言处理任务,研究者们逐渐将研究方法由理性主义过渡到偏向实践应用的经验主义。该阶段 NLP 的特点是通过数据语料库和(浅)机器学习、统计或其他方法来使用数据样本。随着机器可读数据可用性的增加和 计算能力的不断提高,从 1990 年开始,经验主义方法一直主导着 NLP。其中一个主要的 NLP 会议甚至被命名为"自然语言处理中的经验方法(EMNLP)",直接地反映出 NLP 研究人员在该阶段对经验方法的强烈倾向性。

与理性主义方法相反,经验主义方法假设人类思维只从联想、模式识别和概括的一般操作着手。为了使得大脑更好地学习自然语言的详细结构,需要存在丰富的感官输入才可以。自 1920 年以来,经验主义方法在人口学中普遍存在,自 1990 年以来经验主义方法也一直在复苏。早期的 NLP 经验主义方法侧重于开发生成模型,如隐马尔可夫模型、IBM 翻译模型和脑部驱动的解析模型,从大型语料库中发现语言的规律性。自 20 世纪 90 年代末以来,判别模型已成为各种 NLP 任务中实用的方法。NLP 中的代表性判别模型和方法包括最大熵模型、支持向量机、条件随机场、最大互信息、最小分类误差和感知器。

同样,NLP 中的经验主义时代与人工智能以及语音识别和计算机视觉中的方法相对应。这是因为有明确的证据表明,学习和感知能力对于复杂的人工智能系统至关重要,但在前一波流行的专家系统中却缺失了。与语音识别和 NLP 非常相似,自动驾驶和计算机视觉研究人员立即意识到基于知识范式的局限性,因为机器学习必须具有不确定性处理和泛化能力。

NLP 中的经验主义和第二阶段中的语音识别是基于数据密集型的机器学习,我们现在称之为"浅层"机器学习,因为这里通常会缺少由多层或"深层"数据表示构成的抽象。在机器学习中,研究人员无须关注构建第一阶段期间基于知识的 NLP 和语音系统所需的精确度和正确规则。他们关注统计模型或简单的神经网络作为潜在引擎。然后,他们使用充足的训练数据自动学习或调整引擎的参数,以使它们处理不确定性,并尝试从一个场景推广到另一个场景,从一个域到另一个域。此时,用于机器学习的关键算法和方法包括 EM、贝叶斯网络、支持向量机、决策树以及反向传播算法。这些基于机器学习的语音识别和其他人工智能系统,比早期的基于知识的对应部分表现更佳。

在 NLP 的对话和语言理解领域,这个经验主义时代以数据驱动的机器学习方法为显著标志,这些方法非常适合于定量评价和具体可交付成果的要求。这些机器学习方法关注的是文本和域的更广泛但肤浅的表层覆盖,而不是对高度受限的文本和域的详细分析。此时训练数据的目的,不是从对话系统中设计出有关语言理解和动作反映方面的规则,而是从数据样本中自动学习(浅层)统计或神经模型方面的参数。这种学习有助于降低人工制作复杂对话管理器的设计成本,并有助于提高整体口语理解和对话系统中语音识别错误的鲁棒性水平。

同样,在语音识别领域,从 20 世纪 80 年代早期到 2010 年前后,该领域主要由机器学习(浅)范式主导,使用基于与高斯混合模型集成的 HMM 的统计生成模型,以及不同版本的泛化。广义 HMM 的许多版本是基于统计和神经网络的隐藏动态模型。前者采用 EM 和扩展卡尔曼滤波算法来学习模型参数;后者使用了反向传播。它们都广泛地利用了多个潜在的表示层来生成语音波形,遵循人类语音感知中长期存在的通过合成进行分析的框架。

1.4　自然语言处理的应用

随着自然语言处理的蓬勃发展和深入研究,新的应用方向不断呈现出来。自然语言处理发展前景十分广阔,主要研究领域如下。

① 文本方面:基于自然语言理解的智能搜索引擎和智能检索、智能机器翻译、自动摘要与文本综合、文本分类与文件整理、智能自动作文系统、自动判卷系统、信息过滤与垃圾邮件处理、文学研究与古文研究、语法校对、文本数据挖掘与智能决策、基于自然语言的计算机程序设计等。

② 语音方面:机器同声传译、智能远程教学与答疑、语音控制、智能客户服务、机器聊天与智能参谋、智能交通信息服务、智能解说与体育新闻实时解说、语音挖掘与多媒体挖掘、多媒体信息提取与文本转化、残疾人智能帮助系统等。

1.4.1　文本方面

(1) 搜索引擎

在搜索引擎中,我们常常使用词义消歧、指代消解、句法分析等自然语言处理技术,以便更好地为用户提供更加优质的服务。因为我们的搜索引擎不仅仅是为用户提供所寻找的答案,还要做好用户与实体世界的连接。搜索引擎最基本的模式就是自动化地聚合足够多的信息,对之进行解析、处理和组织,响应用户的搜索请求并找到对应结果再返回给用户。这里涉及的每一个环节,都需要用到自然语言处理技术。例如,日常生活中我们使用百度搜索"天气""××公交线路""火车票"等这样略显模糊的需求信息,一般情况下都会得到满意的搜索结果。自然语言处理技术在搜索引擎领域中有了更多的应用,才使得搜索引擎能够快速精准地返回给用户所要的搜索结果。当然,另一方面,正是谷歌和百度这样 IT 巨头商业上的成功,推进了自然语言处理技术的不断进步。

若想详细了解搜索系统方面的具体应用,请扫描书右侧的二维码。

（2）推荐系统

早在 1992 年 Goldberg 就首次给出了一个推荐系统:Tapestry。它是一个个性化的邮件推荐系统,该系统首次提出了协同过滤的思想,利用用户的标注和行为信息对邮件进行重排序。推荐系统依赖的是数据、算法、人机交互等环节的相互配合,其中使用了数据挖掘、信息检索和计算统计学等技术。我们使用推荐系统的目的是关联用户和一些信息,协助用户找到对其有价值的信息,且让这些信息能够尽快呈现在对其感兴趣的用户面前,从而实现精准推荐。推荐系统在音乐电影的推荐、电子商务产品推荐、个性化阅读、社交网络好友推荐等场景发挥着重要的作用,美国 Netflix 中 2/3 的电影是因为被推荐而观看的,Google News 利用推荐系统提升了 38% 的点击率,Amazon 的销售中推荐占比高达 35%。

自然语言处理在开放搜索中的应用

若想详细了解推荐系统方面的具体应用,请扫描书右侧的二维码。

（3）机器翻译

机器翻译是自然语言处理中最为人知的应用场景,一般是将机器翻译作为某个应用的组成部分,如跨语言的搜索引擎等。目前以谷歌、微

推荐系统

软为代表的国外科研机构和企业均相继成立机器翻译团队,专门从事智能翻译研究。例如,IBM 于 2009 年 9 月推出 ViaVoice Translator 机器翻译软件,为自动化翻译奠定了基础;2011 年开始,伴随着语音识别、机器翻译技术、DNN(深度神经网络)技术的快速发展和经济全球化的需求,口语自动翻译研究已成为当今信息处理领域新的研究热点。Google 于 2011 年 1 月正式在其 Android 系统上推出了升级版的机器翻译服务;微软的 Skype 于 2014 年 12 月宣布推出实时机器翻译的预览版,支持英语和西班牙语的实时翻译,并宣布支持 40 多种语言的文本实时翻译功能。尤其值得注意的是,在"一带一路"这一发展背景下,合作沟通会涉及 60 多个国家、53 种语言,此时机器翻译的技术应用显得尤为重要,语言的畅通是"一带一路"倡议得以实施的重要基础。机器翻译涉及语义分析、上下文环境等诸多挑战,其发展道路还有很长一段路要走。

（4）自动文本摘要

随着近几年文本信息的爆发式增长,人们每天能接触到海量的文本信息,如新闻、博客、聊天、报告、论文、微博等。从大量文本信息中提取重要的内容,已成为我们的一个迫切需求,而自动文本摘要(Automatic Text Summarization)则提供了一个高效的解决方案。自动文本摘要有非常多的应用场景,如自动报告生成、新闻标题生成、搜索结果预览等。此外,自动文本摘要也可以为下游任务提供支持。尽管对自动文本摘要有庞大的需求,这个领域的发展却比较缓慢。对计算机而言,生成摘要是一件很有挑战性的任务。从一份或多份文本生成一份合格摘要,要求计算机在阅读原文本后理解其内容,并根据轻重缓急对内容进行取舍,裁剪和拼接内容,最后生成流畅的短文本。因此,自动文本摘要需要依靠自然语言处理/理解的相关理论,是近几年来的重要研究方向之一。

（5）文本分类

文本(以下基本不区分"文本"和"文档"两个词的含义)分类问题就是将一篇文档归入预先定义的几个类别中的一个或几个,而文本的自动分类则是使用计算机程序来实现这样的分类。目前真正大量使用文本分类技术的,仍是依据文章主题的分类,而据此构建最多的系

统,当属搜索引擎。文本分类有个重要前提:即只能根据文章的文字内容进行分类,而不应借助诸如文件的编码格式,文章作者,发布日期等信息。而这些信息对网页来说常常是可用的,有时起到的作用还很巨大。因此纯粹的文本分类系统要想达到相当的分类效果,必须在本身的理论基础和技术含量上下功夫。

1.4.2　语音方面

（1）机器同声传译

自 1989 年美国成功做出第一个语音翻译系统以来,众多科研机构和包括微软、百度在内的公司都在进行 AI 翻译的研究。得益于人工神经网络的深入研究,这些年,AI 同传技术发展很快。但是,这仍然不是一项成熟的技术,AI 同传仍然有很多技术难题需要攻克。就目前 AI 同传技术水平而言,在某些简单的场景中,可以实现较准确的语言同步翻译,如问路。但是,在复杂、专业、严谨的场景中,AI 无法实现精准翻译,做到"信""达""雅"。对语义的理解不够,是目前 AI 同传尚未解决的一大难题。因此,目前 AI 同传无法高水平地替代人工翻译。

（2）聊天机器人

聊天机器人是指能通过聊天 App、聊天窗口或语音唤醒 App 进行交流的计算机程序,是被用来解决客户问题的智能数字化助手,其特点是成本低、高效且持续工作。例如,Siri、小娜等对话机器人就是一个应用场景。除此之外,聊天机器人在一些电商网站有着很实用的价值,可以充当客服角色,如京东客服 JIMI。有很多基本的问题,其实并不需要联系人工客服来解决。通过应用智能问答系统,可以排除掉大量的用户问题,比如商品的质量投诉、商品的基本信息查询等程式化问题,在这些特定的场景中,特别是会被问到高度可预测的问题中,利用聊天机器人可以节省大量的人工成本。

（3）人工智能客服

人们不断更新技术、创新应用的最终目的,始终是希望能帮助客户更轻松快捷地处理问题。这也是通过人工智能可以大大改善的方面。数据表明,85％的客户将人工智能 7×24 小时可用性看作是实现积极客户体验的一种有用的能力。在经验复制方面,人工智能可以充分发挥优势,帮助客户解决其他类似客户曾经碰到过的问题,实现个性化交互。据调查,76％的客户表示,在与公司打交道的某些时候,人工客服不参与其中,他们反而会感到更满意。在处理令人尴尬的客户服务状况时,半数消费者更愿意与虚拟助理互动,超过五分之二（44％）的消费者在沮丧或心情不好时更愿意与虚拟助理互动。尽管在客户关怀领域,正确地使用人工智能是许多企业在未来几年将要面对的挑战。但这也是一种必然趋势:企业可以通过数字接口来实现卓越的运营,同时传递客户的亲密感。人工智能可以预测客户的需求,并在其能力范围内提供与这些期望相符的服务。

1.5 利用深度学习进行自然语言处理

1.5.1 NLP中的深度学习

在传统的机器学习中,由于特征是由人设计的,需要大量的人类专业知识,显然特征工程也存在一些瓶颈。同时,相关的浅层模型缺乏表示能力,因此缺乏形成可分解抽象级别的能力,这些抽象级别在形成观察到的语言数据时将自动分离复杂的因素。深度学习的进步是当前NLP和人工智能拐点背后的主要推动力,并且直接推动了神经网络的复兴,包括商业领域的广泛应用。

进一步讲,尽管在第二次浪潮期间开发的许多重要的NLP任务中,判别模型(浅层)取得了成功,但它们仍然难以通过行业专家人工设计特征来涵盖语言中的所有规则。除不完整性问题外,这种浅层模型还面临稀疏性问题,因为特征通常仅在训练数据中出现一次,特别是对于高度稀疏的高阶特征。因此,在深度学习出现之前,特征设计已经成为统计NLP的主要障碍之一。深度学习为解决我们的特征工程问题带来了希望,其观点被称为"从头开始NLP",这在深度学习早期被认为是非同寻常的。这种深度学习方法利用了包含多个隐藏层的强大神经网络来解决一般的机器学习任务,而无须特征工程。与浅层神经网络和相关的机器学习模型不同,深层神经网络能够利用多层非线性处理单元的级联来从数据中学习表示以进行特征提取。由于较高级别的特征源自较低级别的特征,因此这些级别构成了概念上的层次结构。

深度学习起源于人工神经网络,可以将其视为受生物神经系统启发的细胞类型的级联模型。随着反向传播算法的出现,从零开始训练深度神经网络在20世纪90年代受到了广泛的关注。其实在早期,由于没有大量的训练数据,也没有适当的设计模式和学习方法,在神经网络训练期间,学习信号在层与层之间传播时会随着层数呈指数级消失,难以调整深度神经网络的连接权重值,尤其是循环模式。Hinton等人最初克服了这个问题,使用无监督的预训练,首先学习通常有用的特征检测器,然后通过监督学习进一步训练网络,进而对标记数据进行分类。因此,可以使用低级表示来学习高级表示的分布。这项开创性的工作标志着神经网络的复兴。此后各种网络架构被提出并开发出来,包括深度信念网络、栈式自动编码器、深度玻尔兹曼机、深度卷积神经网络、深度堆叠网络以及深度Q网络。2010年以来,深度学习能够发现高维数据中复杂的结构,已成功应用于人工智能的各种实际任务中,尤其是语音识别、图像分类。

随着深度学习在语音识别领域的成功,计算机视觉和机器翻译也很快被类似的深度学习范式所取代。特别是,虽然早在2001年就开发了强大的词汇神经词嵌入技术,但直到十多年后,由于大数据的可用性和计算机更快的计算能力,它才被证明在实际大规模场景下具有真正的价值。此外,还有大量的其他NLP应用,如图像字幕、视觉问答、语音理解、网络搜索和推荐系统。由于深度学习的广泛应用,也有许多非NLP任务,如药物发现和毒理学、客户关系管理、手势识别、医学信息学、广告、医学图像分析、机器人、无人驾驶车辆和电子竞技游戏等。

在基于文本的 NLP 应用领域,机器翻译可能受到深度学习的影响最大。当前,在实际应用中表现最佳的机器翻译系统是基于深度神经网络的模式,例如,谷歌于 2016 年 9 月宣布开发第一阶段的神经网络机器翻译,而微软在 2 个月后发表了类似的声明。Facebook 已经致力于神经网络机器翻译一年左右,到 2017 年 8 月,它正在全面部署。最近,谷歌发布了机器翻译领域最强的 BERT 的多语言模型。BERT 的全称是 Bidirectional Encoder Representations from Transformers,是一种预训练语言表示的最新方法。BERT 在机器阅读理解顶级水平测试 SQuAD1.1 中表现出惊人的成绩:在两个衡量指标上全面超越人类,而且在 11 种不同 NLP 测试中同样取得了最好的成绩,其中包括将 GLUE 基准推至 80.4%,MultiNLI 准确度达到 86.7% 等。

在将深度学习应用于 NLP 问题的过程中,出现了两个重要技术突破——序列到序列学习和注意力建模。序列到序列学习引入了一个强大的思想,即利用循环网络以端到端的方式进行编码和解码。虽然注意力建模最初是为了解决对长序列进行编码的困难,但随后的发展显然扩展了它的功能,能够对任意两个序列进行高度灵活的排列,且可以与神经网络参数一起进行学习。与基于统计学习和单词/短语的局部表示的最佳系统相比,序列到序列学习和注意力建模的关键思想提高了基于分布式嵌入的神经网络机器翻译的性能。

其实,基于神经网络的深度学习模型通常比早期开发的传统机器学习模型更易于设计。在许多应用中,以端到端的方式同时对模型的所有部分执行深度学习,从特征提取一直到预测。促成神经网络模型简化的另一个因素是相同模型构建的模块(如不同类型的层)通常也可以适用于许多不同的任务。另外,还开发了软件工具包,以便更快更有效地实现这些模型。基于这些原因,深度神经网络现在是大型数据集(包括 NLP 任务)上的各种机器学习和人工智能任务的主要选择方法。

尽管深度学习已经被证明能够以革命性的方式对语音、图像和视频进行重塑处理,并且在许多实际的 NLP 任务中取得了经验上的成功,在将深度学习与基于文本的 NLP 进行交叉时,其效果却不那么明显。在语音、图像和视频处理中,深度学习通过直接从原始感知数据中学习高级别概念,有效地解决了语义鸿沟问题。然而,在 NLP 中,研究人员在形态学、句法和语义学上提出了更强大的理论和结构化模型,提炼出了理解和生成自然语言的基本机制,但这些机制与神经网络并不容易兼容。与语音、图像和视频信号相比,从文本数据中学习到的神经表征似乎不能同样直接洞察自然语言。因此,将神经网络特别是具有复杂层次结构的神经网络应用于 NLP,近年来得到了越来越多的关注,也已经成为 NLP 和深度学习社区中最活跃的领域,并取得了显著的进步。

1.5.2　NLP 中深度学习的局限性

目前,尽管深度学习在 NLP 任务中取得了巨大的成功,尤其是在语音识别/理解、语言建模和机器翻译方面,但目前仍然存在着一些巨大的挑战。目前基于神经网络作为黑盒的深度学习方法普遍缺乏可解释性,甚至是远离可解释性。而在 NLP 的理论阶段建立的"理性主义"范式中,专家设计的规则自然是可解释的。在现实工作任务中,其实是迫切需要从"黑盒"模型中得到关于预测的解释,这不仅仅是为了改进模型,也是为了给系统使用者提供有针对性的合理建议。

在许多应用中,深度学习方法已经证明其识别准确率接近或超过人类,但与人类相比,它需要更多的训练数据、功耗和计算资源。从整体统计的角度来看,其精确度的结果令人印象深刻,但从个体角度来看往往不可靠。而且,当前大多数深度学习模型没有推理和解释能力,使得它们容易遭受灾难性失败或攻击,而没有能力预见并因此防止这类失败或攻击。另外,目前的 NLP 模型没有考虑到通过最终的 NLP 系统制订和执行决策目标及计划的必要性。当前 NLP 中基于深度学习方法的一个局限性是理解和推理句子间关系的能力较差,尽管在句子中的词间和短语方面已经取得了巨大进步。

目前,在 NLP 任务中使用深度学习时,虽然我们可以使用基于(双向)LSTM 的标准序列模型,且遇到任务中涉及的信息来自另外一个数据源时可以使用端到端的方式训练整个模型,但是实际上人类对于自然语言的理解(以文本形式)需要比序列模型更复杂的结构。换句话说,当前 NLP 中基于序列的深度学习系统在利用模块化、结构化记忆和用于句子及更大文本进行递归、树状表示方面还存在优化的空间。

为了克服上述挑战并实现 NLP 作为人工智能核心领域的更大突破,有关 NLP 和深度学习的研究人员要在基础研究和应用研究方面做出一些里程碑式的工作。

1.6　全书内容安排

本书作为自然语言处理领域普及类教材,从基本的自然语言处理基础到深度神经网络模型,再到之后的各种自然语言处理任务,对自然语言处理领域的知识进行了较为系统的介绍,对自然语言处理领域的入门有较大的帮助与指引作用。全书共分为 11 章,前 3 章主要介绍了自然语言处理领域的发展、基础知识以及常用于自然语言处理领域的深度神经模型;第 4~10 章介绍了当前自然语言处理领域涉及的语言模型、分类、信息抽取、知识图谱、机器翻译、摘要生成、句法分析等主要任务及算法。第 11 章介绍了自然语言处理领域的其他研究热点以及对未来自然语言处理发展趋势的展望。

本章参考文献

[1]　知微. 汉英—汉日机器翻译系统 SinoTrans 通过部级鉴定[J]. 语文建设,1993(12): 28-28.

[2]　Chomsky N . Three models for the description of language[J]. IRE Transactions on Information Theory,2003,2(3):113-124.

[3]　Jing K,Xu J. A survey on neural network language models[J]. arXiv preprint arXiv:1906.03591,2019.

[4]　Radford A,Wu J,Child R,et al. Language models are unsupervised multitask learners[J]. OpenAI blog,2019,1(8): 9.

[5]　Mikolov T,Chen K,Corrado G,et al. Efficient Estimation of Word Representations in

Vector Space[J]. Computer Science：Computation and Language，2013.

［6］ Pennington J，Socher R，Manning C D. Glove：Global vectors for word representation [C]//Proceedings of the 2014 conference on empirical methods in natural language processing（EMNLP）. 2014：1532-1543.

［7］ Collobert R，Weston J. A unified architecture for natural language processing：Deep neural networks with multitask learning[C]//Proceedings of the 25th international conference on Machine learning. 2008：160-167.

［8］ Sutskever I，Vinyals O，Le Q V. Sequence to sequence learning with neural networks［J］. Advances in neural information processing systems，2014，27：3104-3112.

［9］ Bahdanau D，Cho K，Bengio Y. Neural machine translation by jointly learning to align and translate[C]//3rd International Conference on Learning Representations，ICLR. 2015.

［10］ Elmezain M，Al-Hamadi A，Appenrodt J，et al. A hidden markov model-based continuous gesture recognition system for hand motion trajectory[C]//2008 19th International Conference on Pattern Recognition. IEEE，2008：1-4.

［11］ 李航. 统计学习方法[M]. 北京：清华大学出版社，2012.

［12］ Liu H，Lu J，Zhao X，et al. Kalman Filtering Attention for User Behavior Modeling in CTR Prediction[J]. arXiv preprint arXiv：2010.00985. 2020.

［13］ Devlin J，Chang M W，Lee K，et al. BERT：Pre-training of Deep Bidirectional Transformers for Language Understanding［C］//Proceedings of the 2019 Conference of the North American Chapter of the Association for Computational Linguistics：Human Language Technologies，Volume 1（Long and Short Papers）. 2019：4171-4186.

第 2 章

自然语言处理基础

本章思维导图

　　自然语言处理是机器语言和人类语言沟通的桥梁,简单来说,自然语言处理所完成的工作是使计算机接受用户文本语言形式的输入,并在内部通过人类所定义的算法进行加工、计算等系列操作,模拟人类对自然语言的理解,并返回人类所期望的结果。自然语言处理一般可分为语料库与语言知识库的获取、文本预处理、文本向量化表示、模型训练与预测四大步骤。其中语料库与语言知识库的获取、文本预处理、文本向量化表示为自然语言处理任务的基础工作,是本章即将重点介绍的内容,最后一步模型训练与预测依托于具体的自然语言处理任务,将在后续章节进行介绍。此外,自然语言处理开源工具库提供了很多用于文本分析、处理的接口,大大简化了自然语言处理的流程,这些工具库是学习自然语言处理和解决自然语言处理任务的基础工具,因此,本章还将对常用的自然语言处理开源工具库进行简要介绍。

　　图 2-1 为本章的思维导图,是对本章的知识脉络的总结。

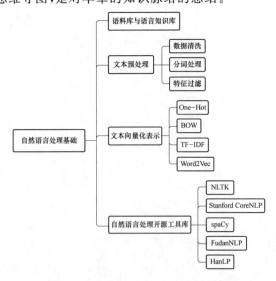

图 2-1　自然语言处理基础思维导图

2.1　语料库与语言知识库

语料库与语言知识库是自然语言处理领域的数据资源,是自然语言处理任务中必不可少的组成部分。一方面语料库与语言知识库是相关语言处理任务的支撑,为语言处理任务提供先验知识进行辅助;另一方面,语言处理任务也为语料库与语言知识库提出了需求,并能够对语料库与语言知识库的搭建、扩充起到技术性的指导作用。语料库与语言知识库共同构成了自然语言处理方法赖以实现的基础,有时甚至是建立或改进一个自然语言处理方法的“瓶颈”。本节分别对语料库和语言知识库进行简要介绍。

2.1.1　语料库

语料,即语言材料,包括文本和语音。语料库(Corpus)即语料的集合,也可称为自然语言处理领域的数据集,是为一个或者多个应用目标而专门收集的,有一定结构的、有代表的、可被计算机程序检索的、具有一定规模的语料集合。本质上讲,语料库实际上是通过对自然语言运用的随机抽样,以一定大小的语言样本来代表某一研究中所确定的语言运用的总体。

语料库具备三个显著的特点:

- 语料库中存放的是在语言的实际使用中真实出现过的语言材料;
- 语料库以电子计算机为载体承载语言知识的基础资源,但并不等于语言知识;
- 真实语料需要经过加工(分析和处理),才能成为有用的资源。

根据不同的标准,语料库有多种划分方式,例如,按照所包含的语言的种类来分,语料库可分为单语语料库(Monolingual Corpus)和双语/多语语料库(Bilingual/Multi-lingual Corpus);按语料的加工深度划分,可分为非标注语料库(Non-Annotated Corpus)和标注语料库(Annotated Corpus);按照语料库用途分类可分为通用语料库(General Corpus)和专用语料库(Specialized Corpus);按照语料分布时间分类可分为共时语料库(Synchronic Corpus)和历时语料库(Diachronic Corpus);按照语料库的动态更新程度划分,可分为参考语料库(Reference Corpus)和监控语料库(Monitor Corpus);等等。下述为各类语料库的详细阐述。

(1) 单语语料库和多语语料库

单语语料库仅包含一种语言的文本。例如,维基百科官方提供的约 11G 的英语语料库以及约 1.5G 的中文语料库等。

多语语料库包含两种及两种以上语言的文本。多语语料库又可分为多语平行语料库(Multi-lingual Parallel Corpus)和多语可比语料库(Multi-lingual Comparable Corpus)。多语平行语料库中多种语言之间构成翻译关系,要求多种语言文本之间对齐,其对齐程度通常是词级、句子级、段落或篇章级。例如,机器翻译领域的统计机器翻译研讨会(Workshop on Statistical Machine Translation,WMT)语料库,该语料库提供了德语、英语、法语、俄语、印地语、捷克语六种语言的对齐文本,该语料库还提供了多种特定语种的双语对齐文本;同样,联合国平行语料库(United Nations Parallel Corpus)也提供了英文、中文、法文、俄文、阿文、西文六种语言的平行文本以及特定语种的双语文本。多语可比语料库收集在内容、语域、交际环境等方面相近的不同语言文本,多种语言之间没有翻译关系,文本之间无须对齐,多用于对比语言学,如英语可比语料库(English Comparable Corpus,ECC)。

(2)非标注语料库和标注语料库

非标注语料库指原始语料库,语料库组织者只是简单地把语料收集起来,不加任何标注信息,未标注语料库一般用于聚类分析任务、词向量训练任务以及预训练语言模型任务等,上述提到的英文、中文维基百科语料库就是未标注语料库。

标注语料库指对原始语料库进行人工或者机器标注的语料库。例如,对情感分析语料库中每一条样本标注"积极/消极"两种情感态度,或者标注"积极/消极/中立"三种情感态度等。标注语料库在自然语言处理任务中最为常用,该库的标注任务一般为人工完成,或是机器辅助人工完成。

(3)通用语料库和专用语料库

通用语料库力求能够最好地代表一种语言的全貌,如英语国家语料库(The British National Corpus,BNC),该类语料库可以在科研项目中用来作为参照语料库,体现出某些专门语料库的特点。此外,通用语料库容量庞大,往往可以过滤出特定属性的文本,形成多个专门用途的子语料库,如科技学术语料库、新闻语料库等。

专用语料库相对于通用语料库,是指为了某种特定的研究目的,只采集某一特定的领域、特定地区、特定时间、特定类型的语料构成的语料库。例如,针对不同的自然语言处理任务,有文本分类语料库、情感分析语料库、命名实体识别语料库、关系抽取语料库、事件抽取语料库、机器翻译语料库、摘要生成语料库、句法分析语料库等;针对不同研究领域,有新闻语料库、金融语料库、小说语料库、古诗语料库等。实际上,通用语料库和专用语料库只是一个相对的概念。

(4)共时语料库和历时语料库

共时语料库是指由同一时代的语料构成语料库,基于不同时代的语料所构造的多个共时语料库可以构成一个历时语料库。例如,中央研究院古汉语语料库(Academia Sinica Ancient Chinese Corpus),该库包含上古汉语、中古汉语(含大藏经)、近代汉语、其他、出土文献五个语料库,其中上古汉语、中古汉语(含大藏经)、近代汉语三个语料库可分别看作是三个共时语料库,而古汉语语料库本身就可看作是一个历时语料库,历时语料库常用于观察和研究语言变化。

若想详细了解古代汉语语料库,请扫描书右侧的二维码。

(5)参考语料库和监控语料库

参考语料库和监控语料库的区别在于是否需要动态更新,参考语料库原则上无须做动态更新,而监控语料库则需要不断地进行动态更新。

古代汉语语料库

以上为各类语料库的阐述,无论是哪一类语料库的构建都需具有代表性、结构性、平衡性、规模性四大特性,并且需要具有元数据(Metadata)用于辅助理解语料库,这是语料库构建的基本原则,各个原则介绍如下:

- 代表性:在应用领域中,不能依据数据量而界定是否是语料库,语料库是在一定的抽样框架范围内采集而来的,并且能在特定的抽样框架内做到代表性和普遍性。
- 结构性:语料库必须以电子形式存在,计算机可读的语料库结构性体现在语料记录的代码、元数据项、数据类型、数据宽度、取值范围、完整性约束。

- 平衡性：平行语料一般有两类。一类是指在同一种语言语料上的平行。例如，"国际英语语料库"是对不同国家的英语进行对比研究，共收集了 20 个平行的子语料库，子语料分别来自以英语为母语或官方语言以及主要语言的国家，如英国、美国、加拿大、澳大利亚、新西兰等。其平行性表现为语料选取的时间、对象、比例、文本数、文本长度等几乎是一致的。另一类是指两种语言或者多种语言之间的平行采样和加工。例如，上文提到过的用于机器翻译的双语/多语平行语料库。
- 规模性：大规模的语料对语言研究特别是对自然语言研究处理很有用，但是随着语料库的增大，垃圾语料越来越多，语料达到一定规模以后，语料库功能不能随之增长，语料库规模应根据实际情况而定。
- 元数据：元数据是描述数据的数据（Data about Data），主要是描述数据属性（Property）的信息，如语料的时间、地域、作者、文本信息等，元数据能够帮助使用者快速理解和使用语料库，对于研究语料库有着重要的意义。

2.1.2　语言知识库

语言知识库包括词典、词汇知识库、句法规则库、语法信息库、语义概念等各类语言资源，是自然语言处理系统的必要组成部分。语言知识库可分为两类：一类是显性语言知识库，如词典、规则库、语义概念库等，可以采用形式化结构描述；另一类是隐式语言知识库，这类语料库的主体是文本，即语句的集合。隐式语言知识库中每个语句都是非结构化的文字序列，该库的知识隐藏在文本中，需要进一步处理才能把隐式的知识提取出来，供机器学习和使用。实际上，由于第二类隐式语言知识库在使用时需要提取隐式信息并使用形式化结构表示，即经过处理后与第一类显性语言知识库无异，因此隐式语言知识库在自然语言处理领域很少被提及。下面简要介绍几个较为著名的显性语言知识库。

（1）词网

词网（WordNet）是由美国普林斯顿大学认知科学实验室领导开发，由心理学家、语言学家和计算机工程师联合设计的一种基于认知语言学的英语词典。WordNet 按照单词的意义组成一个"单词的网络"，WordNet 将名词、动词、形容词和副词分别组织成一个同义词的网络，每个同义词集合都代表一个基本的语义概念，并且这些集合之间也由各种关系连接，这些关系包括同义关系（Synonymy）、反义关系（Antonymy）、整体与部分关系（Meronymy）和继承关系（Entailment）等。通俗地说，WordNet 是一个结构化知识库，它不仅包括一般的词典功能，还包括词的分类信息。

（2）北京大学综合型语言知识库

北京大学综合型语言知识库（Peking University Comprehensive Language Knowledge Base），简称 CLKB，由北京大学俞士汶教授领导建立，该语言知识库从词、词组、句子、篇章各粒度和词法、句法、语义各层面进行语言资源的整理，涵盖了现代汉语语法信息词典、汉语短语结构规则库、现代汉语多级加工语料库（词语切分及词类标注）、多语言概念词典、平行语料库（英汉对照语句）、多领域术语库（英汉对照术语），该知识库是目前国际上规模最大且获得广泛认可的汉语语言知识资源库。

（3）知网

知网（HowNet）是由机器翻译专家董振东和董强创建的语言知识库，HowNet 以汉语和英语的词语所代表的概念为描述对象，将概念与概念之间以及概念所具有的属性之间的关系构成一个网状的知识系统。知网所要反映的是概念的共性、个性，以及概念之间的关系。例如，对于"医生"和"患者"，"人"是他们的共性，而"医生"的个性是"医治"的施者，"患者"的个性是"患病"的经验者，"医生"和"患者"之间的关系是"医生"医治"患者"。HowNet还是最著名的义原知识库，义原在语言学中被定义为最小的、不可再分割其语义的语言单位。例如，"人"虽然是一个非常复杂的概念，它可以是多种属性的集合体，但也可以把它看作一个义原，"男孩""女孩"的义原都可归为"人"。HowNet 通过对全部的基本义原进行观察分析并形成义原的标注集，然后再用更多的概念对标注集进行考核，从而建立完善的标注集。

这些显性语言知识库的建立和发展主要集中在 2000 年前后，并对该阶段的词汇相似度计算、同义词、反义词、信息检索等技术的发展起到了决定性作用。进入深度学习时代之后，自然语言处理专家发现通过大规模文本数据能够很好地学习词汇的语义表示，如以 Word2Vec 为代表的词向量学习方法，用低维（一般数百维）、稠密、实值向量来表示每个词汇/词义的语义信息，利用大规模文本中的词汇上下文信息自动学习向量表示，并基于这些向量表示计算词汇语义相似度、同义词、反义词等，能够取得比传统的基于语言知识库的方法更好的效果。因此，近年来传统语言知识库的学术关注度很低，大部分基于深度学习的自然语言处理模型并未使用到语言知识库。即便如此，语言知识库仍旧有着巨大的潜在价值，近年来一些学者将语言知识库与深度学习方法融合，在词汇表示学习、词典扩展、新词义原推荐（对于新词自动推荐义原）等任务上取得了一定的突破。例如，在自然语言理解方面，词汇是最小的语言使用单位，却不是最小的语义单位，HowNet 提出的义原标注体系正是突破词汇屏障，深入了解词汇背后丰富语义信息的重要通道。近年来，一些学者在词汇表示学习、词典扩展、新词义原推荐（对于新词自动推荐义原）等任务上，验证了 HowNet 知识库与深度学习模型融合的有效性，这也印证了语言知识库在深度学习时代的应用价值。

2.2 文本预处理

在自然语言处理任务中，获取语料信息后的第一步就是文本预处理。文本预处理的目标为将文本转变成结构化文本形式以提供给后续步骤。文本预处理是一件极其耗费时间的事情，不仅烦琐而且涉及的细节很多，因此在整个自然语言处理任务的多个步骤中，文本预处理耗费的时间可能要比模型调优还要多。此外，文本预处理也是一件十分关键的事情，后续文本表示和模型的训练、预测都依赖于预处理后的文本信息，因此，文本预处理的质量至关重要。本节主要介绍文本预处理的流程，包括数据清洗、分词处理以及去除停用词。

2.2.1 数据清洗

在自然语言处理中，数据清洗的目的即排除非关键信息，只需要保留文本内容所阐述的文字信息即可,并同时尽可能减小这些信息对算法模型构建的影响。以爬取的网页文本数据为例,这些数据往往会带有标签信息、广告信息,以及文本数据中一些不必要的标点、特殊字符等,这些信息与文本所表达的内容不仅毫无关联,还可能会产生不必要的干扰,显然将这些信息用于模型训练显然是不可取的,因此在将数据输入模型之前,需要去除这些信息。数据清洗工作可以利用正则表达式来完成。例如,去除文本中的数字信息:

原始句子:我爱中国 233

正则表达式(匹配数字):\d+或者[0-9]+

去除后:我爱中国

上例中正则表达式为匹配数字,之后在原始句子中去除匹配的数字即可得到"我爱中国"的结果,可参考 Python 正则表达式官方文档[①]。

除此之外,文本的标准化也是一项非常重要的工作,如英文文本大小写不统一、中文文本简体字和繁体字共存等会大大增加模型的学习难度,通常需要预先将英文文本的大写字母转换成小写,将中文文本的繁体字转化为简体字,从而实现文本大小写以及繁简的统一,以便用于后续处理。

Python 正则
表达式

若想详细了解 Python 正则表达式的使用,请扫描书右侧的二维码。

2.2.2　分词处理

分词,又可称为"标记化(Tokenization)",分词处理是将句子、段落、文章等长文本,分解为以词为单位的数据表示。自然语言处理的任务一般都是以词为粒度来进行。例如,传统的词袋模型(Bag Of Words,BOW)统计词频形成文本向量,词向量(Word Embedding)以词为单位构建词向量表示等,可以说分词是自然语言处理的基础,没有分词自然语言处理几乎无法进行。当然近年来也涌现出以字/字符、句子为粒度的自然语言处理技术,但词语级别的自然语言处理技术仍占据主流地位。下面分别对英文分词、中文分词进行简要介绍。

(1) 英文分词

英文文本的句子、段落之间以标点符号分隔,单词之间以空格作为自然分界符,因此英文分词只需根据标点符号、空格拆分单词即可,例如:

英文文本:I am a student

英文分词处理后:I /am/a/student

但英文单词存在多种形态,在根据空格分词后还需进一步做词性还原、词干提取处理,将在 2.2.3 小节进行介绍。目前常用的英文分词工具有:自然语言工具包(Natural Language Toolkit,NLTK)、spaCy、Gensim 等。

(2) 中文分词

中文文本是由连续的字序列构成,中文分词是将连续的字序列按照一定的规范重新组合成词序列的过程,例如:

中文文本:南京市长江大桥

分词处理 1:南京市/长江大桥

---

① 　Python 正则表达式官方文档 https://docs.python.org/zh-cn/3/library/re.html。

分词处理 2：南京/市长/江大桥

中文文本的词与词之间没有天然的分隔符，并且不同的分割方式还会导致歧义问题（如上例），因此中文分词相对于英文分词要复杂得多。关于中文分词这一问题的研究和探索，可大致归纳为：规则分词、统计分词和混合分词（规则＋统计）三个流派。规则分词主要是通过人工设立词库，按照一定的方式进行匹配切分，该方法的实现简单高效，但对于分词歧义、新词问题效果很差；统计分词主要利用字与字相邻出现的频率（相连字在不同文本中出现的次数）来反映成词的可靠度，统计语料中各个字组合共同出现的频度，当组合频度高于某一临界值时，认为此字组合可能会构成词，当对一条中文文本进行分词时，对整条文本中不同划分结果（即不同的字组合）计算概率，取最大概率的分词方式，该方法能够更好地应对新词发现等特殊场景；混合分词是规则分词和统计分析两种方法的结合，是目前最为常用的分词方法。

基于上述三种分词方法，一些中文分词工具包被开发出来，并且得到了广泛的应用。目前常用的分词工具包括：结巴（Jieba）分词、斯坦福核心自然语言处理（Stanford CoreNLP）、汉语语言处理包（Han Language Processing，HanLP）等。考虑到结巴分词为目前国内使用最为广泛的分词工具，本小节将对结巴分词进行详细介绍，其他工具读者可根据自身需求自行了解。

结巴分词是基于混合分词方法实现的一个中文分词工具，该工具支持中文文本分词、词性标注、关键词抽取等功能。结巴提供了三种分词模式：

① 精确模式：也是默认模式，试图将句子最精确地切开，适用于文本分析和处理。

② 全模式：把句子中所有的可以成词的词语都扫描出来，速度快，但不能解决歧义。

③ 搜索引擎模式：在精确模式的基础上，对长词再次切分，提高召回率，适合用于搜索引擎分词。

对于文本"文本处理不可或缺的一步"分别使用上述三种模式进行分词，结果如下：

精确模式/默认模式：文本处理/不可或缺/的/一步

全模式：文本/文本处理/本处/处理/不可/不可或缺/或缺/的/一步

搜索引擎模式：文本/本处/文本处理/不可/或缺/不可或缺/的/一步

事实上，由于结巴在分词时并未考虑上下文语义，因此无法保证在不同的应用场景下都能达到很好的效果。例如，上面提到过的文本"南京市长江大桥"，如直接使用结巴分词，结果为"南京市/长江大桥"，而实际应用场景中，用户可能需要将其分割为"南京/市长/江大桥"。考虑到用户在不同应用场景下不同的需求，结巴分词支持用户自定义词典。例如，在上述场景下将"江大桥"一词写入自定义词典，并为"江大桥"设置较高的词频，使用装载用户自定义词典的结巴工具再次分词时，便可得到"南京/市长/江大桥"这一所需结果。显然，在特定场景下用户自定义词典的使用大大提升了分词的效果。结巴分词工具的其他功能以及各个功能的具体使用方法参见官方文档，由于篇幅限制，这里不再进行介绍。

结巴分词官方
文档

若想详细了解结巴分词的各项功能及使用，请扫描书右侧的二维码。

2.2.3　特征过滤

经过文本预处理后的每一条文本被表示为一个词序列,这个词序列可能会包含一些与自然语言处理任务无关或者无意义的词(也称为噪声)。通常,需要对这个词序列进行过滤以去除噪声,从而得到清洁特征(词序列)。下面介绍几种常用的过滤方法。

(1) 停用词过滤

停用词(Stop Words)指一些没有具体含义的虚词,包括连词、助词、语气词等无意义的词。例如,汉语中的"呢""了",英语中的"a""the"等。这些虚词仅仅起到衔接句子的作用,对文本分析没有任何帮助甚至会造成干扰,因此需要对分词后的数据做停用词的去除。去除停用词需要借助停用词表,自然语言工具包(Natural Language Toolkit,NLTK)中包含了英语、法语等多种停用词词表。例如,下面是 NLTK 英文停用词词表的一些词:

a about above am an been didn't couldn't i'd i'll itself let's myself.

中文常用的停用词表包括哈工大停用词表、百度停用词表等[①]。例如,下面是哈工大停用词词表的一些词:

啊 阿 哎 哎呀 哎哟 唉 但 但是 当 当着 到 得 的 不如 这个 另……

注意,停用词过滤需要根据具体的任务而定。例如,在商品评论情感分析任务中"这个 商品 挺好 的,但是 不如 另 一家",很明显该评价并非十分积极的评价,但如果直接使用上述停用词词库过滤会得到"商品 挺好 一家",过滤后变成积极评价,已经无法表达出原来的语义。

中文常用的
停用词表

若想详细了解中文常用停用词表,请扫描书右侧的二维码。

(2) 基于频率的过滤

停用词词表是一种剔除无意义词的方法,还可以使用频率统计过滤高频无意义词以及低频罕见词。

检查出现频率最高的词,以美国最大的点评网站 Yelp 的点评数据集为例,表 2-1 列出了 Yelp 点评数据集中出现频率最高的一些词,这里的频率指的是包含这个词的点评数。正如表 2-1 所示,这些高频词包含很多停用词,例如"the""and"等,这些停用词需要被过滤掉。但还有一些该数据集的常见词,例如"good""great"等,对于情感分析这样的任务来说是非常有用的,需要保留下来。

表 2-1　Yelp 点评数据集中出现频率最高的词

排名	词	文档频率
1	the	1 416 058
2	and	1 381 324
3	a	1 263 126
4	i	1 230 214
5	to	1 196 238

---

① 　哈工大停用词表、百度停用词表 https://github.com/goto456/stopwords。

续 表

排名	词	文档频率
6	it	1 027 835
7	of	1 025 638
8	for	993 430
9	is	988 547
10	in	961 518
11	was	929 703
12	this	844 824
13	but	822 313
⋮	⋮	⋮
27	good	598 393
⋮	⋮	⋮
33	great	520 634

检查出现频率低的词,即罕见词。这些词可能是该语料库的生僻词或者拼写错误的普通词,对于模型来说,这些词仅仅在几篇文章中出现,更像是噪声而非有用信息。罕见词不仅无法作为预测的凭据,还会增加计算上的开销。Yelp 点评数据集中有 160 万条点评数据,包括 357 481 个单词,其中有 189 915 个单词只出现在一条点评中,有 41 162 个单词出现在两条点评中。词汇表中 60% 以上的词都是罕见词。这就是所谓的重尾分布,并且在实际数据中这种分布屡见不鲜。罕见词带来了很大的计算和存储成本,却收效甚微,所以去除罕见词是十分必要的。

(3) 词干提取、词性还原

英文单词存在多种形态,在分词处理后还需进行词干提取(Stemming)、词性还原(Lemmatisation)处理,从而将单词长相不同,但是含义相同的词合并,这样方便后续的处理和分析。词干提取是去除单词的前后缀得到词根的过程,词形还原是基于词典,将单词的复杂形态转变成基础形态。例如:

词干提取:cities children 需要转换为 city child

词性还原:does done doing did 需要还原成 do

自然语言处理工具包 NLTK[①] 提供了词干提取和词性还原的接口。需要注意的是,词干提取可能会得不偿失(例如,"new"和"news"具有不同的含义,但都会被提取成"new"),是否采用词干提取以及词性还原要根据具体任务来定。

若想详细了解自然语言处理工具包 NLTK,请扫描书右侧二维码。

NLTK 详细功能介绍

---

① NLTK 工具包 http://www.nltk.org/api/nltk.stem.html? highlight＝stem＃module-nltk.stem。

2.3　文本向量化表示

经过文本预处理后的每一条文本被表示为一个词序列,这个词序列依旧是文本字符串的表示形式,计算机无法直接对其进行处理和分析,因此需要对这个词序列进行向量化,将其转换为计算机可处理的文本表示形式,即数值向量,并且希望这个数值向量能够表示原始文本的语义信息以及文本之间的相似关系,例如"国王"和"女王"的向量应该是相似的,"水果"和"苹果"的向量也应该是相似的。如何把词序列转化为向量,就是文本表示的核心问题。本节简要介绍几种常见的文本向量化表示方法:独热(One-Hot)表示、词袋(Bag of Words)表示、词频-逆文档频率(TF-IDF)表示、单词到向量(Word2Vec)表示等。后续章节在介绍语言模型时将会对词向量的文本表示继续进行详细介绍。

2.3.1　独热表示

在一个语料库中,给每个词编码一个索引,根据词索引建立词表,并进行独热(One-Hot)编码,下面通过一个例子进行解释,假设语料库有三句话:

我爱中国

我爸爸妈妈爱我

爸爸妈妈爱中国

将上述语料库进行分词和编号得到长度为 5 的索引序列,也是该语料库的词表:

0 我;1 爱;2 爸爸;3 妈妈;4 中国

其中每个单词都可以用 One-Hot 的方法表示,One-Hot 是指一个词的 One-Hot 向量中只有该词对应索引位置的值为 1,其他值都为 0:

我:$[1, 0, 0, 0, 0]$

爱:$[0, 1, 0, 0, 0]$

爸爸:$[0, 0, 1, 0, 0]$

妈妈:$[0, 0, 0, 1, 0]$

中国:$[0, 0, 0, 0, 1]$

上述语料库的第一个句子可表示为:

$[[1, 0, 0, 0, 0],$

$[0, 1, 0, 0, 0],$

$[0, 0, 0, 0, 1]]$

One-Hot 表示原理简单且易于实现,但该方法主要有以下几个问题:

• 这种表示方法中不同单词的 One-Hot 向量相互正交,即词与词之间是完全独立的,无法衡量不同词之间的关系。例如,"爸爸"和"妈妈"两词关系紧密,而"爸爸"和"中国"则没有什么关联,但若采用 One-Hot 向量表示这些词之后,两对词之间的距离是相同的,无法计算词与词之间的关系。

• One-Hot 向量只能反映某个词是否在句中存在,不能表示出单词出现的频率,无法衡量不同词的重要程度。

- 当语料库非常大时,需要建立一个词表对所有单词进行索引编码,假设有 100 万个单词,每个单词就需要表示成 100 万维的向量,而且这个向量是很稀疏的,只有一个位置为 1,其他全为 0,高维稀疏向量导致机器的计算量大并且造成了计算资源的浪费。

2.3.2 词袋表示

词袋(Bag of Words,BOW)表示,也称为计数向量表示。下面通过一个例子进行解释,假设使用 2.3.1 小节的语料库:

我爱中国

我爸爸妈妈爱我

爸爸妈妈爱中国

将上述语料库进行分词和编号得到长度为 5 的索引序列,即该语料库的词表:

0 我;1 爱;2 爸爸;3 妈妈;4 中国

然后对每句话进行向量转换,转换后每句话的维度为语料库词表的长度,每个索引位置的值为索引序列中对应词在该句话中出现的次数,以语录库的第一句话“我爱中国”为例,该语句的词袋表示为一个 5 维的向量,其中“我”“爱”“中国”三个词在该句话中分别出现一次,将这三个词对应的词表索引位置标为 1,其他未出现的词标为 0,得到[1, 1, 0, 0, 1]。上述语料库的三条语句的 BOW 表示分别为:

[1, 1, 0, 0, 1]

[2, 1, 1, 1, 0]

[0, 1, 1, 1, 1]

BOW 表示方法将每条语句看作是若干个词汇的集合,考虑了词表中词在这个句子中的出现次数,相对于 One-Hot 向量表示,能够在一定程度上表示出词在句子中的重要程度。BOW 表示是一种简单而有效的启发式方法,但离正确的文本语义理解还相去甚远,该方法存在以下几点问题:

- BOW 表示方法忽略了句子中词的位置信息,而词的位置不同表达的语义会有很大的差别。例如,“爸爸妈妈爱中国”和“中国爱爸爸妈妈”这两个句子的 BOW 表示相同,但很明显所表达的语义完全不同。
- BOW 表示方法虽然统计了词在句子中出现的次数,但仅仅通过“出现次数”这个属性无法区分常用词(如“我”“是”“的”等)和关键词在句子中的重要程度。例如,“是的,是的,小明爱中国”一句中,关键词很明显是:“小明”“爱”“中国”,但若使用 BOW 表示方法,“是”和“的”两词在句中分别出现了两次,即这两个词的重要程度要比“小明”“爱”“中国”这些关键词要高。

2.3.3 词频-逆文档频率

词频-逆文档频率(Term Frequency-Inverse Document Frequency,TF-IDF)与词袋表

示思想类似,都是对语料库进行分词编号建立索引序列作为词表,然后以词表的长度为向量的维度对文本进行向量化,但 TF-IDF 向量的值不仅仅考虑词频,该方法认为"我""的"这些词在文中出现的次数很多但实际意义不大,应予以较低的权重。TF-IDF 的核心思想是:若一个词在一篇文章中出现次数较多且在其他文章中很少出现,则认为这个词具有很好的类别区分能力,该词的重要性也越高。下面对 TF-IDF 思想的具体实现进行说明。

词频(TF)指的是一个词在一篇文章中出现的频率,如式(2-1):

$$TF_w = \frac{单词\ w\ 在该文章中出现的次数}{该文章中所有单词的数目} \tag{2-1}$$

逆文档频率(IDF)主要是为了实现:一个词在所有文章中出现次数越多,代表其分类能力越差,该单词的重要性越低,权重越小。IDF 使用总的文章数目除以包含该关键词的文章数目,然后对结果取对数,如式(2-2):

$$IDF_w = \log\left(\frac{所有文章的数目}{单词\ w\ 在该所有文章中出现的次数 + 1}\right) \tag{2-2}$$

其中,分母加 1 是为了避免分母为 0。

TF-IDF 的计算如式(2-3):

$$TF\text{-}IDF = TF_w \cdot IDF_w \tag{2-3}$$

举例来说,假设有一篇文章,该文章包含 100 个单词,其中"猫"在这篇文章中出现 3 次,那么这篇文章中"猫"的 TF 值为:

$$TF_{\text{"猫"}} = \frac{单词"猫"在该文章中出现的次数}{该文章中所有单词的数目} = \frac{3}{100} = 0.03 \tag{2-4}$$

假设共有 10 000 000 篇文章,其中有 1 000 篇文章包含"猫",那么"猫"的 IDF 值为:

$$IDF_{\text{"猫"}} = \log\left(\frac{所有文章的数目}{单词"猫"在该所有文章中出现的次数 + 1}\right) = \log\left(\frac{10\ 000\ 000}{1\ 000 + 1}\right) \approx 4 \tag{2-5}$$

那么"猫"的 TF-IDF 值为:

$$TF\text{-}IDF = TF_{\text{"猫"}} \cdot IDF_{\text{"猫"}} = 0.03 \times 4 = 0.12 \tag{2-6}$$

假设在同一篇文章中,"的"这个词出现了 20 次,并且该词在所有文章中都出现过,那么该词的 TF-IDF 值为 0,远不及"猫"重要。

词频-逆文档频率表示方法在 BOW 表示的基础上进行了一定的改进,在保留文章的重要词的同时可以过滤掉一些常见的、无关紧要的词。但该方法也存在一些问题:

- IDF 是一种试图抑制噪声的加权,更倾向于文中频率较小的词,这使得 TF-IDF 算法的精度不够高。
- 与 BOW 表示方法相同,TF-IDF 也未考虑词的位置信息,导致了语义信息的丢失。

2.3.4 Word2Vec 模型

Word2Vec 是 2013 年谷歌提出的一种基于神经网络的分布式文本表示方法,该方法将单词映射成一个指定维度的稠密向量(典型取值为 200 维或 300 维),这个向量是对应单词的分布式表示(Distributional Representation),并且能够在一定程度上表达单词的语义信息以及单词与单词之间的相似程度。分布式表示方法的理论基础来自 Harris 在 1954 年提出的分布假说(Distributional Hypothesis):上下文相似的词,其语义也相似。Firth 在 1957

年对分布假说进行了进一步阐述和明确：词的语义由其上下文决定（A word is characterized by the company it keeps）。词的分布式表示可以将每个词都映射到一个较短的词向量上来，所有的这些词向量就构成了向量空间，并用普通的统计学的方法来研究词与词之间的关系。任意一个单词，采用一个固定大小维度来表示。例如：

Queen = $[0.97, 0.95, 0.6\cdots]$

King = $[0.95, 0.93, 0.7\cdots]$

词的分布式表示将每一个词映射到一个具有意义的稠密向量上，Queen 和 King 在某些维度上具有相似性，对词向量采用 T-SNE 进行降维可以看到与之语义接近的词语。

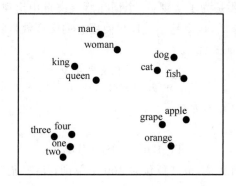

图 2-2　词向量 T-SNE 降维可视化

如图 2-2 所示，对词向量进行降维、描点，King、Queen 和 Dog、Cat 这些语义接近的词语在整个平面上的分布也十分接近。

Word2Vec 的核心思想是通过词的上下文得到词的向量化表示，该方法包括连续词袋（Continuous Bag-of-Words，CBOW）和 Skip-Gram 两种模型，其中 CBOW 模型根据上下文的词预测中间词，Skip-Gram 根据中间词预测上下文的词，如图 2-3、图 2-4 所示。两者都采用 One-Hot 向量作为模型的输入，通过反向传播训练完模型以后，最后得到的其实是神经网络的权重，将权重视为该词的表示向量。例如，输入单词 x 的 One-Hot 表征：$[1,0,0,\cdots,0]$，对应单词"爱"，则在输入层到隐含层的权重里，只有对应 1 这个位置的权重被激活，这些权重的个数跟隐含层节点数是一致的，从而这些权重组成一个向量来表示单词 x，因为每个词语在 One-Hot 中 1 的位置是不同的，所以，这个向量就可以用来唯一表示单词 x。这个词向量的维度一般情况下要远远小于词语总数 V 的大小，所以 Word2Vec 本质上是一种降维操作——把词语从 One-Hot 形式的表示降维到 Word2Vec 形式的表示。

CBOW 模型输入所有 One-Hot 向量分别乘以共享的输入权重矩阵 $\boldsymbol{W}$，相加求平均值作为隐藏层向量，乘以输出权重矩阵 $\boldsymbol{W}'$，得到 $1 \times V$ 维 $N \times V$ 向量，经过激活函数处理得到概率分布，概率最大的索引所指示的单词为预测出的中间词。

Skip-Gram 根据目标单词预测其上下文，假设输入的目标单词为 x，定义上下文窗口大小为 c，对应的上下文为 $y_1, y_2, y_3, \cdots, y_c$，这些 y 是相互独立的。

Skip-Gram 和 CBOW 是 Word2Vec 的两种将文本进行向量表示的实现方法，但两者之间也存在一定的区别。CBOW 方法是用周围词预测中心词，从而利用中心词的预测结果不断地调整周围词的向量。训练完成后，每个词都会作为中心词，对周围词的词向量进行调整，从而获得整个文本里所有词的词向量。CBOW 对周围词的调整是统一的：求出的梯度的值会同样地作用到每个周围词的词向量当中去。所以 CBOW 预测行为的次数跟整个文本的词数几乎是相等的(每次预测行为才会进行一次反向传播,这也是最耗时的部分),复杂度是 $O(V)$。而 Skip-Gram 是用中心词来预测周围的词。在 Skip-Gram 中,会利用周围的词的预测结果来不断地调整中心词的词向量,最终所有的文本遍历完毕之后,也就得到了文本所有词的词向量。所以 Skip-Gram 进行预测的次数是要多于 CBOW 的:因为每个词在作为中心词时,都要使用周围词进行预测一次。这样相当于比 CBOW 的方法多进行了 K 次(K 为窗口大小),因此时间的复杂度为 $O(KV)$,训练时间比 CBOW 要长。但是在 Skip-Gram 中,每个词都要受到周围的词的影响,每个词在作为中心词时,都要进行 K 次的预测。因此,当数据量较少或者词为生僻词出现次数较少时,这种多次的调整会使得词向量更加准确。

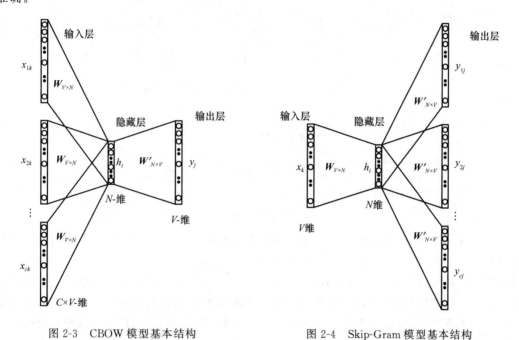

图 2-3　CBOW 模型基本结构　　　　　　图 2-4　Skip-Gram 模型基本结构

当词表数量过大的时候,采用 Softmax 对目标单词进行预测的计算量十分庞大。所以 Word2Vec 采用负采样与分层 Softmax 方法来对计算过程进行优化,进一步提升模型的性能。

分层 Softmax 的基本思想:首先将词典中的每个词按照词频大小构建出一棵 Huffman 树,保证词频较大的词处于相对比较浅的层,词频较低的词相应地处于 Huffman 树较深层的叶子节点,每一个词都处于这棵 Huffman 树上的某个叶子节点;然后将原本的一个 $|V|$ 分类问题变成了 $\log|V|$ 次的二分类问题,做法简单说来就是,原先要 $P(w_t|c_t)$ 计算的时候,因为使用的是普通的 Softmax,势必要求词典中的每一个词的概率大小,为了减少这一步的计算量,在分层 Softmax 中,同样是计算当前词 w_t 在其上下文中的概率大小,只需要把它变成在 Huffman 树中的路径预测问题就可以了,因为当前词 w_t 在 Huffman 树中对应到一条路径,这条路径由这棵二叉树中从根节点开始,经过一系列中间的父节点,最终到达当前这个词的叶子节点而组成,那么在每一个父节点上,都对应的是一个二分类问题(本质上就是

一个 LR 分类器），而 Huffman 树的构造过程保证了树的深度为 $\log|V|$，所以也就只需要做 $\log|V|$ 次二分类便可以求得 $P(w_t|c_t)$ 的大小，这相比原来 $|V|$ 次的计算量，已经大大减小了。CBOW 模型分层 Softmax 具体结构如图 2-5 所示。

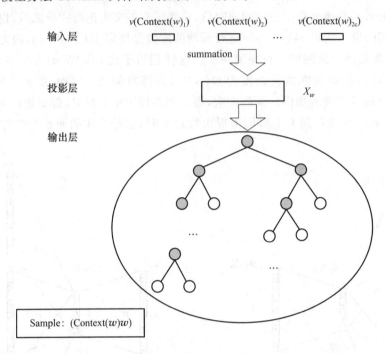

图 2-5　CBOW 模型分层 Softmax 结构

对于负采样模型，用 CBOW 框架来讲，负采样每遍历到一个目标词，为了使得目标词的概率 $P(w_t|c_t)$ 最大，根据 Softmax 函数的概率公式，也就是让分子中的 $e'(w_t)^{\mathrm{T}}x$ 最大，而分母中其他非目标词的 $e'(w_i)^{\mathrm{T}}x$ 最小，普通 Softmax 的计算量太大，就是因为它把词典中所有其他非目标词都当作负例了，而负采样的思想特别简单，就是每次按照一定概率随机采样一些词当作负例，从而就只需要计算这些负采样出来的负例了，那么概率公式便相应变为

$$P(w_t \mid c_t) = \frac{\exp(e'(w_t)^{\mathrm{T}}x)}{\sum_{i=1}^{K}\exp(e'(w_i)^{\mathrm{T}}x)}, \quad x = \sum_{i \in c}e(w_i) \tag{2-7}$$

和普通 Softmax 相比，负采样模型将原来的 $|V|$ 分类问题变成了 K 分类问题，这便把词典大小对时间复杂度的影响变成了一个常数项，而改动又非常地微小，极大地提高了模型的性能。

若想详细了解 Word2Vec 模型的原理，请扫描书右侧的二维码。

在 Word2Vec 之后的第二年，GloVe[①]（Global Vectors for Word Representation，全局词向量表示）被提出，该方法也属于分布式表示方法，与 Word2Vec 不同的是该方法并未使用神经网络模型，而是基于全局词频统计构建词汇共现（共同出现）矩阵，并对共现矩阵降维。Word2Vec 与 GloVe 方法是 2018 年之前最为常用的两种文本表示方法，与之前的 One-Hot、BOW、

Word2Vec
模型详解

---

① GloVe 论文 https://www.aclweb.org/anthology/D14-1162

TF-IDF 等方法相比,这两种方法解决了数据稀疏、向量维度过高、字词之间的关系无法度量的问题。但 Word2Vec 与 GloVe 这两种方法得到的词向量都是静态词向量(词向量在训练结束之后不会根据上下文进行改变),静态词向量无法解决多义词的问题。例如,"7 斤苹果"和"苹果 7"中的"苹果"就是一个多义词,而这两种方法中"苹果"一词的向量表示是相同的。

随着 ELMo[①]、GPT[②]、BERT[③]、XLNet[④] 等模型中动态词向量的提出,Word2Vec 与 GloVe 这两种静态词向量方法正逐渐被替代。区别于直接训练得到静态词向量的方式,动态词向量是在后续使用中把句子传入语言模型,并结合上下文语义得到更准确的词向量表示。动态词向量解决了多义词的问题,并凭借其在多项自然语言处理任务中取得的优异表现,迅速成为目前最流行的文本向量化表示方法。由于篇幅限制,关于 ELMo、GPT、BERT、XLNet 模型不再进行说明,读者可自行学习。

GloVe、ELMo、GPT、
BERT、XLNet
模型论文

若想详细了解 GloVe 、ELMo、GPT、BERT、XLNet 模型的论文,请扫描书右侧的二维码。

2.4 自然语言处理开源工具库

在过去的几十年中,只有精通数学、机器学习以及一些关键的语言学知识的专家才能从事自然语言处理的研究,这大大阻碍了自然语言处理的发展和普及。因此,近十几年来,许多自然语言处理团队、专家致力于自然语言处理工具库的研究,旨在提供各种自然语言处理及分析的接口,用以简化文本处理和分析的流程。自然语言处理开源工具库为自然语言处理开发、学习人员提供了极大便利,也为自然语言处理在实际生活中的应用和普及提供了更大的可能。本节将介绍在开发和生产中较为常用、涵盖更多功能的自然语言处理库,包括自然语言工具包(Natural Language Toolkit, NLTK)、斯坦福核心自然语言处理(Stanford CoreNLP)、工业级自然语言处理工具包 spaCy、复旦自然语言处理(FudanNLP, FNLP)以及汉语语言处理包(Han Language Processing, HanLP)。

2.4.1 自然语言处理工具包

自然语言处理工具包(Natural Language Toolkit, NLTK),是自然语言处理领域常用的一个 Python 编程语言实现的自然语言处理工具。NLTK 由宾夕法尼亚大学计算机和信息科学的史蒂芬·伯德和爱德华·洛珀在 2001 年编写,并由史蒂芬·伯德带领的 NLTK 团队进行更新和维护。NLTK 工具收集了大量的公开数据集、提供了全面易用的模型接

---

① ELMo 论文:https://arxiv.org/abs/1802.05365
② GPT 论文:https://cdn.openai.com/research-covers/language-unsupervised/language_understanding_paper.pdf
③ BERT 论文:https://arxiv.org/abs/1810.04805
④ XLNet 论文:http://arxiv.org/abs/1906.08237

口,并且涵盖了分词、词性标注(Part-of-Speech tag,POS-tag)、命名实体识别(Named Entity Recognition,NER)、句法分析(Syntactic Parse)等 NLP 领域的各项功能。NLTK 提供的语料库大多是英文的,该工具包对于字符串的处理(如分词)是不支持中文的,如需使用 NLTK 处理中文文本,必须先对中文文本进行分词处理,这一过程可以使用结巴(Jieba)分词或者斯坦福核心自然语言处理(Stanford CoreNLP)等工具来辅助完成。

2.4.2 斯坦福核心自然语言处理

斯坦福核心自然语言处理(Stanford CoreNLP)是由斯坦福大学自然语言处理组在 2010 年基于 Java 语言开发的自然语言处理工具库,该工具库支持中文、英文等多种语言,提供了词干提取、词性标注、命名实体识别、依存语法分析、指代消解、情感分析、关系抽取等功能,还集成了很多自然语言处理工具,为多种主流编程语言提供开发接口,支持以 Web 服务形式运行。NLTK 提供了调用 CoreNLP 的服务的接口,以便使用 CoreNLP 中提供的 NLTK 无法实现的功能,如中文分词、情感分析等。若将 CoreNLP 用于商业,需购买 CoreNLP 的商业许可证。此外,斯坦福大学于 2020 年开源 Python 版自然语言处理工具库 Stanza,该库基于神经网络框架开发,支持更多的人类语言,并且提高了各类自然语言处理任务的准确性。

2.4.3 自然语言处理工具包

自然语言处理工具包(spaCy)是一个基于 Python 语言的自然语言处理工具包,由德国爆炸人工智能(Explosion AI)工作室于 2014 年开发,由马修·汉尼拔(Matthew Honnibal)和伊尼斯·蒙塔尼(Ines Montani)维护。spaCy 区别于学术性更浓的 NLTK,号称"工业级强度的 Python 自然语言处理工具",以面向企业级大规模应用快速高效而著称。spaCy 提供词性标注、依存分析、命名实体识别、名词短语提取、词干化、预训练词向量等功能,支持 53 种语言,提供了针对其中 11 种语言的 23 种统计模型。

2.4.4 复旦自然语言处理

复旦自然语言处理(FudanNLP)简称 FNLP,由复旦大学自然语言处理实验室于 2014 年开发。该工具库包含了自然语言处理的一些机器学习算法和数据集,主要提供了中文分词、词性标注、实体名识别、关键词抽取、依存句法分析、时间短语识别等中文处理功能,文本分类、新闻聚类等信息检索功能,以及在线学习、层次分类、聚类等结构化学习算法。FudanNLP 于 2018 年 12 月发布了 FudanNLP 的后续版本快速自然语言处理(FastNLP)库,并停止了对 FudanNLP 库的更新。

2.4.5 汉语语言处理包

汉语语言处理包(Han Language Processing,HanLP),由大快搜索何晗主导开发并维护。HanLP 提供中文分词、词性标注、命名实体识别、关键词提取、自动摘要、短语提取、拼音转换、繁简转换、文本推荐、依存句法分析等 NLP 领域的各项功能,具有精度高、速度快、内存省的特点。HanLP 目前有两个版本,分别为基于 Java 语言的 1. x 版本以及基于 Tensorflow 的 2.0 版本,HanLP 2.0 正处于开发环境测试阶段。

本 章 小 结

本章首先依次介绍了自然语言处理语料库和语言知识库、文本预处理、文本表示三大基本流程。其中 2.1 节主要涉及自然语言处理任务第一步——获取/准备语料库和语言知识库,该节介绍了语料库和语言知识库的概念、分类以及常见的语料库、语言知识库资源,获取/准备语料库和语言知识库是自然语言处理任务的第一步,也是非常关键的一步,只有充分了解语料库和语言知识库的结构和内容,才能真正发挥其作用。2.2 节主要涉及自然语言处理任务第二步——文本预处理,包括数据清洗、分词、去除停用词,合理地对文本进行预处理有助于降低后续模型训练的难度,提升模型的学习效果。2.3 节主要涉及自然语言处理任务第三步——文本表示,该节介绍了 4 种文本表示方法,包括 One-Hot、BOW、TF-IDF、Word2Vec,文本表示将文本转化成计算机能够理解的向量形式,以便后续的分析处理。然后,本章根据现有资料整理了目前开发和生产中较为常用、涵盖更多功能的多个自然语言处理库,包括 NLTK、Stanford CoreNLP、spaCy、FudanNLP 和 HanLP,自然语言处理从业者可利用这些工具快速完成对自然语言处理任务的处理和分析。

思 考 题

(1)简述自然语言处理的流程。

(2)假设共有 250 亿篇文章,其中一篇文章的文本进行分词处理后长度为 1 000,其中"中国""蜜蜂""养殖"三个词在这篇文章中出现的次数均为 20 次,三个词在所有文章中出现的次数分别为 62.3、0.484、0.973 亿次,请计算三个词的 TF-IDF 值,并填入表 2-2。

表 2-2 Yelp 点评数据集中"中国""蜜蜂""养殖"的 TF-IDF 值计算

	该词在这篇文章中出现的次数	包含该词的文章总数(亿)	TF-IDF
中国	20	62.3	
蜜蜂	20	0.484	
养殖	20	0.973	

(3)简述 Word2Vec 两个模型 CBOW、Skip-Gram 的原理。

(4)编写代码实现:使用 HanLP 工具完成对任意一篇网络新闻的分词、词性标注、人名、地名识别以及关键字提取。

本章参考文献

［1］ 宗成庆. 统计自然语言处理［M］. 北京：清华大学出版社，2013.

［2］ Zheng A，Casari A. Feature engineering for machine learning：principles and techniques for data scientists［M］. O′Reilly Media，Inc. ，2018.

［3］ Wang Y，Hou Y，Che W，et al. From static to dynamic word representations：a survey ［J］. International Journal of Machine Learning and Cybernetics，2020：1-20.

第3章

神经网络和深度学习

本章思维导图

本书在第 1 章介绍了自然语言处理的发展情况,从 2006 年深度学习重新兴起到现在,人们逐渐开始引入神经网络和深度学习来进行自然语言处理研究,并在多项任务中取得了优异的效果,使之成为解决自然语言处理问题的主流方法。本书后续章节介绍了一系列自然语言处理领域的经典问题及其研究方法,本章节为读者提供对神经网络和深度学习的快速了解,以便更好地理解本书的后续内容。本章的主要内容结构如图 3-1 所示。

深度学习是机器学习的分支,是一种以人工神经网络为架构,对数据进行表征学习的算法。神经网络是一种受生物学启发的模型设计范式,可以让计算机从观测数据中进行学习,而深度学习则是一个强有力的用于神经网络学习的众多技术的集合。

深度学习的历史可以追溯到 20 世纪 40 年代,现代深度学习最早的前身是从神经科学的角度出发的简单线性模型。这些模型设计为使用一组 n 个输入 $x_1,\cdots,x_n$,并将它们与一个输出 y 相关联。这些模型希望学习一组权重 $w_1,\cdots,w_n$,并计算出它们的输出 $f(x,w)=x_1w_1+\cdots+x_nw_n$。线性模型有很多局限性,最显著的是,它们无法学习异或函数。学习非线性函数需要多层感知机的发展和计算该模型梯度的方法。感知机是一种线性结构与非线性的激活函数相结合的结构,将前一层若干个感知机的输出作为后一层感知机的输入,所构建出的多层感知机,也称前馈神经网络,具备学习复杂的非线性映射的能力。在梯度下降反向传播的成功之后,神经网络研究获得了普及,并且随着计算机的计算能力的提升,现代深度学习于 2006 年开始大规模兴起,各种先进的模型结构和优化方法层出不穷。

深度学习为神经网络学习提供了一个强大的框架。通过添加更多层以及向层内添加更多不同种类的单元,深度网络可以表示复杂性不断增加的函数。给定足够大的模型和足够大的标注训练数据集,我们可以通过深度学习的一系列训练流程将输入向量映射到输出向量,完成大多数对人来说能迅速处理的任务。现在,神经网络和深度学习给出了在图像识别、语音识别和自然语言处理领域中很多问题的最好解决方案。

本章将介绍深度学习中的一些基本概念,以及多种神经网络结构,包括前馈神经网络中的多层感知机、卷积神经网络和注意力网络,以及循环神经网络(重点)及其改进结构,然后介绍深度学习领域中的各个重要环节,供读者快速一览全貌。

图 3-1 为本章的思维导图,是对本章的知识脉络的总结。

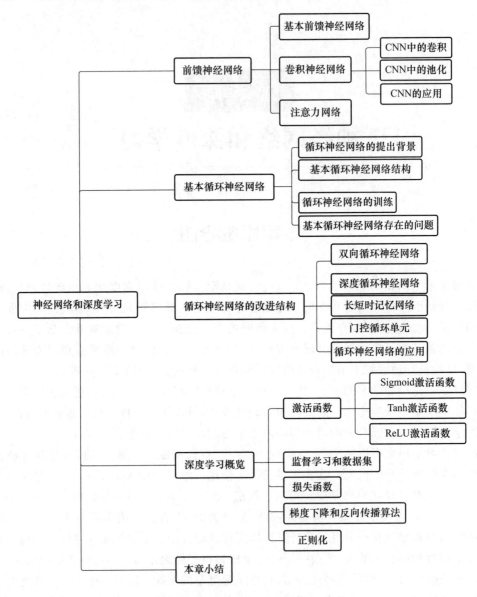

图 3-1　神经网络和深度学习思维导图

3.1　前馈神经网络

前馈神经网络(Feedforward Neural Network)是典型的深度学习模型,网络的目标是近似某个函数 f^* ,例如,对于分类器,$y=f^*(x)$ 将输入 x 映射到一个类别 y。前馈网络定义了一个映射 $y=f(x;\theta)$,并且学习参数 θ 的值,使它能够得到最佳的函数近似。这种模型被称为前馈的,是因为信息流过 x 的函数,流经用于定义 f 的中间计算过程,最终到达输出

y,而在模型的输出和模型本身之间没有反馈连接。当前馈神经网络被扩展成包含反馈连接时,它们被称为循环神经网络,这将在 3.2 节和 3.3 节中介绍。

狭义的前馈神经网络特指多层感知机,广义的前馈神经网络则包括多层感知机、卷积神经网络、注意力网络等多种不包含反馈连接的网络结构。本节将一一介绍这些网络结构。

3.1.1　基本前馈神经网络

基本前馈神经网络即多层感知机(Multilayer Perceptron,MLP),它基本结构单元是单层感知机。单层感知机是最简单的神经网络,如图 3-2 所示,包含一个 n 维的输入层向量 X,一个 n 维的权重向量 W,以及一个偏置 b,加权求和后的结果由一个激活函数 f 进行非线性映射,得到输出结果。

多层感知机的结构如图 3-3 所示,各感知机神经元分别属于不同的层,每一层的神经元可以接收前一层神经元的信号,并产生信号输出到下一层。最前一层称为输入层,最后一层称为输出层,其他中间层称为隐藏层。相邻两层的神经元之间为全连接关系,即每个非输入层的神经元的输入均为上一层全部神经元的输出。

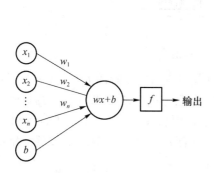

图 3-2　单层感知机的结构

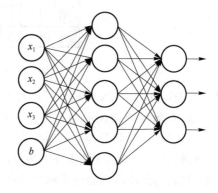

图 3-3　多层感知机的结构

多层感知机理论上可以拥有任意多层,每层拥有任意多感知机神经元,从而拟合任意复杂的函数。然而在实际应用中,多层感知机的规模会被限制在一定范围内,因为过大的网络结构会使得网络的训练难以进行,以及造成过拟合等问题。这一点同样适用于其他网络结构。

3.1.2　卷积神经网络

卷积神经网络(Convolutional Neural Network,CNN)是一种专门用来处理具有网格结构数据的神经网络,如图像数据(可以看作二维的像素网格)和时间序列数据(可以认为是在时间轴上有规律地采样形成的一维网格)。"卷积神经网络"一词表明该网络使用了"卷积"这种数学运算。卷积是一种特殊的线性运算,而卷积神经网络是指至少在网络的一层中使用卷积运算来替代一般的矩阵乘法运算的神经网络。卷积神经网络的本质是一个多层感知机,成功的原因在于其所采用的局部连接和权值共享的方式。卷积神经网络在诸多应用领域都表现优异,被广泛应用于计算机视觉领域,在自然语言处理领域的许多问题和模型中也取得了很好的效果。

卷积神经网络是一种多层的监督学习神经网络,其网络结构包括卷积层、池化层和全连接层等,每一层有多个特征图,每个特征图通过一种卷积滤波器提取输入的一种特征,每个特征图包含多个神经元。隐含层的卷积层和池化层是实现卷积神经网络特征提取功能的核心模块。通常 CNN 通过低层的卷积层和池化层提取特征,通过高层的全连接层对特征进行分类输出。下面我们重点介绍 CNN 中的卷积和池化,最后介绍一些 CNN 的典型应用。

(1) CNN 中的卷积

首先是卷积操作,对于一个神经元来说,卷积意味着该神经元不是与上一层全部神经元相连接,而是只与上一层的一定范围内的神经元相连接,这个范围称为"感受野",可以理解为是一个滑动窗口。在这个范围内的神经元与对应权重相乘后求和,得到该神经元的卷积结果,而感受野移动得到的一组结果,则为当前卷积层的结果。这个过程如图 3-4 所示。

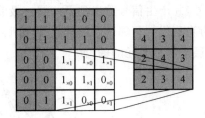

图 3-4　CNN 中的卷积

图中左侧矩阵为 CNN 的前一层神经元,白色范围表示感受野的大小,其中右下角的数字表示权重,右侧矩阵则表示卷积后得到的结果,白色范围对应结果位于右侧矩阵的右下角。在图中,感受野的范围为 3×3,移动的步长为 1,则从 5×5 的上一层状态得到了 3×3 的本卷积层状态。这里的参数矩阵称为滤波器,同一滤波器在输入矩阵上按照一定的步长移动至不同感受野,所得到的结果称为特征图。

特征图中各点来自同一滤波器,体现了卷积神经网络在不同位置共享参数的特点。我们认为一个滤波器能够提取出一种局部特征,在适用 CNN 的问题中,这种局部特征应该是与位置无关或关系很小的。例如,识别图片中的猫,猫可以出现在图片的上下左右任何位置。对于图片中不同的局部特征,我们通过增加特征图的深度来分别提取。特征图的深度即滤波器的数量,为多个滤波器设置不同的随机初始权重,则不同滤波器会自动学习到不同的局部特征。滤波器的感受野的范围则为上一层特征图中每个特征图相同位置的全部单元。

零填充是卷积过程中的一种常用的做法,即在输入矩阵的周围填入若干行和列的 0,在最小化对输入特征的影响的同时,改变输入矩阵的形状。这种做法有两个好处:一是,当滤波器移动的步长设置使得不能恰好遍历输入矩阵时,零填充可以补全空缺位置的数据,一起参与卷积运算;二是,不难发现特征图的大小会随着卷积的过程不断减小,可能会影响特征提取的效果,加入零填充可以防止特征图过小。

(2) CNN 中的池化

CNN 中的另一重要结构为池化层,也称为下采样,通常与卷积层成对出现,直接作用在经激活函数激活后的特征图上,目的在于保持最重要的信息的同时降低特征图的维度。池化过程如图 3-5 所示。

池化过程与卷积过程相似,同样选取一定大小的局部区域计算出一个结果,然后按照一定的步长在输入矩阵上移动,图中的滤波器大小为 2×2,步长为 2,对大小为 4×4 的特征图进行池化后得到大小为 2×2 的池化层。二者区别在于池化的计算方式较为简单,常见的方式有取最大值、取平均、加和等,其中最常用的方式如图 3-5 所示,对感受野内的数值取最大值。一般来说,平均池化能更多地保留图片的背景信息,而最大池化能更多地保留图片的纹理信息。不管采用什么样的池化函数,当输入做出少量平移时,池化能够帮助输入的表示近似不变,即池化后的大多数输出不会发生改变。池化使得网络更关注是否存在某些特征而不是特征具体的位置,让学到的特征能容忍一些变化。

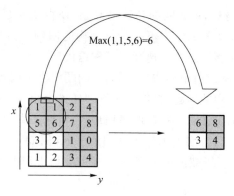

图 3-5　CNN 中的池化(最大池化)

(3) CNN 的应用

卷积神经网络长期以来是图像识别领域的核心算法之一。对于一般的大规模图像分类问题,卷积神经网络可用于构建阶层分类器,也可以在精细分类识别中用于提取图像的判别特征以供其他分类器进行学习。

对于字符检测和字符识别/光学字符读取,卷积神经网络被用于判断输入的图像是否包含字符,并从中剪取有效的字符片断。其中使用多个归一化指数函数直接分类的卷积神经网络被用于谷歌街景图像的门牌号识别。

此外,卷积神经网络在图像语义分割、场景分类和图像显著度检测等问题中也有应用,其表现被证实超过了很多使用特征工程的分类系统。

卷积神经网络也常被用于自然语言处理,其模型被证明可以有效地处理各种自然语言处理的问题,如语义分析、搜索结果提取、句子建模、分类、预测和其他传统的 NLP 任务等,在后续章节不同 NLP 任务的介绍中,就能看到 CNN 的身影。

卷积神经网络
的各项细节

若想详细了解卷积神经网络的各项细节,请扫描书右侧的二维码。

3.1.3　注意力网络

最近几年注意力网络(Attention Network)在深度学习的各个领域被广泛使用,在图像处理、语音识别和自然语言处理的各种不同类型的任务中,很容易看到注意力网络的身影以及所取得的瞩目效果。注意力机制是一类灵活的设计范式,在同样的思想下演变出了多种具体网络结构。后续章节将在不同任务中多次提到不同的注意力网络,其均以注意力机制作为核心思想。

注意力机制首先从人类直觉中受启发而得到,在 NLP 领域的机器翻译任务上首先取得不错的效果。简而言之,深度学习中的注意力机制可以广义地解释为重要性权重的向量:为了预测一个元素,如句子中的单词,使用注意力向量来估计它与其他元素的相关程度,并将其值的总和作为目标的近似值,从而学习不同位置间的依赖,以及输出与输入间的信息对齐等。

相比于序列问题中常用的 RNN 结构,注意力网络能够更好地学习序列中的长距离依赖,因为在 RNN 中,距离越远,单元间的计算越复杂,使得依赖越难以学习;而注意力的计算与位置远近无关,长距离依赖的学习不受计算结构的制约。另外,注意力网络具有 RNN 所不具备的计算并行性,能够以更快的速度学习和迭代。

接下来介绍注意力机制的通用形式:在不同的问题中有不同形式的下游任务,如分类任务中的标签、阅读理解任务中的问题、自然语言推理任务中相对应的句子等。如果将下游任务抽象成查询,就可以归纳出注意力机制的通用形式:将原文本看成是键-值对序列,用 $K=(k_1,\cdots,k_n)$ 和 $V=(v_1,\cdots,v_n)$ 分别表示键序列和值序列,用 $Q=(q_1,\cdots,q_m)$ 表示查询序列,那么针对查询 q_t 的注意力可以被描述为键-值对序列在该查询上的映射,如图 3-6 所示。

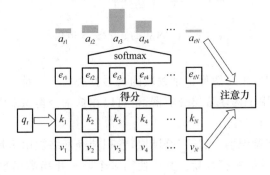

图 3-6　注意力机制的结构

首先计算查询 q_t 和每个键 k_i 的注意力得分 e_{ti},常用的计算方法包括点积、缩放点积、拼接以及相加等,表达式分别如下:

$$e_{ti}=\text{score}(q_t,k_i)=\begin{cases} q_t^{\mathrm{T}}k_i \\ q_t^{\mathrm{T}}Wk_i \\ \dfrac{q_t^{\mathrm{T}}k_i}{\sqrt{d_k}} \\ v^{\mathrm{T}}\tanh(W[q_t;k_i]) \\ v^{\mathrm{T}}\tanh(Wq_t+Uk_i) \end{cases} \tag{3-1}$$

然后使用 Softmax 等函数对注意力得分做归一化处理,得到每个键的权重 α_{ti},表达式如下:

$$\alpha_{ti}=\text{Softmax}(e_{ti})=\frac{\exp(e_{ti})}{\sum_{n=1}^{N}\exp(e_{tn})} \tag{3-2}$$

最后将权重 α_{ti} 和其对应的值 v_i 加权求和作为注意力输出：

$$\text{Attention}(q_t, K, V) = \sum_i \alpha_{ti} v_i \tag{3-3}$$

键-值对是原文本的组成元素，可以是字符、词、短语、句子等，甚至是它们的组合。这些元素一般用向量表示，向量不仅是元素的内容表示，同时也是元素的唯一标识，在通常情况下 $K=V$。模型输出的注意力是原文本序列基于查询 q_t 的表示，不同的查询会给源文本序列带来不同的权重分布。注意力机制根据查询计算出原文本序列中与下游任务最相关的部分，意味着不同的查询会关注原文本的不同部分，因此注意力机制可以看成是一种基于查询的原文本表示方法，理论上适用于任何文本处理任务。

注意力网络
原理及细节

若想详细了解注意力网络的原理和细节，请扫书右侧的二维码。

3.2　基本循环神经网络

在自然语言处理领域中，循环神经网络（Recurrent Neural Network，RNN）是非常常用的结构，其内部存在自连接的结构，非常适用于各种序列任务，学习序列不同位置间的依赖关系。与前馈神经网络不同，循环神经网络通过隐层上的回路自连接，用经过不同步数的时间序列输入后的同一网络单元，表示不同时刻的网络状态，这样的结构使得当前时刻的网络状态可以传递到下一时刻。循环神经网络将输入序列的时序性与神经网络中信息传递的时序性相结合，相当于不同层之间共享权值的前馈神经网络。当数据序列内部的不同位置间存在重要关联，且关联跨越的序列范围不定时，循环神经网络相比于其他网络结构能取得更好的效果。

本节全面介绍了基本循环神经网络的提出背景、网络结构、训练方法以及存在的问题。针对基本循环神经网络的问题，人们提出了多种 RNN 的扩展结构，这将在下一节进行介绍。

3.2.1　循环神经网络的提出背景

循环神经网络是一类用于处理序列数据的神经网络，即网络的输入为时间序列 $x_1, \cdots,$ x_t。循环神经网络可以处理很长的序列，大部分也能处理可变长度的序列。从多层网络出发到循环网络，我们需要利用 20 世纪 80 年代机器学习和统计模型早期思想的优点：在模型的不同部分共享参数。参数共享使得模型能够扩展到不同形式的样本（这里指不同长度的样本）并进行泛化。如果我们在每个时间点都有一个单独的参数，不但不能泛化到训练时没有见过的序列长度，也不能在时间上共享不同序列长度和不同位置的统计强度。当信息的特定部分会在序列内多个位置出现时，这样的共享尤为重要。

例如，考虑这两句话"2020 年张三出生"和"张三出生于 2020 年"，如果我们让一个神经网络模型读取这两个句子，并提取出张三出生的年份，无论"2020 年"出现在句首还是句尾，我们都希望模型能够识别出"2020 年"作为相关信息片段。假设我们要训练一个处理固定长度句子的前馈网络,传统的全连接前馈网络会给每个输入特征分配一个单独的参数,所以需要分别学习句子每个位置的所有语言规则。相比之下,循环神经网络在几个时间步内共享相同的权重,不需要分别学习句子每个位置的所有语言规则。

3.2.2 基本循环神经网络结构

循环神经网络的核心部分是一个有向图,如图 3-7 所示,有向图展开后以链式相连的元素被称为循环单元。待处理的序列通常为时间序列,此时序列的演进方向被称为"时间步"。对时间步 t,RNN 的循环单元的计算公式如下:

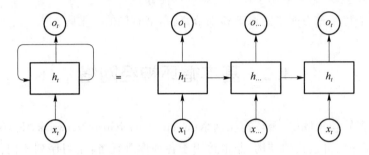

图 3-7　循环神经网络的结构

$$h_t = \sigma(W_{xh}x_t + W_{hh}h_{t-1} + b_h) \tag{3-4}$$

$$o_t = W_{hy}h_t + b_y \tag{3-5}$$

在时刻 t,隐层参数单元 h_t 同时接收上一时刻的隐层状态 h_{t-1} 和当前时刻序列输入 x_t 的信息,W_{xh} 为隐藏单元与输入序列间的权重矩阵,W_{hh} 为前后时刻隐藏单元之间的权重矩阵,σ 为激活函数,通常取 tanh 函数,W_{hy} 则为隐藏单元与当前时刻输出间的权重矩阵,b_h 和 b_y 为偏置向量。对于任意长度的输入序列,循环神经网络共享隐藏单元的各项参数,理论上对输入长度没有限制。t 时刻隐层状态的计算依赖于 $t-1$ 时刻的状态,$t-1$ 时刻的状态又依赖于 $t-2$ 时刻,以此类推,所以循环神经网络中任意时刻的两个状态间均存在依赖。o_t 为 t 时刻循环神经网络的输出。

根据应用任务的不同,循环神经网络的输出可以分为多种模式。序列-分类器输出模式适用于序列输入和单一输出的任务,如文本分类、情感分析等。给定学习数据 $X = \{X_1, X_2, \cdots, X_t\}$ 和分类标签 $y \in \{1, \cdots, C\}$,序列-分类器中循环单元的输出节点会直接通过分类器,常见的选择是使用最后一个时间步的输出节点 $\hat{y} = g(o_t)$,或递归计算中所有系统状态的均值,其中函数 g 表示分类器函数。

序列-序列输出模式中,序列的每个时间步对应一个输出,即输入和输出的长度相同,适用于词性标注、命名实体识别等序列标注任务,以及部分文本生成任务。给定学习目标 $y = \{y_1, \cdots, y_t\}$,序列-序列输出模式在每个时间步都输出结果 $\hat{y} = \{g(o_1), \cdots, g(o_t)\}$,其中函数 g 根据任务需要而选择。

在输入数据和学习目标都为序列且长度可变时,可以使用两个相耦合的 RNN,即编码器-解码器进行建模。编码器隐层的最终状态作为解码器的输入,而在解码器的输出集合中需要加入表示序列末端的特殊符号,当产生该符号时,采样过程终止。

3.2.3　循环神经网络的训练

计算循环神经网络的梯度是容易的,我们可以简单地将 3.4.4 小节中的反向传播算法应用于时间序列,即基于时间的反向传播算法(Back Propagation Through Time,BPTT),以此计算出循环神经网络参数的梯度,并结合任何通用的基于梯度的技术就可以训练循环神经网络。

对照上一小节中循环神经网络的结构和计算公式,我们先来看一下循环神经网络的各个权重矩阵的梯度。循环神经网络与前馈神经网络的不同在于,其中权重 W_{xh} 和 W_{hh} 的寻优过程需要追溯历史数据,而权重 W_{hy} 只关注当前时刻,较为简单。我们先来求 t 时刻的损失函数 L 对权重 W_{hy} 的偏导数:

$$\frac{\partial L^{(t)}}{\partial W_{hy}} = \frac{\partial L^{(t)}}{\partial o^{(t)}} \cdot \frac{\partial o^{(t)}}{\partial W_{hy}} \tag{3-6}$$

而循环神经网络的损失会随着时间累加:

$$L = \sum_{t=1}^{n} L^{(t)} \tag{3-7}$$

$$\frac{\partial L}{\partial W_{hy}} = \sum_{t=1}^{n} \frac{\partial L^{(t)}}{\partial o^{(t)}} \cdot \frac{\partial o^{(t)}}{\partial W_{hy}} \tag{3-8}$$

权重 W_{xh} 和 W_{hh} 的偏导求解较为复杂,我们先假设只有三个时刻,那么在第三个时刻,L 对 W_{xh} 的偏导数为:

$$\frac{\partial L^{(3)}}{\partial W_{xh}} = \frac{\partial L^{(3)}}{\partial o^{(3)}} \cdot \frac{\partial o^{(3)}}{\partial h^{(3)}} \cdot \frac{\partial h^{(3)}}{\partial W_{xh}} + \frac{\partial L^{(3)}}{\partial o^{(3)}} \cdot \frac{\partial o^{(3)}}{\partial h^{(3)}} \cdot \frac{\partial h^{(3)}}{\partial h^{(2)}} \cdot \frac{\partial h^{(2)}}{\partial W_{xh}} +$$
$$\frac{\partial L^{(3)}}{\partial o^{(3)}} \cdot \frac{\partial o^{(3)}}{\partial h^{(3)}} \cdot \frac{\partial h^{(3)}}{\partial h^{(2)}} \cdot \frac{\partial h^{(2)}}{\partial h^{(1)}} \cdot \frac{\partial h^{(1)}}{\partial W_{xh}} \tag{3-9}$$

相应的,L 在第三个时刻对 W_{hh} 的偏导数为:

$$\frac{\partial L^{(3)}}{\partial W_{hh}} = \frac{\partial L^{(3)}}{\partial o^{(3)}} \cdot \frac{\partial o^{(3)}}{\partial h^{(3)}} \cdot \frac{\partial h^{(3)}}{\partial W_{hh}} + \frac{\partial L^{(3)}}{\partial o^{(3)}} \cdot \frac{\partial o^{(3)}}{\partial h^{(3)}} \cdot \frac{\partial h^{(3)}}{\partial h^{(2)}} \cdot \frac{\partial h^{(2)}}{\partial W_{hh}} +$$
$$\frac{\partial L^{(3)}}{\partial o^{(3)}} \cdot \frac{\partial o^{(3)}}{\partial h^{(3)}} \cdot \frac{\partial h^{(3)}}{\partial h^{(2)}} \cdot \frac{\partial h^{(2)}}{\partial h^{(1)}} \cdot \frac{\partial h^{(1)}}{\partial W_{hh}} \tag{3-10}$$

可以观察到,在某个时刻的对 W_{xh} 或是 W_{hh} 的偏导数,需要追溯这个时刻之前所有时刻的信息,这还仅仅是一个时刻的偏导数,而损失会在所有时间步累加,那么整个损失函数对 W_{xh} 和 W_{hh} 的偏导数将会很复杂。W_{xh} 和 W_{hh} 的偏导数表达式经过整理后的通式如下:

$$\frac{\partial L^{(t)}}{\partial W_{xh}} = \sum_{k=0}^{t} \frac{\partial L^{(t)}}{\partial o^{(t)}} \cdot \frac{\partial o^{(t)}}{\partial h^{(t)}} \cdot \left(\prod_{j=k+1}^{t} \frac{\partial h^{(j)}}{\partial h^{(j-1)}} \right) \frac{\partial h^{(k)}}{\partial W_{xh}} \tag{3-11}$$

$$\frac{\partial L^{(t)}}{\partial W_{hh}} = \sum_{k=0}^{t} \frac{\partial L^{(t)}}{\partial o^{(t)}} \cdot \frac{\partial o^{(t)}}{\partial h^{(t)}} \cdot \left(\prod_{j=k+1}^{t} \frac{\partial h^{(j)}}{\partial h^{(j-1)}} \right) \cdot \frac{\partial h^{(k)}}{\partial W_{hh}} \tag{3-12}$$

当我们观察其中累乘的项:

$$\prod_{j=k+1}^{t} \frac{\partial h^{(j)}}{\partial h^{(j-1)}} = \prod_{j=k+1}^{t} \tanh' \cdot W_{hh} \tag{3-13}$$

我们会发现累乘会导致激活函数导数的累乘,以及权重矩阵 W_{hh} 的累乘,进而导致梯度

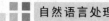

消失和梯度爆炸的问题,这些问题在下一小节详细说明。

3.2.4 基本循环神经网络存在的问题

循环神经网络虽然理论上任意两个时间步间均存在依赖,但在训练过程中并不能很好地学习到远距离位置间的依赖,主要原因就在于前文中提到的梯度消失和梯度爆炸问题。我们继续分析造成问题的原因:

一方面,激活函数的导数通常为(0,1)之间的小数,Sigmoid 激活函数的导数值区间 $\left(0,\dfrac{1}{4}\right]$,更实用一些的 tanh 激活函数的导数值区间为(0,1],当激活函数的导数值较小时,它的累乘会导致整体梯度值很小,使得模型的迭代优化过程难以进行。而且,在 3.4.1 小节中我们提到,当这两个激活函数的输入远离原点时,函数图像就会趋于平缓,导数值接近 0,梯度消失问题难以避免。

另一方面,当权重 W_{hh} 的取值超出了一定范围,它的累乘就会导致梯度值呈指数增长,也就是梯度爆炸问题,使得模型的迭代优化过程剧烈震荡,难以收敛。具体来说,当权重矩阵的特征值大于 1 时,则可能发生梯度爆炸;而当权重矩阵的最大特征值过小,同样可能导致梯度消失。

除梯度消失和梯度爆炸问题外,基本循环神经网络中信息传递的单向性也会导致部分信息的丢失。例如,我们想分析例句"乔丹投进了一个关键的三分球"中"乔丹"所指代的具体人物,循环神经网络按照顺序先输入了"乔丹",但此时并没有得到"三分球"的信息,因此无法确定为著名篮球运动员乔丹。在自然语言处理领域中,对句中任意位置信息的分析都离不开其前后两个方向的上下文的信息。再如,语音识别中,由于协同发音,当前声音作为音素的正确解释可能取决于未来几个音素,甚至潜在的可能取决于未来的几个词,因为词与附近的词之间存在的语义依赖:如果当前的词有两种声学上合理的解释,我们可能要在更远的未来和过去寻找信息区分它们。这在许多其他序列到序列学习的任务中也是如此。然而,基本循环神经网络的结构决定其只能捕捉从前到后的单向信息。

3.3 循环神经网络的扩展结构

从循环神经网络提出至今,循环神经网络的结构以及优缺点得到了长足的关注和研究。针对不同缺陷,人们提出了循环神经网络的多种扩展结构,有效地提升了循环神经网络的效果。本节将介绍其中几种经典的扩展结构,最后统一介绍循环神经网络在一些自然语言处理经典任务中的应用。

3.3.1 双向循环神经网络

上文中提到,许多序列学习任务,尤其是序列到序列的任务,需要捕捉序列中的双向信息。双向循环神经网络即为满足这种需要而发明。顾名思义,双向循环神经网络结合时间上从序列起点开始移动的 RNN 和另一个时间上从序列末尾开始移动的 RNN。图 3-8 展示了典型的双向 RNN,其中 $h_t^{(1)}$ 代表通过时间向前移动的子 RNN 的状态,$h_t^{(2)}$ 代表通过时间向后移动的子 RNN 的状态。这允许输出单元能够计算同时依赖过去和未来且对时刻 t 的输入值最敏感的表示,通常的做法是直接将两个隐层状态向量拼接起来,输入到输出单元中。

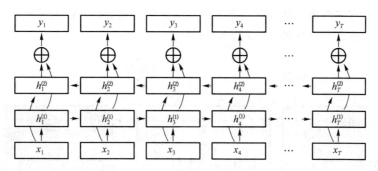

图 3-8　双向循环神经网络的结构

3.3.2　深度循环神经网络

循环神经网络可以看作是可深可浅的网络,一方面如果把循环网络按时间展开,长时间间隔的状态之间的路径很长,循环网络可以看作是一个非常深的网络;从另一方面来说,同一时刻网络输入到输出之间的路径 $x_t \rightarrow y_t$,这个网络的深度是非常浅的。我们可以通过增加循环神经网络的深度从而增强循环神经网络的泛化能力。增加循环神经网络的深度主要是延长同一时刻网络输入到输出之间的路径 $x_t \rightarrow y_t$,比如增加隐状态到输出 $h_t \rightarrow y_t$,以及输入到隐状态 $x_t \rightarrow h_t$ 之间的路径的深度。深度循环神经网络的结构如图 3-9 所示。

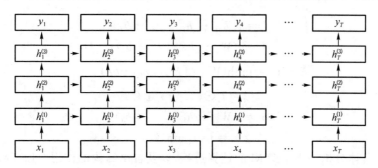

图 3-9　深度循环神经网络的结构

第 l 层网络的输入是第 $l-1$ 层网络的输出。定义 $h_t^{(l)}$ 为在 t 时刻的第 l 层的隐状态:

$$h_t^{(l)} = f(W_{xh}^{(l)} h_t^{(l-1)} + W_{hh}^{(l)} h_{t-1}^{(l)} + b_h^{(l)} W) \tag{3-14}$$

研究证明了将 RNN 的状态分为多层的显著好处,我们可以认为,在深度循环神经网络中,较低的层起到了将原始输入转化为对更高层的隐状态更合适的表示的作用。然而,增加深度可能会因为优化困难而损害学习效果。在一般的情况下,更容易优化较浅的结构,因此需要平衡深度循环网络的层数和训练难易度,以取得最好的学习效果。

3.3.3 长短时记忆网络

长短时记忆网络(Long Short-Term Memory Network，LSTM)这一结构,有效解决了存在于基本循环神经网络中无法解决的梯度消失和梯度爆炸问题,取得了非常好的效果。这种长短时记忆网络在循环神经网络单元中加入门限结构,从而保存历史信息和长期状态,以及控制信息的流动。网络的结构示意图如图 3-10 所示。

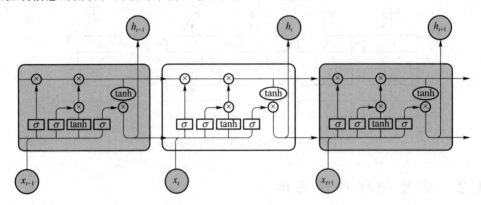

图 3-10　长短时记忆网络的结构

一个长短时记忆网络单元结构包含输入门 i、输出门 o、遗忘门 f 和储存历史信息的记忆单元 C,σ 表示 Sigmoid 函数。下列公式为长短时记忆网络的前向计算过程,其中 W 表示网络的权重矩阵,$\boldsymbol{b}$ 表示偏置向量,x_t 和 h_t 分别表示在 t 时刻的输入和输出。其中,输入门 i_t 用于控制当前时刻 x_t 输入到网络的信息量,遗忘门 f_t 将历史信息的数值控制在一定范围内,从而避免梯度消失和梯度爆炸问题。输出门 o_t 则控制网络的记忆单元的信息输出比例。

$$f_t = \sigma(W_f \cdot [h_{t-1}, x_t] + b_f) \tag{3-15}$$

$$i_t = \sigma(W_i \cdot [h_{t-1}, x_t] + b_i) \tag{3-16}$$

$$\widetilde{C}_t = \tanh(W_C \cdot [h_{t-1}, x_t] + b_C) \tag{3-17}$$

$$C_t = f_t \odot C_{t-1} + i_t \odot \widetilde{C}_t \tag{3-18}$$

$$o_t = \sigma(W_o \cdot [h_{t-1}, x_t] + b_o) \tag{3-19}$$

$$h_t = o_t \odot \tanh(C_t) \tag{3-20}$$

下面我们具体分析一下 LSTM 的计算过程,以及各个结构的作用。LSTM 的核心思想是细胞状态,用贯穿细胞的水平线表示,如图 3-11 所示。细胞状态类似于传送带,直接在整个隐状态序列上运行,只有一些少量的线性交互,上面的信息在流转过程中很容易保持不变。

LSTM 有通过精巧的"门"结构来去除或增加信息到细胞状态的能力。门是一种选择式通过信息的方法,它们包含一个 Sigmoid 函数和一个按位的乘法操作,如图 3-12 所示。Sigmoid 函数的输入是根据当前输入 x_t 和上一时刻的输出状态 h_{t-1} 以及各个门特有的权重计算出的矩阵,Sigmoid 函数输出(0，1)之间的数值,描述每个部分有多少量可以通过。0代表不允许任何量通过,而 1 则代表允许任意量通过。

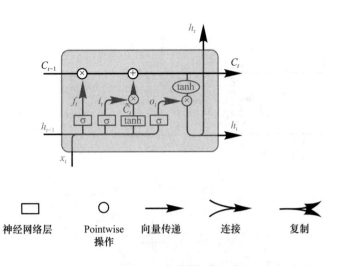

图 3-11　LSTM 中传递的细胞状态

图 3-12　LSTM 中的 Sigmoid 结构

在 LSTM 中的第一步是决定会从细胞状态中丢弃哪些信息,通过"遗忘门"完成,如图 3-13 所示。该门会读取 h_{t-1} 和 x_t,输出一个在(0,1)之间的数值给每个在上一细胞状态 c_{t-1} 中的值,1 表示完全保留,0 表示完全舍弃。

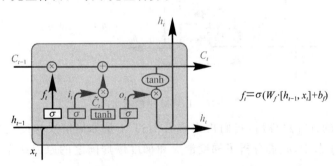

$$f_t = \sigma(W_f \cdot [h_{t-1}, x_t] + b_f)$$

图 3-13　LSTM 中的遗忘门

下一步是确定什么样的新信息被存放在细胞状态中。这里包含两个部分,一是"输入门"决定我们要更新什么值,二是新的候选值 $\widetilde{C}_t$,同样利用 h_{t-1} 和 x_t 计算得到,然后经过一个 tanh 函数,再经过输入门,加入细胞状态中,如图 3-14 所示。

下面将更新旧的细胞信息 C_{t-1},变为新的细胞信息 C_t,如图 3-15 所示,我们把旧的状态与遗忘门相乘,接着加上决定输入细胞状态中的更新值,得到此刻的细胞状态。

最终,我们需要确定输出什么值,通过"输出门"决定细胞状态的哪些部分将输出出去,细胞状态会经过 tanh 函数的处理,如图 3-16 所示。

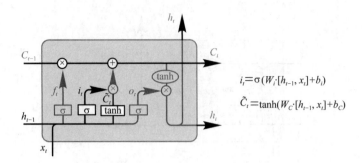

$$i_t = \sigma(W_i \cdot [h_{t-1}, x_t] + b_i)$$

$$\tilde{C}_t = \tanh(W_C \cdot [h_{t-1}, x_t] + b_C)$$

图 3-14 LSTM 中的输入门和候选状态

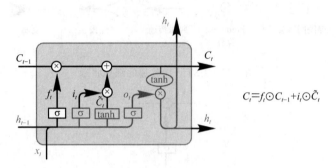

$$C_t = f_t \odot C_{t-1} + i_t \odot \tilde{C}_t$$

图 3-15 LSTM 中的细胞状态计算

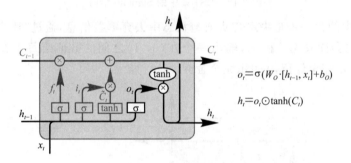

$$o_t = \sigma(W_O \cdot [h_{t-1}, x_t] + b_O)$$

$$h_t = o_t \odot \tanh(C_t)$$

图 3-16 LSTM 中的输出门

清楚 LSTM 的计算过程后,我们再来看看 LSTM 是如何解决梯度消失和梯度爆炸问题的。在 3.2.4 小节中,我们分析了梯度消失和梯度爆炸问题的原因在于权重的梯度包含累乘的部分:

$$\prod_{j=k+1}^{t} \frac{\partial h^{(j)}}{\partial h^{(j-1)}} = \prod_{j=k+1}^{t} \tanh' \cdot W_{hh} \tag{3-21}$$

在 LSTM 中,有

$$C_t = f_t \odot C_{t-1} + i_t \odot \tanh(W_C \cdot [h_{t-1}, x_t] + b_C) \tag{3-22}$$

原本可能导致梯度消失和梯度爆炸问题的累乘项则为

$$\prod_{j=k+1}^{t} \frac{\partial C^{(j)}}{\partial C^{(j-1)}} = \prod_{j=k+1}^{t} f_j \tag{3-23}$$

由于门采用的是 Sigmoid 激活函数,它的输出要么接近 0,要么接近 1,这就使得上式是非 0 即 1 的。当门为 1 时,梯度能够很好地在 LSTM 中传递,很大程度上减轻了梯度消失发生的概率;而当门为 0 时,说明上一时刻的信息对当前时刻没有影响,我们也就不需要传递梯度来更新参数了。这就是通过门控机制能够解决梯度问题的原因。

3.3.4　门控循环单元

门控循环单元(Gate Recurrent Unit,GRU)是 LSTM 网络的一种效果很好的变体,它较 LSTM 网络的结构更加简单,而且效果也很好,因此也是当前非常流行的一种网络结构。GRU 旨在解决标准 RNN 中出现的梯度消失问题,它背后的原理与 LSTM 非常相似,即用门控机制控制输入、记忆等信息,而在当前时间步做出预测。GRU 的结构示意图如图 3-17 所示。

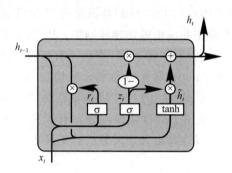

图 3-17　GRU 的结构

图中的 z_t 和 r_t 分别表示更新门和重置门。更新门用于控制前一时刻状态信息被带入当前状态的程度,更新门的值越小说明前一时刻的状态信息带入越多。重置门控制了如何将新的输入信息与前面的记忆相结合,重置门越小,前一状态的信息被写入得越少。如果我们将重置门设置为 1,更新门设置为 0,那么我们将再次获得标准 RNN 模型。

使用门控机制学习长期依赖关系的基本思想和 LSTM 一致,但仍存在一些关键区别:GRU 有两个门,更新门和重置门,而 LSTM 有三个门,输入门、遗忘门和输出门。GRU 并不会控制并保留内部记忆,且没有 LSTM 中的输出门。LSTM 中的输入门与遗忘门对应于 GRU 的更新门,而重置门直接作用于上一时刻的隐藏状态。这两个门控向量决定了哪些信息最终能作为 GRU 的输出。这两个门的特殊之处在于,它们能够保存长期序列中的信息,且不会随时间而清除或因为与预测不相关而移除。

下面我们来看一下 GRU 的计算过程:在时间步 t,我们首先需要使用以下公式计算更新门 z_t 和重置门 r_t:

$$z_t = \sigma(W_{zh}h_{t-1} + W_{zx}x_t) \tag{3-24}$$

$$r_t = \sigma(W_{rh}h_{t-1} + W_{rx}x_t) \tag{3-25}$$

其中,h_{t-1} 保存的是上一个时间步 $t-1$ 的隐状态信息,x_t 为时间步 t 的输入向量,它们会经过一个线性变换,然后输入 Sigmoid 激活函数中,将结果压缩到(0,1)。我们再来看看更新门和重置门如何影响最终的输出。在重置门的使用中,新的记忆内容将使用重置门储存过去相关的信息,因为前面计算的重置门是由(0,1)组成的向量,它会衡量门控开启的大小:

$$h'_t = \tanh(W_{hx}x_t + r_t \odot W_{hh}h_{t-1}) \tag{3-26}$$

最后一步计算当前时刻的隐状态 h_t，该向量将保留当前单元的信息并传递到下一个单元中，同时也是此时间步的 GRU 的输出。在这个过程中我们需要使用更新门，它决定了当前记忆内容 h'_t 和前一时间步 h_{t-1} 中需要收集的信息的比例，相当于一个加权求和的过程：

$$h_t = z_t \odot h_{t-1} + (1-z_t) \odot h'_t \tag{3-27}$$

LSTM 和 GRU 的性能在很多任务上难分优劣，GRU 由于少一个门和几个矩阵乘法，更容易收敛，但是在规模很大的情况下，LSTM 可能取得更好的性能。通常来说可以选择 GRU 作为的基本设置，加速试验进程，快速迭代。

3.3.5 循环神经网络的应用

在语音识别中，有研究使用双向 LSTM 对英语文集 TIMIT 进行语音识别，其表现超过了同等复杂度的隐马尔可夫模型和深度前馈神经网络。RNN 是机器翻译的算法之一，并形成了区别于"统计机器翻译"的"神经机器翻译"方法。有研究使用端到端学习的 LSTM 成功对法语-英语文本进行了翻译，也有研究将卷积 n 元模型与 RNN 相结合进行机器翻译。有研究认为，按编码器-解码器形式组织的 LSTM 能够在翻译中考虑语法结构。

基于上下文连接的 RNN 被用于语言建模问题。有研究在字符层面的语言建模中，将 RNN 与卷积神经网络相结合。RNN 也是语义分析的工具之一，被应用于文本分类、社交网站数据挖掘等场合。

在语音合成领域，有研究将多个双向 LSTM 相组合建立了低延迟的语音合成系统，成功将英语文本转化为接近真实的语音输出。RNN 也被用于端到端文本-语音合成工具的开发，如 Tacotron、Merlin 等。

RNN 也被用于与自然语言处理有关的异常值检测问题，如社交网络中虚假信息/账号的检测。

3.4 深度学习概览

深度学习领域涵盖了庞大的知识体系，新的理论和实践经验与日俱增。限于篇幅，本节旨在简短介绍深度学习中的重要环节及其基本思想，供读者一览深度学习问题的一般解决流程：对于一个一般的任务，首先对问题进行建模，设计出基本的神经网络模型，再通过监督学习的方式在数据集上训练模型，按照训练目标优化模型参数，然后不断迭代新的模型，提升效果。在本章的前几节中，已经介绍了多种经典的神经网络结构，接下来将分别介绍为模型提供非线性拟合能力的激活函数、模型的训练方式及监督数据、模型的学习目标、具体的优化算法以及正则化的模型调优方式。

3.4.1 激活函数

最早的感知机激活函数为阶跃函数，如图 3-18 所示，当输入小于阈值时函数值为 0，大于时函数值为 1,用于进行二分类。在现代深度学习中,激活函数的主要作用是为网络提供非线性成分。因为通过证明可以发现线性神经元的叠加永远等效于线性模型,输出是输入的线性组合,与没有隐藏层效果相当,网络的逼近能力十分有限。由于在训练模型时需要使用基于梯度的方式,激活函数必须是可导的。当前常用的激活函数包括 Sigmoid 激活函数、双曲正切(tanh)激活函数、整流线性单元(ReLU)激活函数等,各有优劣。

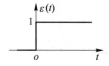

图 3-18 阶跃函数的图像

(1) Sigmoid 激活函数

Sigmoid 函数就是 Logistic 函数,它的数学形式如下:

$$f(x) = \frac{1}{1 + e^{-x}} \tag{3-28}$$

Sigmoid 函数的图像如图 3-19 所示。

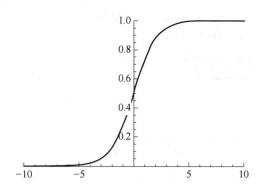

图 3-19 Sigmoid 函数的图像

Sigmoid 函数曾经被广泛使用,但由于它固有的一些缺点,近年来出现频率逐渐降低。Sigmoid 函数的缺点主要表现在两个方面。一是,在使用反向传播算法学习参数时可能出现的梯度消失问题,Sigmoid 函数在 $x = 0$ 处取得导数最大值 $\frac{1}{4}$,由反向传播算法的数学推导可知,梯度从后向前传播时,每传递一层梯度值都会减小为原来的 0.25 倍甚至更小。而且 Sigmoid 函数在自变量越远离原点的位置的变化越平缓,这会加剧梯度消失的问题。二是,Sigmoid 函数能够把输入的连续实值变换为(0,1)之间的输出,这便于与概率对应,但它的输出不是 0 均值的,这会导致后一层的神经元将得到非 0 均值的信号作为输入,增加网络学习的难度,减缓网络收敛的速度。

(2) tanh 激活函数

tanh 函数也是一种非常常见的激活函数,它的数学形式如下:

$$f(x) = \frac{1 - e^{-2x}}{1 + e^{-2x}} \tag{3-29}$$

tanh 函数的几何图像如图 3-20 所示。

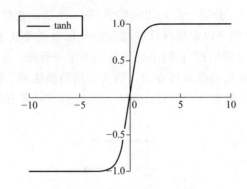

图 3-20　tanh 函数的函数图像

tanh 函数与 Sigmoid 函数比较相似,但更为常用。tanh 函数的输出均值为 0,使得其收敛速度比 Sigmoid 函数更快,可减少迭代次数。然而从函数图像即可看出,tanh 函数没有解决梯度消失的问题。

（3）ReLU 激活函数

ReLU 函数其实就是一个取最大值函数,它的数学形式如下:

$$f(x) = \max(0, x) \tag{3-30}$$

ReLU 函数的几何图像如图 3-21 所示。

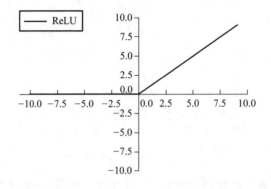

图 3-21　ReLU 函数的函数图像

ReLU 函数是目前最常用的激活函数,在搭建人工神经网络时通常作为尝试的首选项。ReLU 函数有很多优点:首先它的计算速度非常快,只需要判断输入是否大于 0;其次它在正区间解决了梯度消失的问题,因此收敛速度也远快于 Sigmoid 函数和 tanh 函数;另外 ReLU 函数在负区间的输出恒为零,使得网络具有一定的稀疏性,从而减少了参数间的依存关系,缓解了过拟合的情况。但 ReLU 函数也存在一些问题:它不是 0 均值的,且某些神经元可能永远不会被激活。为解决神经元失活的问题,人们提出了许多 ReLU 函数的变种,在负区间用斜率很小的线性函数代替,如 $f(x) = 0.01x$,或用其他较为平缓的函数,如 $f(x) = \alpha(e^x - 1)$,等等。但并没有证据显示这些变种的效果总是优于基本的 ReLU 函数。

3.4.2　监督学习和数据集

在拥有了初始化的神经网络模型后,我们通过预先标注好的数据集对模型进行监督训练,这一过程即监督学习。粗略地说,监督学习算法是给定一组输入 x 和输出 y 的训练集,学习如何关联输入和输出。在许多情况下,输出 y 很难自动收集,必须由人来标注,从而使模型学习到人类的经验,能够根据输入得到正确的输出。

在实际情况中,所选取的训练数据集往往不能完全代表目标任务中的数据分布。训练后的模型往往在训练集上的表现很好,但是对未知样本的预测表现一般,这种现象称为过拟合。因此在深度学习中通常将数据集分为三个集合:训练集、验证集和测试集,从而找到最优的网络权重,以及正确评估模型的泛化效果。训练集是用于模型拟合的数据样本;验证集是模型训练过程中单独留出的样本集,用于评估和选择模型的训练结果;测试集则用来评估最终模型的泛化能力,不能作为调参、选择特征等算法相关的选择的依据。当数据较少时,三者的比例通常设置为 $3:1:1$,而当数据较为充足时,可适当增加训练集所占的比例,验证集和测试集只需要一定数量即可进行评估。

3.4.3 损失函数

损失函数(Loss Function)用来评估模型的好坏程度,即预测值 $f(x)$ 与真实值的不一致程度,通常表示为 $L(Y,f(x))$,取值为一个非负的浮点数。损失函数的值越小,代表模型的拟合效果越好。神经网络训练的过程,就是寻找使得损失函数最小的网络权重的过程。基本的损失函数有很多种,如表 3-1 所示,没有一个损失函数可以适用于所有类型的数据,损失函数的选择取决于许多因素,包括问题建模的类型,是否有离群点,运行梯度下降的时间效率,是否易于找到函数的导数,以及预测结果的置信度,等等。

不同损失函数

若想详细了解不同损失函数的特点,请扫描书右侧的二维码。

表 3-1 损失函数的数学形式

函数名称	数学形式
0-1 损失函数	$L(Y,f(X))=\begin{cases}1, & Y\neq f(X)\\0, & Y=f(X)\end{cases}$
阶跃函数	$L(Y,f(X))=\begin{cases}1, & \|Y-f(X)\|\geqslant T\\0, & \|Y-f(X)\|<T\end{cases}$
绝对值损失函数	$L(Y,f(X))=\|Y-f(X)\|$
对数损失函数	$L(Y,f(X))=-\log P(Y\|X)$
平方损失函数	$L(Y,f(X))=(Y-f(X))^2$
指数损失函数	$L(Y,f(X))=\exp(-Yf(X))$
铰链(Hinge)损失函数	$L(Y,f(X))=\max(0,1-Yf(X))$

3.4.4 梯度下降和反向传播算法

在定义了损失函数之后,我们需要求解使得损失函数值最小的参数值,而神经网络的规模决定了无法直接求解,只能通过迭代的方法逐步求解。梯度下降法是一种迭代求解最小化损失函数问题的常用方法,该方法需要给定一个初始点,并求出该点的梯度向量,然后以负梯度方向为搜索方向,以一定的步长进行搜索,从而确定下一个迭代点,再计算出新的梯度方向,如此重复直到网络收敛。

假设把损失函数表示为:

$$L(w_{11},w_{12},\cdots,w_{ij},\cdots,w_{mn})$$ (3-31)

那么它的梯度向量就等于:

$$\nabla L=\frac{\partial L}{\partial w_{11}}e_{11}+\cdots+\frac{\partial L}{\partial w_{mn}}e_{mn}$$ (3-32)

其中,w_{ij} 表示权重,e_{ij} 表示正交单位向量。为此,我们需要求出损失函数 L 对每个权重 w_{ij} 的偏导数。而反向传播就是用来求解神经网络这种多层复合函数的所有变量的偏导数的算法。我们以求解 $e=(a+b)\cdot(b+1)$ 的偏导为例,假设情况 $a=2,b=1$,引入中间变量 c,d,如图 3-22 所示。

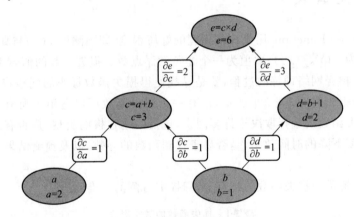

图 3-22 反向传播示意过程

利用链式法则我们知道:

$$\frac{\partial e}{\partial a}=\frac{\partial e}{\partial c}\cdot\frac{\partial c}{\partial a}$$ (3-33)

$$\frac{\partial e}{\partial b}=\frac{\partial e}{\partial c}\cdot\frac{\partial c}{\partial b}+\frac{\partial e}{\partial d}\cdot\frac{\partial d}{\partial b}$$ (3-34)

结合图中的结构来说,$\frac{\partial e}{\partial a}$ 的值等于从 a 到 e 的路径上的偏导值的乘积,而 $\frac{\partial e}{\partial b}$ 的值等于从 b 到 e 的两条路径,$b-c-e$ 和 $b-d-e$,分别取路径上的偏导值乘积再加和。也就是说,对于上层节点 p 和下层节点 q,要求得 $\frac{\partial p}{\partial q}$,需要找到从 q 节点到 p 节点的所有路径,并且对每条路径求得该路径上的所有偏导数的乘积,然后将所有路径的"乘积"结果累加起来。然而,这样做是十分冗余的,因为很多路径被重复访问了,对于权值规模较大的神经网络,这样的冗余所导致的计算量是相当大的。

反向传播算法则解决了该冗余问题,它对于每个路径只访问一次就能求顶点对所有下层节点的偏导值。从最上层的节点 e 开始,偏导的初始值为 1,以层为单位进行处理。对于 e 的下一层的所有子节点,将 1 乘以 e 到某个节点路径上的偏导值,并将结果暂存在该子节点中。当 e 所在的层按照此方式传播完毕后,第二层的每一个节点都暂存了一些值,我们对每个节点中暂存的值求和,就得到了顶点 e 对该节点的偏导。然后将第二层的顶点各自作为起始顶点,初始值设为顶点 e 对它们的偏导值,以"层"为单位重复上述传播过程,即可求出顶点 e 对每一层节点的偏导数。

梯度下降算法在实际应用中面临这样一个问题:好的泛化需要大的训练集,但大的训练集的计算代价也更大,而梯度下降算法的运算规模与训练集的规模成正比,在大训练集上计算一步梯度也会消耗相当长的时间。随机梯度下降算法是梯度下降算法的一个扩展,它的核心是采用梯度的期望,而期望可以使用小规模的样本近似估计,且通常不随训练集规模增长而增长。具体而言,算法的每一步,从训练集中均匀抽出一小批量样本,并计算其梯度,用于迭代更新网络的权重。根据迭代过程的不同,常用的优化方法可分为:SGD、Momentum、AdaGrad、RMSProp、Adam 等。

反向传播

若想详细了解反向传播的推导规程,请扫描书右侧的二维码。

3.4.5　正则化

正则化方法有助于缓解模型训练中的过拟合问题,是常用的提高模型泛化能力的方法。一般地,正则化一个神经网络模型,我们可以为目标函数添加被称为正则化项的惩罚,此时目标函数则包括损失函数和正则化项两项,前者使得网络的表达能力变强,后者使得复杂模型退化成简单模型。正则化项用于表示对模型权重的某种偏好,比如常用的 L_1 正则化和 L_2 正则化,前者会使得权重更为稀疏,即 0 值更多,后者会使权重整体变小。

丢弃法(Dropout)也是常用的缓解过拟合问题的方法。丢弃法即在训练过程中随机丢弃一部分神经元,以及与其对应的边。丢弃法能够起到对多个子模型取平均的作用,丢弃不同的神经元相当于训练不同的子网络,而不同的网络模型产生的过拟合可能不同,综合多个子网络则可能让一些"相反"的拟合相互抵消,减轻过拟合。丢弃法还能减少神经元之间复杂的共适应关

正则化

系,任意两个神经元之间不一定每次都在一个子网络中出现,这样的权值更新不再依赖于有固定关系的隐含节点的共同作用,迫使网络去学习更加具有鲁棒性的特征。

若想详细了解正则化的直观解释,请扫描书右侧的二维码。

本 章 小 结

本章首先介绍了神经网络和深度学习的基本概念和二者的关系,紧接着分别介绍了多种重要的神经网络结构,包括前馈神经网络中的多层感知机、卷积神经网络和注意力网络,以及循环神经网络及其改进结构。其中,重点介绍了与自然语言处理领域密不可分的循环神经网络,包括 RNN 的提出背景、网络结构、训练方法、存在的问题以及扩展结构,而对其余结构简要介绍了其基本结构和基本思想。在对神经网络模型有了一定的了解后,本章继续简要介绍了训练和调优模型的方法,即深度学习的各项基本环节及其思想。

市面上不乏专门讲解神经网络和深度学习的优秀学习资料,供读者深入学习研究。本章旨在为读者提供对深度学习的快速了解,以便更好地理解本书的后续内容。

思 考 题

(1) 简述神经网络与深度学习之间的关系。
(2) 描述卷积神经网络的基本结构。
(3) 写出注意力机制中各个量的计算公式。
(4) 简述循环神经网络适用于序列问题的原因。
(5) 写出长短时记忆网络能够解决梯度消失问题的推导过程。
(6) 简述深度学习中包括哪些重要环节,并简要介绍。
(7) 分析不同激活函数的优缺点。
(8) 分析反向传播算法能够提高计算效率的原因。

本章参考文献

[1] Rosenblatt F. The perceptron: a probabilistic model for information storage and organization in the brain[J]. Psychological review, 1958, 65(6): 386.

[2] Rumelhart D E, Hinton G E, Williams R J. Learning representations by back-propagating errors[J]. nature, 1986, 323(6088): 533-536.

[3] LeCun Y, Bottou L, Bengio Y, et al. Gradient-based learning applied to document recognition[J]. Proceedings of the IEEE, 1998, 86(11): 2278-2324.

[4] Rumelhart D, Hinton G, Williams R. Parallel distributed processing: Explorations in the microstructure of cognition, vol. 1[J]. Language, 1986, 63(4):45-76.

[5] Schuster M, Paliwal K K. Bidirectional recurrent neural networks[J]. IEEE transactions on Signal Processing, 1997, 45(11): 2673-2681.

[6] Hochreiter S, Schmidhuber J. Long short-term memory[J]. Neural computation, 1997, 9(8): 1735-1780.

[7] Cho K, van Merriënboer B, Gulcehre C, et al. Learning Phrase Representations using RNN Encoder-Decoder for Statistical Machine Translation[C]//Proceedings of the 2014 Conference on Empirical Methods in Natural Language Processing (EMNLP). 2014: 1724-1734.

[8] Vaswani A, Shazeer N, Parmar N, et al. Attention is all you need[J]. Advances in neural information processing systems, 2017, 30: 5998-6008.

第 4 章
语言模型

本章思维导图

在自然语言处理领域,研究者们为了对存在的大量文本进行分析,建立了一系列的模型来帮助人们理解自然语言。语言模型是自然语言处理领域最基础的任务,通过语言模型训练得到的文本特征可以直接地广泛应用于各类下游任务当中。本章对语言模型的历史发展进行了一个详细的汇总,对其基本原理进行了介绍,并对未来的研究趋势进行了展望。

图 4-1 为本章的思维导图,是对本章的知识脉络的总结。

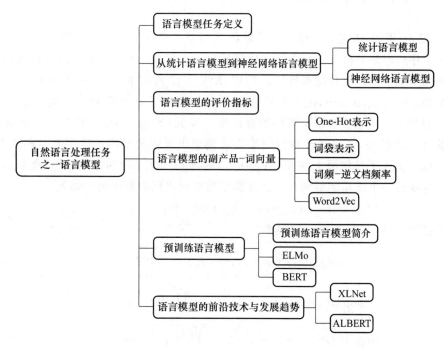

图 4-1　语言模型思维导图

4.1　语言模型任务定义

在计算机技术发展的初期,为了对存在的大量文本进行分析,人们归纳出了针对自然语言的语法规则,从而对已有的语料进行处理。但是手工编写规则既费时又费力,而且制定的规则并不能涵盖所有的语言学现象。所以,研究者们提出了语言模型(Language Model)来对文本进行建模,语言模型通过概率分布来计算文本质量,对大量文本进行训练得到的语言模型还可以应用于各类自然语言处理的下游任务中。

对于一个由多个单词组成的语言序列 $w_1, w_2, \cdots, w_n$,语言模型可以计算该序列出现的概率,即 $P(w_1, w_2, \cdots, w_n)$,从算法的角度来讲,语言模型是对一个序列的概率分布进行建模,从而找出概率较高的序列。从实际应用的角度来讲,我们希望计算出由相同单词的不同顺序组成的序列里面,最符合人类语言表达方式的序列作为输出。例如,$P($我爱学习$) >$ $P($我学习爱$)$。

4.2　从统计语言模型到神经网络语言模型

4.2.1　统计语言模型

20世纪80年代,研究者们提出了统计语言模型。统计语言模型是利用统计学的原理来计算一个序列出现的概率。它把词的序列看成一个随机事件,并赋予相应的概率来描述这个序列属于某种语言集合的可能性。例如,给定一个词汇集合 V,对于一个由 V 中的词构成的序列 $S = <w_1, w_2, \cdots, w_n> \in V$,统计语言模型赋予这个序列一个概率 $P(S)$,来衡量 S 符合自然语言的语法和语义规则的置信度。N 元(N-gram)语言模型是一种最为广泛使用的统计语言模型,这也是在神经网络语言模型出现之前最广泛适用的一种语言模型。N 元语言模型引入了马尔可夫假设(Markov Assumption):一个单词出现的概率只与它前面出现的有限的一个或几个单词有关。计算当前单词出现的概率公式如下:

$$P(w_i \mid w_1, w_2, \cdots, w_{i-1}) = P(w_i \mid w_{i-n+1}, \cdots, w_{i-1}) \tag{4-1}$$

基于这种情况,定义 N 元语言模型为:

$$\text{unigram:} P(w_1, w_2, \cdots, w_n) = \prod_{i=1}^{n} P(w_i) \tag{4-2}$$

$$\text{bigram:} P(w_1, w_2, \cdots, w_n) = \prod_{i=1}^{n} P(w_i \mid w_{i-1}) \tag{4-3}$$

$$\text{trigram:} P(w_1, w_2, \cdots, w_n) = \prod_{i=1}^{n} P(w_i \mid w_{i-2}, w_{i-1}) \tag{4-4}$$

当 $N=1$ 的时候,我们称之为一元语言模型(unigram),每个单词出现的概率只和它自己有关,在这种情况下,每个单词出现的概率与上下文无关。例如,$P($我爱学习$) = P($我$) \times$

$P(爱)\times P(学习)$。我们只需要把每句话拆为一个个单词,然后将这些单词的概率相乘,这样就能算出每句话的概率。在这种情况下,由于建模过程没有考虑句子的语义,只是单纯地使用某个单词在词典中出现的频率,所以效果通常并不好。而当 $N>1$ 的时候,每个单词出现的概率不仅与自身有关,还与它前面出现的有限个单词有关。同样地,在"我爱学习"这个句子中,若采用二元语言模型(bigram),$P(我爱学习)=P(我)\times P(爱|我)\times P(学习|爱)$。这种方法会更多地考虑上下文之间的依赖关系。而每个条件概率都是从一个很大的语料库中统计得到的,即

$$P(w_i \mid w_1,\cdots,w_{i-1}) = \frac{C(w_1,w_2,\cdots,w_i)}{\sum_w C(w_1,w_2,\cdots,w_{i-1},w)} \tag{4-5}$$

其中,$C(w_1,w_2,\cdots,w_n)$代表 $w_1,w_2,\cdots,w_n$ 这个序列在语料库中出现的次数。随着 N 的增大,N 元语言模型存在的两个缺陷会表现出来:一是参数空间呈指数级增长,计算量十分巨大;二是 N 过大的时候,很多单词组合在语料中出现次数少或者从未出现过,造成数据稀疏。理论上,训练语料的规模越大,参数估计的结果就越可靠。但即便训练数据的规模非常大,还是有很多单词序列在训练语料中不会出现,这就导致很多参数是 0。例如,IBM 使用了 366M 英语语料训练 trigram,发现 14.7% 的 trigram 和 2.2% 的 bigram 在训练中没有出现。为了避免因为乘以 0 导致整个句子的概率为 0,使用最大似然估计方法时需要加入平滑(smoothing)来避免参数取零。最常用的一种平滑方式称为 Laplace 平滑,计算方式如下:

$$p(w_i \mid w_{i-n+1},\cdots,w_{i-1})=\frac{\text{Count}(w_{i-n+1},\cdots,w_{i-1},w_i)+1}{\text{Count}(w_{i-n+1},\cdots,w_{i-1})+V} \tag{4-6}$$

在计算每个单词出现概率的时候,分子加一,分母加上语料库的大小,避免了计算出来的概率为 0。

在传统统计语言模型中,基于极大似然估计的语言模型缺少对上下文的泛化,比较"死板"。比如,原语料中出现白汽车、黑汽车,而没有黄汽车,该语言模型就会影响对黄汽车的概率估计。当然,某些具体的自然语言处理应用中,这种"死板"反而是一种优势,这种语言模型的灵活性低,但能够降低召回率,提升准确率。比如,原语料中出现了黑马、白马,这时出现蓝马的概率就很低。而对于灵活的语言模型,很有可能蓝马的概率也偏高。

统计语言模型

若想详细了解 N-gram 语言模型的原理,请扫描书右侧的二维码。

4.2.2　神经网络语言模型

N-gram 语言模型存在很多问题,其中一个很重要的问题是 N-gram 只考虑到其相邻的有限个单词,无法获得上文的长时依赖;另一个问题是 N-gram 只是基于频次进行统计,没有足够的泛化能力。为解决以上问题,2003 年 Bengio 提出了神经网络语言模型(Neural Network Language Model, NNLM),并提出了词向量的概念。词向量代替 N-gram 使用的离散变量(高维),采用连续变量(具有一定维度的实数向量)来进行单词的分布式表示,解决了维度爆炸的问题,同时通过词向量可获取词之间的相似性。

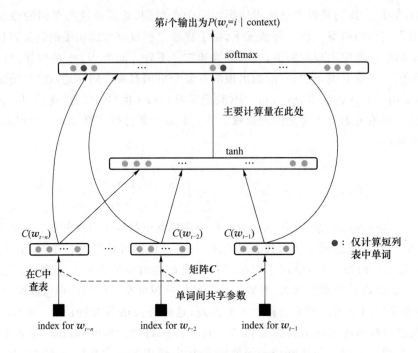

图 4-2   神经网络语言模型基本结构

图 4-2 所示为一个最简单的神经网络,仅由四层构成,输入层、投影层、隐藏层、输出层。神经网络语言模型先给每个词在连续空间中赋予一个向量(词向量),再通过神经网络去学习这种分布式表征。利用神经网络去建模当前词出现的概率与其前 $N-1$ 个词之间的约束关系。很显然,只要单词表征足够好,这种方式相比 N-gram 具有更好的泛化能力,从而很大程度地降低了数据稀疏带来的问题。NNLM 将联合概率拆分为两步来计算:首先将词汇表中的每个词对应一个分布式向量表示,对句子中的词向量通过函数得到联合概率,然后在大语料上通过神经网络来学习词向量和联合概率函数的参数。

通常,我们可以将图 4-2 中的神经网络语言模型看作如图 4-3 所示的四层结构。

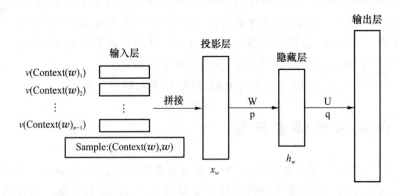

图 4-3   神经网络语言模型四层结构

网络的输入是文本的索引序列。例如,单词"我"在字典(大小为 $|V|$)中的索引是 16,单词"爱"的索引是 27,则神经网络语言模型通过句子"我爱"来预测"我爱学习",窗口大小内上文词的索引序列就是 16,27。嵌入层(Embedding)是一个大小为 $|V|\times K$ 的矩阵,其中

K 的大小是自己设定的,这个矩阵相当于随机初始化的词向量,会在反向传播中进行更新,神经网络训练完成之后这一部分就是词向量,从中取出第 $16,27$ 行向量拼成 $2 \times K$ 的矩阵作为嵌入层的输出了。隐藏层接收拼接后的嵌入层输出作为输入,以 tanh 为激活函数,经过计算得到该隐藏单元在每一个单词上的输出。通过 Softmax 操作进行归一化,得到输出在每一个单词上的概率分布。

NNLM 的优点在于:NNLM 相比 N-gram 语言模型不需要事先计算保存所有的概率值,而是通过函数计算得到;NNLM 增加了单词词向量,可以表达单词的相似性(即语义和语法特征);利用神经网络求解最优参数及 Softmax 的使用,相比 N-gram 可以更加平滑的预测序列单词的联合概率,且对包含未登录词的句子预测效果很好。

随着深度学习技术的不断发展,目前基于循环神经网络(RNN)的语言模型成为科研界的主流。循环神经网络的最大优势在于,可以真正充分地利用所有上文信息来预测下一个词,而不像前面的其他模型那样,只能有 N 个词的窗口,只用前 N 个词来预测下一个词。从形式上看,这是一个非常理想的模型,它能够用到文本的所有信息。但是循环神经网络,使用起来却非常难优化,如果优化得不好,长距离的信息就会丢失。在 RNNLM 里只使用了最朴素的 BPTT 优化算法,就已经比 N-gram 语言模型中的结果有了巨大的提高。后续为了解决 RNN 出现梯度爆炸等问题,长短期记忆网络(LSTM)也被广泛应用于语言模型。

4.3　语言模型的评价指标

当训练得到一个语言模型的时候,我们需要一个标准来评价语言模型的好坏。4.1 节中提到了语言模型任务的定义,模型计算每个序列出现的概率。研究者们提出使用困惑度(Perplexity)用来度量一个概率分布或概率模型预测样本的好坏程度。它也可以用来比较两个概率分布或概率模型,低困惑度的概率分布模型或概率模型能更好地预测样本。对于序列 $w_1, w_2, \cdots, w_n$,困惑度的计算公式如下:

$$
\begin{aligned}
\mathrm{PP(S)} &= P\left(w_1 w_2 \cdots w_N\right)^{-\frac{1}{N}} \\
&= \sqrt[N]{\frac{1}{p(w_1 w_2 \cdots w_N)}} \\
&= \sqrt[N]{\prod_{i=1}^{N} \frac{1}{p(w_i \mid w_1 w_2 \cdots w_{i-1})}}
\end{aligned} \tag{4-7}
$$

其中,S 代表一个句子,N 是句子的长度,$P(w_i)$ 是第 i 个单词的概率,第一个单词是 $P(w_1 \mid w_0)$,w_0 代表 START,表示句子的起始位置,是一个占位符。从公式可以看出来,句子的概率越大,语言模型越好,困惑度越小。例如,现在词汇表里面有 w_1, w_2, w_3 三个单词,训练一个 bigram 语言模型可以得到一组参数值:

$$
p(w_1 \mid \mathrm{BOS}) = 0, \quad p(w_2 \mid \mathrm{BOS}) = 1, \quad p(w_3 \mid \mathrm{BOS}) = 0 \tag{4-8}
$$

$$
p(w_1 \mid w_1) = \frac{1}{3}, \quad p(w_2 \mid w_1) = \frac{1}{3}, \quad p(w_3 \mid w_1) = \frac{1}{3} \tag{4-9}
$$

$$
p(w_1 \mid w_2) = \frac{1}{3}, \quad p(w_2 \mid w_2) = \frac{1}{3}, \quad p(w_3 \mid w_2) = \frac{1}{3} \tag{4-10}
$$

$$p(w_1 \mid w_3) = \frac{1}{3}, \quad p(w_2 \mid w_3) = \frac{1}{3}, \quad p(w_3 \mid w_3) = \frac{1}{3} \qquad (4\text{-}11)$$

$$p(\text{EOS} \mid w_1) = \frac{1}{3}, \quad p(\text{EOS} \mid w_2) = \frac{1}{3}, \quad p(\text{EOS} \mid w_3) = \frac{1}{3} \qquad (4\text{-}12)$$

则 PP(S)的计算结果为

$$\sqrt[3]{\frac{1}{p(w_2 \mid \text{BOS}) \times p(w_1 \mid w_2) \times p(w_3 \mid w_1) \times p(\text{EOS} \mid w_3)}} = 3 \qquad (4\text{-}13)$$

此时训练好的 bigram 语言模型的困惑度为 3,也就是说,在平均情况下,该模型预测下一个单词的时候,会有 3 个单词等可能地作为下一个单词的合理选择。

4.4 预训练语言模型

4.4.1 什么是预训练语言模型

预训练思想的本质是模型参数不再是随机初始化,而是通过一些任务(如语言模型)进行预训练。大量的研究工作表明,大型语料库上的预训练模型(Pre-trained Model,PTM)已经可以学习通用的语言表征,这对于下游的 NLP 相关任务是非常有帮助的,可以避免大量从零开始训练新模型。

第一代预训练模型旨在学习词向量。由于下游的任务不再需要这些模型的帮助,因此为了计算效率,它们通常采用浅层模型,如 4.4.3 小节讲到的 Word2Vec 语言模型。尽管这些经过预训练的词向量也可以捕捉单词的语义,但它们却不受上下文限制,只是简单地学习"共现词频"。这样的方法明显无法理解更高层次的文本概念,如句法结构、语义角色、指代等。

而第二代预训练模型专注于学习上下文的词嵌入,如后续章节会讲到的 ELMo、OpenAI GPT 以及 BERT 等。它们会学习更合理的词表征,这些表征囊括了词的上下文信息,可以用于问答系统、机器翻译等后续任务。这些模型还提出了各种语言任务来训练预训练模型,以便支持更广泛的应用,因此它们也可以称为预训练语言模型。

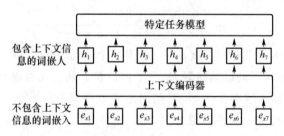

图 4-4　自然语言处理模型训练一般结构

图 4-4 表示了自然语言处理模型训练的一般结构,NLP 任务一般会预训练 e 这些不包含上下文信息的词嵌入,然后会针对不同的任务确定不同的上下文信息编码方式,以构建特定的隐藏向量 h,从而进一步完成特定任务。但对于预训练语言模型来说,输入也是 e 这些

嵌入向量,不同之处在于我们会在大规模语料库上预训练上下文编码器,并期待它在各种情况下都能获得足够好的 **h**,从而直接完成各种 NLP 任务。换而言之,最近的一些预训练模型将预训练编码的信息提高了一个层级。

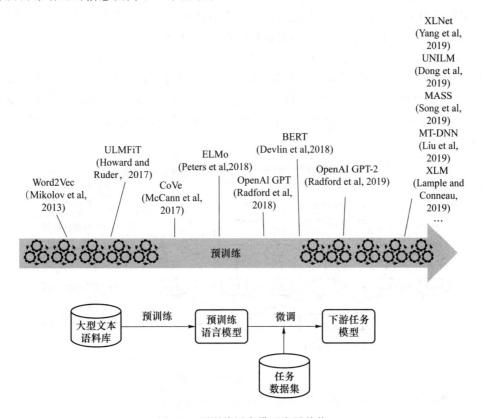

图 4-5　预训练语言模型发展趋势

预训练语言模型的发展如图 4-5 所示。从 2013 年 Word2Vec 出现以来,预训练语言模型的不断飞速发展。4.4.2 小节和 4.4.3 小节将具体介绍最近受到研究者们关注的预训练语言模型——ELMo 模型和 BERT 模型。

4.4.2　ELMo 模型

之前 Word2Vec 语言模型的词向量在 NLP 任务中都取得了很好的效果,现在几乎没有一个 NLP 的任务中不使用词向量。我们常用的获取词向量方法都是首先通过训练语言模型,将语言模型中的隐藏层参数/权重作为单词的表示,给定 N 个单词的序列 $(w_1, w_2, \cdots, w_n)$,前向语言模型就是通过前 $k-1$ 个输入序列 $(w_1, w_2, \cdots, w_{k-1})$ 的隐藏表示,预测第 k 个位置的单词,反向的语言模型就是给定后面的序列来预测之前的单词。然后将语言模型的第 k 个位置的隐藏层参数/权重作为词向量。之前的做法的缺点是对于每一个单词都有唯一的一个向量表示,而对于多义词显然这种做法不符合直觉,而单词的意思又和上下文相关,ELMo 的做法是我们只预训练语言模型,而词向量是通过输入的句子实时输出的,这样单词的意思就是上下文相关的了,就可以在很大程度上缓解歧义的发生。

在此之前的词向量本质上是以静态的方式生成的,静态指的是训练好之后每个单词的表达就固定了,使用的时候,不论新句子上下文单词是什么,这个单词的词向量不会随着上下文场景的变化而改变,所以对于比如"门槛"这个词,它事先学好的词向量中混合了几种语义,在实际应用中有一个新句子,即使从上下文中明显可以看出它代表的是"门上的槛"的含义,但是对应的词向量内容也不会变,它还是混合了多种语义。

ELMo 的本质思想是:事先用语言模型学好一个单词的词向量,此时多义词无法区分。在实际使用词向量的时候,单词已经具备了特定的上下文了,这个时候可以根据上下文单词的语义去调整单词的词向量表示,这样经过调整后的词向量更能表达在这个上下文中的具体含义,自然也就解决了多义词的问题了。所以 ELMo 的思路是根据当前上下文对词向量动态调整。

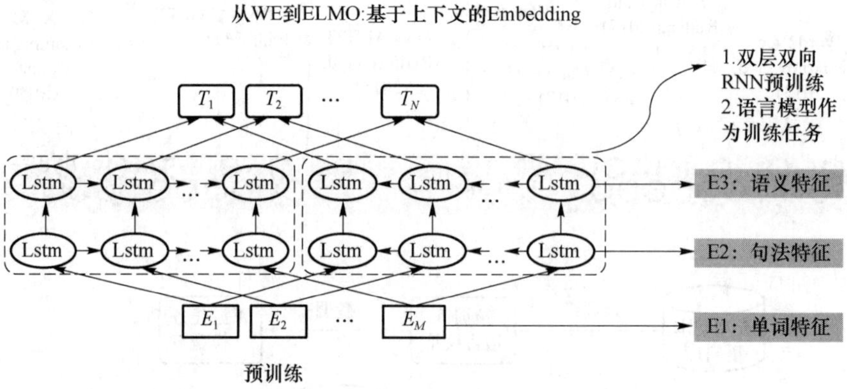

图 4-6   ELMo 模型预训练过程

图 4-6 展示的是 ELMo 模型预训练过程,它的网络结构采用了双层双向 LSTM,目前语言模型训练的任务目标是根据单词 w_i 的上下文去正确预测单词 w_i,w_i 之前的单词序列称为上文,之后的单词序列称为下文。图中左端的前向双层 LSTM 代表正方向编码器,输入的是从左到右顺序的除了预测单词外 w_i 的上文,右端的逆向双层 LSTM 代表反方向编码器,输入的是从右到左的逆序的句子下文。每个编码器的深度都是两层 LSTM 叠加,计算方式为

$$p(t_1, t_2, \cdots, t_N) = \prod_{k=1}^{N} p(t_k \mid t_1, t_2, \cdots, t_{k-1}) \tag{4-14}$$

$$p(t_1, t_2, \cdots, t_N) = \prod_{k=1}^{N} p(t_k \mid t_{k+1}, t_{k+2}, \cdots, t_N) \tag{4-15}$$

对于每个单词通过一个 L 层的双向 LSTM 计算出 $2L+1$ 个表示:

$$R_k = \{x_k^{LM}, \overrightarrow{h_{k,j}^{LM}}, \overleftarrow{h_{k,j}^{LM}} \mid j = 1, \cdots, L\} = \{h_{k,j}^{LM} \mid j = 0, \cdots, L\} \tag{4-16}$$

其中,x_k^{LM} 是对单词进行直接编码的结果,$h_{k,j}^{LM}$ 是每个 LSTM 层的输出结果,应用中将 ELMo 中所有层的输出 R 压缩为单个向量 s_j^{task} 是输出通过 Softmax 层的结果,γ 是一个与任务相关的参数。

$$\mathrm{ELMo}_k^{task} = E(R_k; \Theta^{task}) = \gamma^{task} \sum_{j=0}^{L} s_j^{task} h_{k,j}^{LM} \tag{4-17}$$

上面介绍了 ELMo 的预训练阶段。预训练好网络结构后,图 4-7 展示了下游任务的使

用过程。

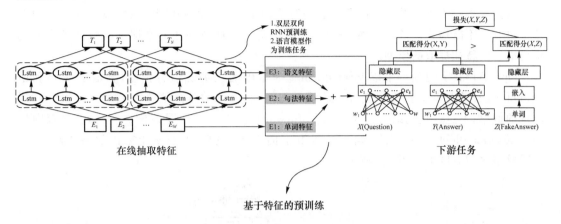

图 4-7　ELMo 模型下游任务使用流程

假设下游任务仍然是 QA 问题,此时对于问句 X,先将句子 X 作为预训练好的 ELMo 网络的输入,这样句子 X 中每个单词在 ELMo 网络中都能获得对应的三个词向量,之后给予这三个词向量中的每一个词向量一个权重,这个权重可以学习得来,根据各自权重累加求和,将三个词向量整合成一个,然后将整合后的这个词向量作为问句 X 在自己任务的那个网络结构中对应单词的输入,以此作为补充的新特征给下游任务使用。

在 ELMo 论文的实验结果中提到,ELMo 在 6 个 NLP 任务中性能都有幅度不同的提升,最高的提升达到 25% 左右,而且这 6 个任务的覆盖范围比较广,包含句子语义关系判断、分类任务、阅读理解等多个领域,这说明其适用范围是非常广的,普适性强,这是一个非常好的优点。但同时,ELMo 也存在着不少值得改进的缺点。ELMo 使用了 LSTM 作为特征提取器,LSTM 网络的提取能力有限。4.4.3 小节将讲到的 BERT 利用 Transformer 作为特征提取器,具有更加强大的特征提取能力,其也成为最新的语言模型最常用的特征提取器。

ELMo 模型
介绍

若想详细了解 ELMo 的网络结构原理及训练过程,请扫描书右侧的二维码。

4.4.3　BERT 模型

谷歌在 2018 年提出了 BERT(Bidirectional Encoder Representation from Transformers)语言模型,并在各类自然语言处理任务上取得了极好的成绩,逐渐成为目前语言模型的主流。BERT 主要采用了 Transformer 作为特征提取器。

Transformer 的结构如图 4-8 所示。它是一个仅由 Self-Attention 和前馈神经网络组成的模型,它不是类似 RNN 的顺序结构,因此具有更好的并行性,符合现有的 GPU 框架。考虑到 RNN 的计算限制为顺序的,也就是说 RNN 相关算法只能从左到右依次计算或者从右到左依次计算。Transformer 将序列中的任意两个位置之间的距离缩小为一个常量,在构建语言模型的过程中该设计结构能更好地捕捉上下文的信息,虽然 ELMo 用双向 LSTM 来做特征提取器,但是这两个方向的 LSTM 其实是分开训练的,只是最后在损失层做了简单相加。这就导致对于每个方向上的单词来说,在提取特征的时候始终是看不到它另一侧的单词的。显然句子中有的单词的语义会同时依赖于它左右两侧的某些词,仅仅从单方向做特征提取是不能描述清楚的。而 BERT 提出了使用一种新的任务来训练监督任务中的真正可以双向特征提取的模型。

OpenAI GPT 也是一个以 Transformer 为基础的预训练语言模型,核心思想是利用 Transformer 模型对大量文本进行无监督学习,其目标函数就是语言模型最大化语句序列出现的概率,不过这里的语言模型仅仅是 forward 单向的,而不是双向的,BERT 是双向的 Transformer Block 连接,就像单向 RNN 和双向 RNN 的区别,直觉上来讲效果会好一些,不同模型之间的区别如图 4-9 所示。

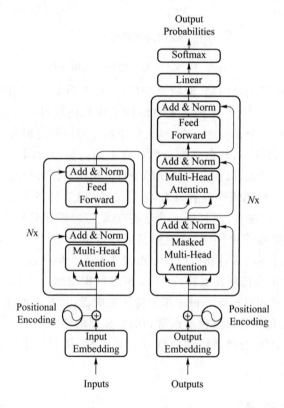

图 4-8　Transformer

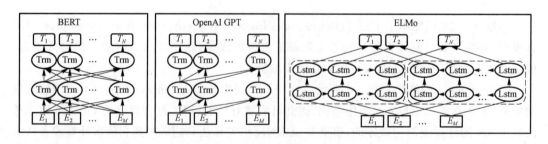

图 4-9　预训练语言模型对比

如图 4-10 所示,整个 BERT 模型的输入由三部分组成,每个序列的第一个单词始终是特殊分类嵌入([CLS])。对应于该单词的最终隐藏状态(即 Transformer 的输出),被用作分类任务的聚合序列表示。对于非分类任务,将忽略此向量。Token Embeddings 是词向量,第一个单词是 CLS 标志,可以用于之后的分类任务。句子对被打包成一个序列,以两种方式区分句子。首先,用特殊标记([SEP])将它们分开。其次,添加一个句子 A 嵌入到第一个句子的每个单词中,添加一个句子 B 嵌入到第二个句子的每个单词中。对于单个句子输入,只使用句子 A 嵌入。将学习得到的位置向量加到输入里,支持的序列长度最多为 512 个单词。

　　第一步预训练的目标就是做语言模型,从模型结构中看到了这个模型和之前语言模型的不同之处,就是 BERT 采用了双向的结构,因为如果使用预训练模型处理其他任务,那想要的不止某个词左边的信息,而是左右两边的信息。而考虑到这点的模型 ELMo 只是将从左到右和从右到左分别训练拼接起来。直觉上来讲我们其实想要一个可以双向同时训练的模型,但是普通的语言模型又无法做到,因为在训练时可能会"穿越",也就是说在预测目标词时,可能会在输入时看到目标词。所以该模型在训练的时候采用了 mask 方法来遮挡模型不需要看到的单词。

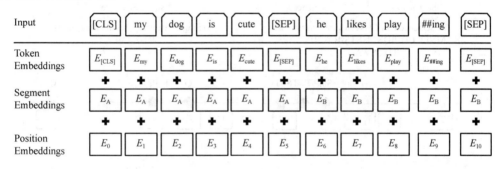

图 4-10　BERT 模型输入

　　BERT 提出了 Masked Language Model,也就是随机去掉句子中的部分单词,然后模型来预测被去掉的单词是什么。这实际上已经不是传统的神经网络语言模型(类似于生成模型)了,而是单纯作为分类问题,根据这个时刻的隐藏层来预测这个时刻的输出应该是什么,而不是预测下一个时刻的词的概率分布了。这里的操作是随机 mask 语料中 15％ 的单词,然后预测被遮挡的单词,那么遮挡单词位置输出的最后隐藏层向量使用 Softmax 网络即可得到预测结果。这样操作存在一个问题,进行微调的时候没有遮挡单词,为了解决这个问题,采用了下面三种策略:

(1) 80％ 的时间中:将选中的词用[MASK]来代替,例如:

我爱学习 →　我爱[MASK]

(2) 10％ 的时间中:将选中的词用任意的词来进行代替,例如:

我爱学习 →　我爱桌子

(3) 10％ 的时间中:选中的词不发生变化,例如:

我爱学习 →　我爱学习

　　这样存在另一个问题在于在训练过程中只有 15％ 的单词被预测,正常的语言模型实际上是预测每个单词的,因此 Masked 语言模型相比正常语言模型会收敛得慢一些。

　　这里,微调之前对模型的修改非常简单。例如,针对情感分析这类任务,取第一个单词的输出表示,用一个 Softmax 层得到分类结果输出。对于单词级别的分类任务(如 NER),

取所有单词的最后层 Transformer 输出，用 Softmax 层做分类。总之不同类型的任务需要对模型做不同的修改，但是修改都是非常简单的，最多加一层神经网络即可，如图 4-11 所示。

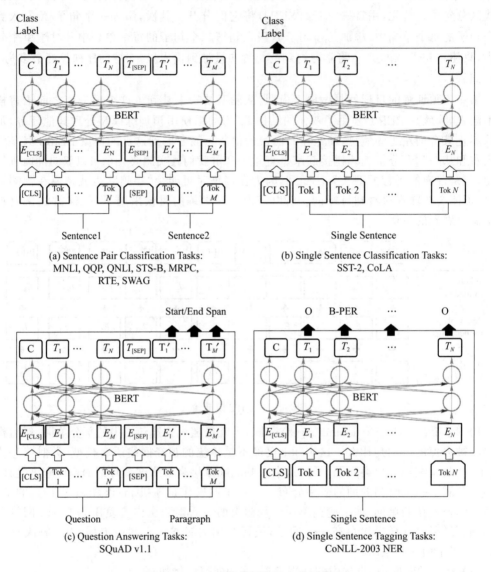

图 4-11　BERT 各类下游任务使用方法

　　BERT 是一个语言表征模型（Language Representation Model），通过超大数据、巨大模型和极大的计算开销训练而成，在 11 个自然语言处理的任务中取得了最优。而预训练已经被广泛应用在各个领域了，多是通过大模型大数据来完成，这样的大模型给小规模任务也能带来极大的提高。

BERT 模型
介绍

　　若想详细了解 BERT 的网络结构原理及训练过程，请扫描书右侧的二维码。

4.5　语言模型的前沿技术与发展趋势

从 BERT 被研究者们提出以来,各类预训练语言模型层出不穷,在最近的两年之间,语言模型前沿技术发展迅速,本节主要对目前前沿技术模型进行了一个总结,并对语言模型的发展趋势做出分析。

在 4.4 节中讲到 BERT 的提出刷新了语言模型在各个任务上的表现,取得了很好的结果,但 BERT 本身也有一些问题。第一是训练数据和测试数据不一致。训练 BERT 时,会随机地 MASK 掉一些单词,但在实际使用的过程中,我们却没有 MASK 这类标签,这就导致训练的过程和使用(测试)的过程不一样。这是主要的问题。第二是 BERT 并不能用来生成数据。由于 BERT 本身是依赖于 DAE(降噪自编码器)的结构来训练的,所以不像那些基于语言模型训练出来的模型那样具备很好的生成能力。之前的方法(比如 NNLM、ELMo)是基于语言模型生成的,所以用训练好的模型可以生成一些句子、文本等。但基于这类生成模型的方法本身也存在一些问题,因为理解一个单词在上下文的意思的时候,语言模型只考虑了它的上文,而没有考虑下文。

基于 BERT 的这些缺点,研究者们提出了 XLNet。XLNet 借鉴了语言模型,还有 BERT 的优缺点,最后设计出来的模型既可以很好地用来执行生成工作,也可以学习出上下文的向量表示。

XLNet 不像 BERT 需要带有 MASK 符号,而是采用了自回归语言模型的模式。就是说,看上去输入句子 X 仍然是自左向右地输入,看到单词 w_i 的上文,来预测 w_i 这个单词。但是又希望在上文里,不仅仅看到上文单词,也能看到 w_i 单词后面的下文,这样就不再使用 BERT 中预训练阶段引入的 MASK 符号了。预训练阶段看上去是个标准的从左向右的过程。其基本思路如图 4-12 所示。

为了做到这一点,在预训练阶段,XLNet 引入排列语言模型(Permutation Language Model)的训练目标。就是说,包含单词 w_i 的当前输入的句子 X 按顺序排列的几个单词构成,比如按 x_1, x_2, x_3, x_4 四个单词的顺序构成。其中要预测的单词 w_i 是 x_3,要想让它能够在上文中,也就是 x_1 和 x_2 的位置看到单词 x_4,可以这么做:假设我们固定住 x_3 所在的位置,之后随机排列组合句子中的 4 个单词,在随机排列组合后的各种可能里,再选择一部分作为模型预训练的输入 X。比如随机排列组合后,抽取出 x_4, x_2, x_3, x_1 这一个排列组合作为模型的输入 X。于是,x_3 就能同时看到上文 x_2,以及下文 x_4 的内容了,这就是 XLNet 的基本思想。所以说,XLNet 看起来仍然是个自回归的从左到右的语言模型,但是其实通过对句子中单词排列组合,把一部分 w_i 下文的单词排到 w_i 的上文位置中,于是就看到了上文和下文,但是形式上看上去仍然是从左到右在预测后一个单词。XLNet 的基本结构如图 4-13 所示。

若想详细了解 XLNet 的网络结构原理及训练过程,请扫描书右侧的二维码。

从 BERT 到 XLNet,研究者们似乎一直希望使用更大的数据集,用更加复杂的模型来获得更好的效果。这些模型拥有极大的参数量,并且

XLNet 模型介绍

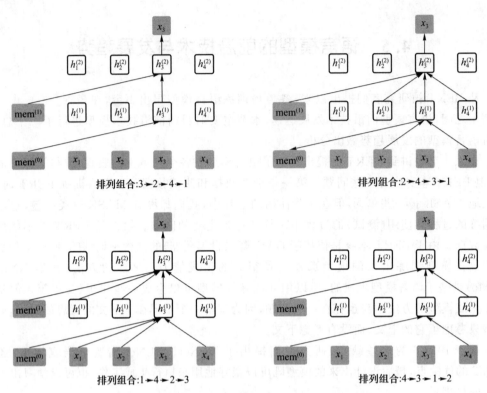

图 4-12　XLNet 模型原理

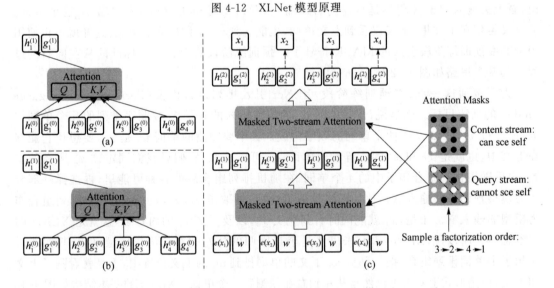

图 4-13　XLNet 模型基本结构

训练时间较久,所以实验效果能够获得提升。但真正的智能应该是用更简单的模型,用更少量的数据,得到更好的结果。所以研究者们提出了 ALBERT 来试图解决上述的问题:①让模型的参数更少;②使用更少的内存;③提升模型的效果。

研究者们发现,当一个模型的参数变多的时候,一开始模型效果是提高的趋势,但一旦复杂到了一定的程度,再去增加参数反而会让效果降低。而 ALNBERT 做的第一个改进是针对于词表的词向量。在 BERT、XLNet 中,词表的向量维度和 Transformer 层的隐藏层维度是等同的,所以 E＝H。但实际上词库的大小一般都很大,这就导致模型参数个数变得很大。为了解决这些问题,ALNBERT 提出了一个基于 Factorization 的方法。ALBERT 没有直接把 One-Hot 映射到隐藏层,而是先把 One-Hot 映射到低维空间之后,再映射到隐藏层,这其实类似于做了矩阵的分解。此外,ALBERT 每一层的网络可以共享参数,这样一来参数的个数不会随着层数的增加而增加。所以最后得出来的模型小于 BERT-large 的 $\frac{1}{18}$。

ALBERT 模型
介绍

若想详细了解 ALBERT 的网络结构原理及训练过程,请扫描书右侧的二维码。

本 章 小 结

随着深度学习技术的不断发展,语言模型也变得越来越精准,模型能够像人类一样预测文本。尽管如此,不论是基于统计的语言模型还是基于神经网络的语言模型,本质上都是对数据的一个分布情况进行拟合,通过大量的数据去学习。在 BERT 等一系列模型出来后,一个很明显的现象是扩大数据量和模型容量,结果的准确度在目前的算力的支撑下不断提升。但是,大型模型不见得适用于现在的全部场景,在计算能力不够的场景下,有时候 Word2Vec 甚至是 TF-IDF 之类的方法仍是首先应该尝试的方案。而 ALBERT 的提出又使得模型关注于如何减少数据量,更加接近人们所想要的"智能",而未来研究者们的目标也朝着性能高,复杂度低的语言模型迈进。

思 考 题

（1）N-gram 语言模型是否当 N 越大的时候模型效果越好？为什么？

（2）如何理解 Word2Vec 训练词向量的过程？

（3）为什么使用困惑度来评价语言模型的好坏？

（4）为什么 BERT 比 ELMo 效果好？ELMo 和 BERT 的区别是什么？

（5）BERT 的输入和输出分别是什么？

本章参考文献

[1]　Bengio Y，Ducharme R，Vincent P，et al. A neural probabilistic language model[J]. Journal of machine learning research，2003，3(Feb)：1137-1155.

[2]　Mikolov T，Kombrink S，Burget L，et al. Extensions of recurrent neural network

language model[C]//2011 IEEE international conference on acoustics, speech and signal processing (ICASSP). IEEE, 2011: 5528-5531.

[3] Mikolov T, Chen K, Corrado G, et al. Efficient Estimation of Word Representations in Vector Space[J]. Computer Science, 2013.

[4] Baldi P. Autoencoders, unsupervised learning, and deep architectures[C]// Proceedings of ICML workshop on unsupervised and transfer learning. 2012: 37-49.

[5] Peters M E, Neumann M, Iyyer M, et al. Deep contextualized word representations [C]//Proceedings of NAACL-HLT. 2018: 2227-2237.

[6] Radford A, Narasimhan K, Salimans T, et al. Improving language understanding by generative pre-training[J]. 2018.

[7] Devlin J, Chang M W, Lee K, et al. BERT: Pre-training of Deep Bidirectional Transformers for Language Understanding[C]//Proceedings of the 2019 Conference of the North American Chapter of the Association for Computational Linguistics: Human Language Technologies, Volume 1 (Long and Short Papers). 2019: 4171-4186.

[8] Yang Z, Dai Z, Yang Y, et al. XLNet: Generalized autoregressive pretraining for language understanding[C]//Advances in neural information processing systems. 2019: 5753-5763.

[9] Lan Z, Chen M, Goodman S, et al. ALBERT: A Lite BERT for Self-supervised Learning of Language Representations[C]//International Conference on Learning Representations. 2019.

第5章

分类任务

本章思维导图

　　一般来说,自然语言处理包含四大主流任务:分类任务、生成式任务、序列标注任务和句子关系推断任务。每一大类任务又涵盖多种子任务。例如,分类任务包括文本分类(Text Classification)、情感分析(Sentiment Analysis)、意图识别(Intent Detection)等,生成式任务包括机器翻译(Machine Translation)、文本摘要(Text Summarization)、阅读理解(Reading Comprehension)、问答系统(Question-Answering System)、对话系统(Dialogue System)等,序列标注任务包括命名体识别(Name Entity Recognition)、词性标注(Part-of-Speech Tagging)等,句子关系推断任务包含文本推断(Natural Language Interference)、文本语义相似度(Semantic Text Similarity)等。

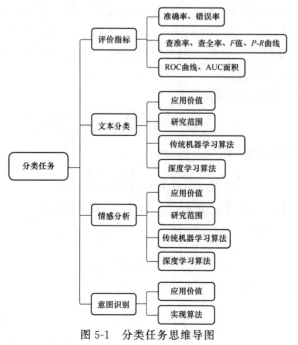

图 5-1　分类任务思维导图

本章节旨在从文本分类、情感分析、意图识别三个子任务介绍 NLP 中的分类任务,思维导图如图 5-1 所示。本章首先定义了分类任务的多种评价指标,以此衡量分类模型的性能好坏。其次,本章结合现实背景,描述了文本分类、情感分析、意图识别的实际应用价值及研究范围,并基于人工智能领域的两大流派——传统机器学习(如逻辑回归、朴素贝叶斯、支持向量机、决策树、提升方法等)和深度学习(如卷积神经网络、循环神经网络、注意力机制、记忆网络等),介绍解决上述三类子任务的基础及前沿解决方法。此外,由于分类任务应用场景的多样性,上述解决方法也会随场景做出相应改变(例如,长文本与短文本、句子级别与篇章级别文本间需使用不同方法进行处理),因此本章另从短文本、句子级别、篇章级别、多模态等角度,分析并完善上述三个子任务在不同场景需求下的解决手段。本章最后提供了分类任务相应习题作为参考,方便读者充分理解并应用分类任务。

5.1 评价指标

为了判定各种分类算法的好坏,我们需要制定评价指标来衡量各个算法的性能。分类任务常用的评价指标包括准确率、错误率、查全率(又称召回率)、查准率(又称精确率)、F 值、P-R 曲线、ROC 曲线、AUC 等。这些评价指标适用于分类任务的各种子任务,包括文本分类、情感分析、意图识别等。本节以二分类场景入手,介绍上述评价指标。

表 5-1　混淆矩阵

	Positive	Negative
True	TP	FP
False	FN	TN

在介绍评价指标前,先结合表格 5-1 定义如下概念。True Positive(TP)表示将真实正类预测为正类的样本集合,True Negative(TN)表示将真实负类预测为负类的样本集合,False Positive(FP)代表将真实负类预测为正类的样本集合,False Negative(FN)代表将真实正类预测为负类的样本集合。

此时,准确率(Accuracy)可被表示为

$$\text{Accuracy} = \frac{\text{TP} + \text{TN}}{\text{TP} + \text{TN} + \text{FP} + \text{FN}} \tag{5-1}$$

错误率(Error rate)可被表示为

$$\text{Error rate} = \frac{\text{FP} + \text{FN}}{\text{TP} + \text{TN} + \text{FP} + \text{FN}} \tag{5-2}$$

准确率和错误率不仅适用于二分类,而且适用于多分类任务。

查全率(Recall)或召回率可被表示为

$$R = \frac{\text{TP}}{\text{TP} + \text{FN}} \tag{5-3}$$

查准率(Precision)或精确率可被表示为

$$P = \frac{\text{TP}}{\text{TP} + \text{FP}} \tag{5-4}$$

查全率和查准率仅在二分类情况下可以使用,多分类任务可以拆作若干二分类任务处理。查全率和查准率在某些情况下是互相矛盾的,即查全率高时查准率低,查准率高时查全率低。

F 值可被表示为

$$F_\alpha = \frac{(1+\alpha^2)PR}{\alpha^2(P+R)} \tag{5-5}$$

其中,α 代表召回率与精确率重要程度的比值,例如 $\alpha=2$ 表示召回率的重要程度是精确率的两倍。当 $\alpha=1$ 时,为 F_1 值。

以下是两个场景凸显查全率和查准率的用途:①对于地震的预测,我们希望的是查全率非常高,也就是说每次地震我们都希望预测出来。这个时候我们可以牺牲查准率,即情愿发出 1 000 次警报,把 10 次地震都预测正确了,也不要预测 100 次,对了 8 次漏了 2 次。②在广告推荐场景下,我们希望推送给用户的内容更切合用户的兴趣,以此减少对用户的打扰,因此在保证一定查全率的基础上,我们更注重于对推荐内容的查准率。

以逻辑回归为例,介绍 P-R 曲线。逻辑回归的输出是一个(0,1)之间的概率数字,因此我们需要定义一个阈值来根据这个概率判断正负样本。比如,我们定义了阈值为 0.5,即概率小于 0.5 的可被归为负样本,而大于 0.5 的可被归为正样本。此时,在阈值为 0.5 时,我们能计算相应的召回率、精确率和 F 值。然而这个阈值是随意设定的,我们无法判断这个阈值是否符合我们的需求。因此,为了找到一个最合适的阈值,我们必须遍历(0,1)之间的所有阈值,而每个阈值下都对应着一对召回率和精确率,从而我们可以绘制一条曲线,该曲线称为 P-R 曲线,如图 5-2 所示。

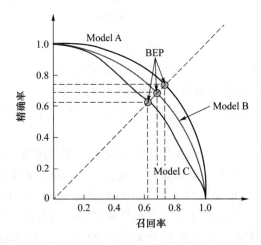

图 5-2　P-R 曲线

由图 5-2 可知,对一个模型的 P-R 曲线而言,召回率和精确率互相影响的,只有当召回率和精确率都较高时,F 值才会变高。对不同模型的 P-R 曲线(即图中的 Model A、Model B、Model C)而言,越靠近右上角的曲线代表该分类器的性能越好,即分类器性能 A>B>C。图中 BEP(Break-Even Point)代表召回率等于精确率的情况,一般来说,BEP 越靠近右上角,代表该分类器效果越好。

ROC(Receiver Operating Characteristic,接收者操作特征)曲线,由不同阈值下的真正

率(True Positive Rate)和假正率(False Positive Rate)绘制而成。其中真正率的计算方式为

$$TPR = \frac{TP}{TP+FN} \tag{5-6}$$

假正率可以表示为

$$FPR = \frac{FP}{TN+FP} \tag{5-7}$$

ROC 实例如图 5-3 所示。不难发现,真正率越高,假正率越低时,即曲线越偏向坐标系左上角时,分类器的效果越好。

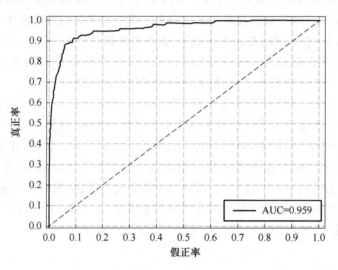

图 5-3 ROC 曲线

AUC(Area Under Curve)又称曲线下面积,是 ROC 曲线与横轴围成的面积大小。AUC 越大,代表模型的分类能力越强。通常,AUC 的值介于[0.5,1]之间。如果模型能完美区分正负类,那么该模型的 AUC 值为 1;如果该模型为随机预测的二分类模型,那么 AUC 值为 0.5。

P-R 曲线和 ROC 曲线均能反映类别不平衡时的分类器性能。*P-R* 曲线由于计算召回率和精确率,因此它更加侧重于表示分类器对于正类的分类性能,例如检验某个模型从海量健康样本中鉴别癌症样本的能力。ROC 曲线由于计算真正率和假正率,因此它更加兼容地反映了分类器分别对正类和负类的分类能力。不同场景下 *P-R* 曲线和 ROC 曲线的使用各有优缺点。

分类问题评估指标

若想详细了解分类任务中的评价指标,请扫描书右侧的二维码。

5.2　文 本 分 类

5.2.1　文本分类介绍

日常生活中,我们时常会对某一事物做出判断。例如,在电商软件上购买物品时,我们会根据已有用户评价来分析该款商品的质量如何、性价比高不高、值不值得购买;在社交媒体上,我们会根据其他用户的发言来审视大众对特定社会时事的看法;在查阅、整理电子邮箱时,我们会根据发件人地址、邮件主题、邮件内容等来判断该邮件是否属于垃圾邮件。因此,我们无时无刻不在对身边出现的文本进行分类。

本章所述的文本分类的意义在于如何将耗时耗力的人工分类过程转变成由机器实现的、快速高效的自动分类过程。针对上述生活中的应用场景,文本分类可以实现商品评价分类、社会舆情分析、垃圾邮件过滤、用户投诉分类、新闻分类等一系列应用,以此帮助人们快速了解商品,协助政府机关迅速掌握舆情发展动向,方便企业、政府分门别类地处理用户投诉等。因此,文本分类极大地方便了人类各式各样的"判断"需求。

文本分类通过精心设计的算法实现对自然语言的分类。然而鉴于使用场景的多样性,待处理的文本也有着不同特征,文本分类算法因为这些多样性产生了分化。文本分类任务可进一步从文本长度、文本内容等方面进行细分。以文本长度为例,文本可划分为短文本、句子级别的文本和篇章级别的文本,因此文本分类任务也被细分为基于短文本(Short-text)的文本分类、基于句子级别(Sentence-level)的文本分类和基于篇章级别(Document-level)的文本分类。从文本内容角度来看,文本可以被划分为仅含文字的文本和包含文本及图片的文本,这导致文本分类还可以被分化为基于多模态(Multimodal)的文本分类。

现阶段,实现文本分类的算法主要包含两类:基于传统机器学习和基于深度学习的文本分类。基于传统机器学习的算法有朴素贝叶斯、支持向量机、决策树、随机森林、K 近邻等算法,基于深度学习的算法有卷积神经网络、循环神经网络、记忆网络、注意力机制、胶囊网络、预训练语言模型等算法。不同文本分类算法各有优缺点,在日常应用中我们需结合实际情况酌情选择。

本节将从传统机器学习、深度学习,以及不同使用场景介绍文本分类算法的相关知识。

5.2.2　基于传统机器学习的文本分类

基于传统机器学习的文本分类方法将文本分类问题拆分成特征工程和分类器两部分。特征工程分为文本预处理、特征提取、文本表示三个部分,目的是将文本转换成计算机可以理解的格式,最后分类器利用上述特征进行分类。

(1) 特征工程

文本预处理阶段主要用于提取文本中的关键词,滤除非关键词。以英文为例,该阶段将英文文本进行分词,去除无关标点符号、停用词(Stop Words),还可进行大小写转换、词干提取(Stemming)、词形还原(Lemmatization)等。之后利用特征提取方法提取文本特征,如词袋模型(Bag of Words)、N-gram 词袋模型、TF-IDF 等,最后将文本向量化。

图 5-4　特征工程

若想详细了解针对文本的特征工程,请扫描书右侧的二维码。

（2）分类器

特征工程

基于传统机器学习的分类器种类繁多,如朴素贝叶斯(Naïve Bayes,NB)、决策树(Decision Tree,DT)、支持向量机(Support Vector Machine,SVM)、K 近邻法(K-Nearest Neighbor,KNN)、集成学习(Ensemble Learning)等。下面挑选部分算法的核心思想进行简要讲解。

• 朴素贝叶斯

朴素贝叶斯法是在假定各特征条件相互独立的情况下,基于贝叶斯定理的分类方法。对于一给定的数据集,该方法首先学习输入输出的联合概率分布,再通过此概率分布,利用贝叶斯定理求出针对输入的最大输出。朴素贝叶斯具有简单、效率高的优点,其缺点在于条件独立性假设在实际情况中不常见。

• 决策树

决策树是一种基本的分类和回归方法。这里简要介绍决策树如何应用于分类任务。决策树模型呈树形结构,每个树节点基于某一特征对样本进行二分类。学习时,根据信息增益和损失函数建立决策树,预测时利用树模型进行分类。决策树的建立通常包括三个步骤:特征选择、决策树生成和决策树的修剪。典型的决策树模型包括 ID3、C4.5、CART 等算法。图 5-5 是一个由当天天气和交通状况特征决定是否按时举办活动的决策树模型。

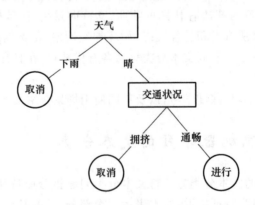

图 5-5　基于天气和交通状况的决策树

• 支持向量机

支持向量机是一种二分类模型,它是定义在特征空间上的间隔最大的线性分类器。支持向量机还包括核技巧,这使得它可以针对线性不可分特征进行分类。支持向量机的核心思想在于如何使得间隔最大化,这可看作是一个求解凸二次规划的问题。

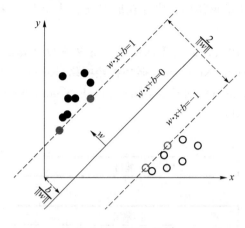

图 5-6　支持向量机

- K 近邻学习

假定给定一个数据集,其中的实例类别已定。分类时,对新的实例,根据其 K 个最近邻的训练实例的类别,通过多数表决等方式进行预测。K 近邻法实际上是利用训练数据集对特征向量空间进行划分,并将其作为分类依据。K 值的选择、距离度量和分类决策是 K 近邻法的三个基本要素。

- 集成学习

集成学习本身不是一个单独的机器学习算法,而是通过构建并结合多个弱学习器组建强学习器,以此完成学习任务,也就是我们常说的"博采众长"。弱学习器可由朴素贝叶斯、决策树、支持向量机等算法来实现。集成学习可以用于分类问题集成,也可用于回归问题集成。集成学习主要分为三类:Bagging、Boosting 和 Stacking。

对分类任务而言,基于 Bagging 的集成学习利用训练集学习多个弱分类器,再对多个分类器输出的结果进行结合并预测,结合策略包括平均法、投票法、学习法等。基于 Boosting 的集成学习首先从训练集中学习一个弱分类器,在针对弱分类器的学习误差调整训练集的权重,使得被错误学习的样本具有较高的权重,被正确学习的样本具有较低权重;再利用更新后的数据集训练第二个弱分类器,以此循环,直至达到指定的弱分类器数量;最后对这些弱分类器的预测结果进行整合,得到强分类器。基于 Stacking 的集成学习算法分为两层,第一层由若干基学习器构建,这些基学习器已在训练集上训练完成,它们的预测结果将作为特征输入第二层的学习器中继续学习,并输出最终的预测结果。

以上简要介绍了如何利用传统机器学习算法解决文本分类问题。基于传统机器学习的文本分类算法还有很多,如线性回归、逻辑回归、感知机、聚类算法、主题模型等。不同机器学习算法具有不同优缺点,因此需结合实际情况,酌情选择恰当的机器学习算法处理问题。

5.2.3　基于深度学习的文本分类

上文介绍了基于传统机器学习的文本分类做法,传统做法的主要问题是文本表示是高维度、高稀疏的,特征表达能力较弱。此外传统机器学习方法需要人工进行特征工程,成本高昂。应用深度学习解决大规模文本分类问题最重要的是解决文本表示的问题,再利用卷积神经网络、循环神经网络等网络结构自动获取特征表达能力,去掉繁杂的人工特征工程,端到端地解决问题。

本节将介绍几种具有代表性的基于深度学习的文本分类算法,包括 FastText、卷积神经网络(Convolutional Neural Network)、循环神经网络(Recurrent Neural Network)、注意力机制(Attention Mechanism)、图神经网络(Graph Neural Network)、预训练语言模型(Pretrained Language Model)。

(1) FastText

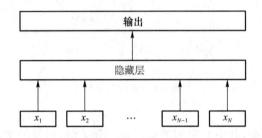

图 5-7　FastText 结构图

FastText 首先将本文中的词映射为词向量(Word Embedding),再对这些词向量做平均池化求得句向量,并将句向量通过隐藏层学习隐藏特征,如多层全连接层,最后通过 Softmax 获得对应每个类别的概率。该模型的损失函数为负对数似然函数(Negative Log-Likelihood Loss Function),也称为交叉熵损失函数(Cross-Entropy Loss Function),可被表示为

$$L = -\frac{1}{N}\sum_{n=1}^{N} y_n \log \hat{y}_n \qquad (5\text{-}8)$$

其中,N 代表样本数量,y_n 代表第 n 个样本的真实标签(label),$\hat{y}_n$ 代表第 n 个样本预测类别的概率。当样本类别数量较多时,该模型使用了层次 Softmax,即对标签出现的频次建立哈夫曼树,每个标签对应一个哈夫曼编码,每个哈夫曼树节点具有一个向量作为参数进行更新。当类别数量为 k,句向量维度为 h 时,层次 Softmax 将原有复杂度 $O(kh)$ 降低为 $O(h \log_2 k)$。

(2) 卷积神经网络

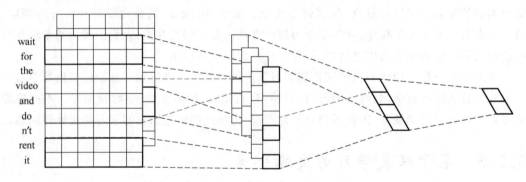

图 5-8　TextCNN 结构图

如图 5-8 所示，TextCNN 是一个典型的使用卷积神经网络进行文本分类的模型，其核心在于利用卷积层和池化层提取文本特征。首先，该模型将文本中的词映射为词向量 $x_i \in \mathbb{R}^k$，一个长度为 n 的文本可以表示成 $x \in \mathbb{R}^{k \times n}$。卷积层对向量化后的文本进行卷积操作，可被表示为

$$c_i = f(w x_{i,i+h-1} + b) \tag{5-9}$$

其中，$w \in \mathbb{R}^{hk}$ 代表卷积核，h 为卷积核的高度，$x_{i,i+h-1} \in \mathbb{R}^{hk}$ 代表等待卷积操作的第 i 个到第 $i+h-1$ 个词的词向量，$b \in \mathbb{R}$ 为偏置。该卷积核对长度为 n 的文本进行从上到下的扫描，可得到特征图：

$$c = [c_1, c_2, \cdots, c_{n-h+1}] \tag{5-10}$$

其中，$c \in \mathbb{R}^{n-h+1}$。该特征图通过最大池化层提取最主要特征，得

$$\hat{c} = \max\{c\} \tag{5-11}$$

由于我们会使用多种不同大小的卷积核来提取不同特征，且每种大小的卷积核包含多个卷积核（通道），因此 $\hat{c}$ 变为 $\hat{c}_{pq}$，其中 p，q 分别代表卷积核大小的数目和通道数。最后，一个文本的特征可被表示为

$$f = [\hat{c}_{pq}] \tag{5-12}$$

其中，$f \in \mathbb{R}^{p \times q}$。该文本特征通过线性变换得到每个类别的预测概率：

$$\hat{y} = \text{Softmax}(Wf + b) \tag{5-13}$$

其中，$W \in \mathbb{R}^{C \times pq}$，$b \in \mathbb{R}^C$，C 为类别数量。

该模型的损失函数为交叉熵损失函数

$$L = -\frac{1}{N} \sum_{n=1}^{N} \sum_{c=1}^{C} y_{nc} \log \hat{y}_{nc} \tag{5-14}$$

其中，N 为样本总数，C 为类别数量，y_{nc} 代表第 n 个样本在第 c 个类别上的真实标签，$\hat{y}_{nc}$ 代表第 n 个样本在第 c 个类别上的预测概率。

（3）循环神经网络

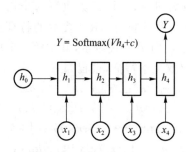

图 5-9　RNN 结构图

循环神经网络擅长于处理基于时间的序列。然而 RNN 由于在反向传播时出现了关于时间上的连乘操作，因此容易产生梯度爆炸和梯度消失现象。RNN 的变体长短期记忆（Long Short-Term Memory，LSTM）和门控循环单元（Gated Recurrent Unit，GRU）缓解了这一问题。本节主要介绍如何使用 LSTM 来解决文本分类问题。

在使用 LSTM 提取特征前，首先将长度为 N 的文本以词向量形式表示，其中第 i 个单

词表示为 $x_i \in \mathbb{R}^d$，d 代表词向量维度。之后，再用 LSTM 提取文本特征，过程如下：

$$i_t = \sigma(w_i \cdot [h_{t-1}; x_t] + b_i) \tag{5-15}$$

$$f_t = \sigma(w_f \cdot [h_{t-1}; x_t] + b_f) \tag{5-16}$$

$$o_t = \sigma(w_o \cdot [h_{t-1}; x_t] + b_o) \tag{5-17}$$

$$c_t = f_t \odot c_{t-1} + i_t \odot \tanh(w_c \cdot [h_{t-1}; x_t] + b_c) \tag{5-18}$$

$$h_t = o_t \odot \tanh(c_t) \tag{5-19}$$

其中，i_t、f_t、$o_t \in \mathbb{R}^k$ 分别为输入门、遗忘门和输出门，$h_t \in \mathbb{R}^k$ 为 LSTM 中的隐藏状态 (Hidden State)，$c_t \in \mathbb{R}^k$ 为细胞状态(Cell State)，k 为 LSTM 的隐藏层维度，$\odot$ 代表对位相乘(Element-wise Multiplication)。我们以 h_N 为该文本的特征向量。通过线性变换得各类别的预测概率：

$$\hat{y} = \mathrm{Softmax}(Wh_N + b) \tag{5-20}$$

该模型采用交叉熵损失函数：

$$L = -\frac{1}{N} \sum_{n=1}^{N} \sum_{c=1}^{C} y_{nc} \log \hat{y}_{nc} \tag{5-21}$$

其中，N 为样本总数，C 为类别数量，y_{nc} 代表第 n 个样本在第 c 个类别上的真实标签，$\hat{y}_{nc}$ 代表第 n 个样本在第 c 个类别上的预测概率。

(4) 注意力机制

人类在观察事物时会将视线聚焦于某些重点上，仿照这个想法，我们可以突出文本中某些重要特征的地位，从而帮助提升模型预测效果，该种方法称为注意力机制。注意力机制可以与其他模型(如 RNN + Attention、CNN + Attention)混合使用，也可以单独使用，如 Transformer。注意力机制可以根据注意力范围的不同，分为全局注意力机制(Global Attention)和局部注意力机制(Local Attention)；还可根据注意力权重的大小，分为硬注意力机制(Hard Attention)和软注意力机制(Soft Attention)；还可根据注意力对象的不同，分为自注意力机制(Self-Attention)和互注意力机制(Co-Attention)。本节仅挑选部分注意力机制进行讲解。

此处介绍一种简单的注意力机制，该注意力机制为全局、软注意力机制。该模型使用 GRU 提取文本特征，并采用注意力机制对 GRU 提取的特征进行加权，得到最终的文本特征。首先将长度为 N 的文本以词向量形式表示，其中第 i 个单词表示为 $x_i \in \mathbb{R}^d$，d 代表词向量维度。之后，再用 GRU 提取文本特征，过程如下：

$$r_t = \sigma(w_r \cdot [x_t; h_{t-1}] + b_r) \tag{5-22}$$

$$z_t = \sigma(w_z \cdot [x_t; h_{t-1}] + b_z) \tag{5-23}$$

$$s = \tanh(w \cdot [x_t; r_t \odot h_{t-1}] + b) \tag{5-24}$$

$$h_t = (1 - z_t) \odot s + z_t \odot h_{t-1} \tag{5-25}$$

其中，r_t、$z_t \in \mathbb{R}^k$ 分别为重置门和更新门，$h_t \in \mathbb{R}^k$ 为每个时刻 GRU 的输出，k 为 GRU 的隐藏层维度。在获得每个时刻的 GRU 输出后，我们可以使用注意力机制中的加性模型求得每个时刻的权重 α，过程如下：

$$\mathrm{score}_t = v^{\mathrm{T}} \tanh(wh_t + b) \tag{5-26}$$

$$\alpha_t = \frac{e^{\mathrm{score}_t}}{\sum_{n=1}^{N} e^{\mathrm{score}_n}} \tag{5-27}$$

其中，w,v 为随机初始化参数，score_t、$\alpha_t \in \mathbb{R}$。根据权重可计算特征向量：

$$f = \sum_{t=1}^{N} \alpha_t h_t \qquad (5\text{-}28)$$

我们以 f 为该文本的特征向量，通过线性变换得各类别的预测概率：

$$\hat{y} = \text{Softmax}(Wf + b) \qquad (5\text{-}29)$$

该模型采用交叉熵损失函数：

$$L = -\frac{1}{N} \sum_{n=1}^{N} \sum_{c=1}^{C} y_{nc} \log \hat{y}_{nc} \qquad (5\text{-}30)$$

其中，N 为样本总数，C 为类别数量，y_{nc} 代表第 n 个样本在第 c 个类别上的真实标签，$\hat{y}_{nc}$ 代表第 n 个样本在第 c 个类别上的预测概率。

在计算注意力权重的过程中，除加性模型外，还有点积模型、点积缩放模型、双线性模型可用于计算权重。

（5）图神经网络

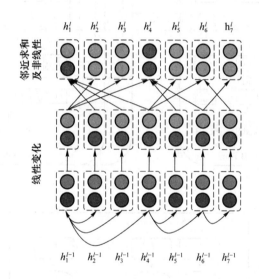

图 5-10　图神经网络结构

文本中由于词与词之间存在关联关系，如句法关系、语义关系，因此文本可以以结构化形式表示，如句法图、语义图等。由于图神经网络善于提取图特征，因此我们可以使用图神经网络来学习词的潜在特征，从而获得文本特征。

用于分类任务的图神经网络多种多样，包含图卷积神经网络（Graph Convolutional Network，GCN）、图注意力网络（Graph Attention Network，GAN）等。本节介绍图卷积神经网络。图卷积神经网络可从两方面定义，一是从图信号处理的角度引入滤波器定义图卷积操作（Spectral-based），二是从空间角度将图卷积表示为从领域聚合特征信息。我们从空间角度介绍 GCN。假定一个长度为 N 的文本已被转换成一张无向图，例如通过依存句法分析获得的句法图，表示为 $G=(V,E)$，其中 $V(|V|=N)$ 和 E 分别代表结点和边的集合，结点向量即词向量表示为 $x_u \in \mathbb{R}^d$，则结点 v 的特征可被图卷积表示为

$$h_v = f\left(\frac{1}{d_v} \sum_{u \in N(v)} (Wx_u + b)\right) \qquad (5\text{-}31)$$

其中，$N(v)$ 为结点 v 的邻居结点，f 为激活函数，d_v 为结点 v 的度。h_v 仅学习了一阶邻居结点的特征，我们可以通过堆叠 GCN 来学习结点 v 的一阶邻居结点特征：

$$h_v^l = f\left(\frac{1}{d_v}\sum_{u \in N(v)}(W^l h_u^{l-1} + b^l)\right) \tag{5-32}$$

其中，$h_u^0 = x_u$。

（6）预训练语言模型

预训练语言模型突破了静态词向量无法解决一词多义的问题。预训练语言模型包括 ELMo、GPT、BERT、XLNet 等。其中 BERT 作为最经典的预训练语言模型之一，在提出时，在多个领域如分类任务、生成任务、匹配任务、序列标注任务等均取得了最好成绩。我们以 BERT 为例来介绍如何通过预训练语言模型解决文本分类任务。

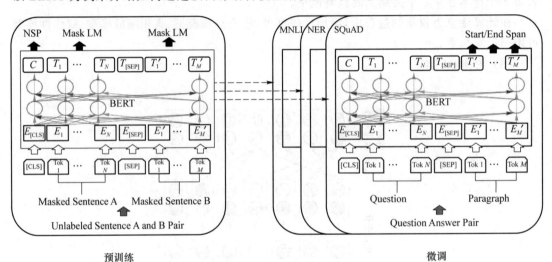

图 5-11　BERT 结构图

BERT 语言模型分为两个阶段，分别为预训练阶段（Pre-train）和微调阶段（Fine-tuning）。BERT 由多个 Transformer 组成（Transformer 为自注意力机制，如图 5-11 所示）。在预训练阶段，BERT 采用 Masked Language Model（MLM）和 Next Sentence Prediction（NSP）两个任务对 BERT 进行训练。MLM 对句子中某些词进行遮掩（Mask），

然后预测这些被遮掩的地方原有的单词是什么。NSP 则利用两个句子,判断这两个句子是否一句为另一句的下一句话。在 MLM 和 NSP 中,句子输入到 BERT 之前会使用"[CLS]"和"[SEP]"对输入进行包裹,其中"[CLS]"代表整个输入的文本特征,"[SEP]"代表句子对的分割标志。在 Fine-tuning 阶段,BERT 可被用于文本分类任务,即在相关数据集上,继续训练 BERT 参数,并使用"[CLS]"对应的文本特征用于预测类别概率,损失函数可使用交叉熵损失函数。

以上介绍了基于 FastText、卷积神经网络、循环神经网络、图卷积神经网络和预训练语言模型的文本分类算法。基于深度学习的文本分类算法浩如烟海,本书仅介绍了几类主流方法中最为基础的模型。

基于深度学习的文本分类算法还由于使用场景的不同,产生了分化。例如,文本由于长短不同,可分为基于短文本(Short-text)、基于句子(Sentence-level)、基于篇章(Document-level)的文本分类。以篇章级别的文本为例,由于篇章通常由多个句子组成,因此句子特征与篇章特征存在不同。针对篇章文本的特点,有研究提出利用层级 RNN 提取篇章特征,即首先使用低层 RNN 提取句子级别的特征,再利用高层 RNN 从若干句子中提取篇章特征,两次提取特征的过程分别融入注意力机制,这种方法称为 Hierarchical Attention Network(HAN)。从上述例子可知,文本分类算法需要针对实际场景进行调整、进化,而非一成不变。能结合实际情况解决实际问题痛点的文本分类算法才是好算法。

机器学习和深度
学习模型资料

若想详细了解基于传统机器学习和深度学习的算法,请扫描书右侧的二维码。

5.3　情感分析

5.3.1　情感分析介绍

近年来,互联网的快速发展促使社交平台上产生了大量用户参与的、对于诸如商品、事件、人物等方面的评论。例如,在某电商平台上购买某款产品时,用户会根据其他用户评论来判断该款商品质量如何、性价比如何,商家也可通过用户的反馈来反思自己的商品是否不足,还有哪些地方可以改进;用户在线购买电影票时,通常会在评论区浏览大众对每种电影的评价,然后选择评价最好的电影前去观看;当社会发生重大事件时,政府机关会分析用户在社交平台上的讨论,以此监管舆情。现实中还有诸多情景需要分析文本的情感倾向以达到某种目的,这个过程称为情感分析。

情感分析,又叫意见挖掘,是对带有情感色彩的主观性文本进行分析、归纳、推理的过程。情感分析的发展可大致分为三个阶段:基于人工或规则的情感分析、基于传统机器学习的情感分析、基于深度学习的情感分析。早期,人们雇佣人力并制定规则来对文本情感色彩进行判断,该种方法准确率高,但效率低下,且耗费资源。20 世纪末到 21 世纪初,基于统计学的传统机器学习利用特征工程提取文本特征,并对其进行分类。2010 年以后,基于神经网络的深度学习因其强大的拟合能力被广泛应用于情感分析中,相比于传统机器学习取得了较大的性能提升。

情感分析的研究领域主要包括基于词(Word-level)、基于句子(Sentence-level)和篇章(Document-level)、基于视角(Aspect-level)这三种情感分析。基于词级别的情感分析旨在给词语赋予情感信息,即构建情感词典(Sentiment Lexicon),例如"高兴"一词可被标记为"Positive"或者"5","5"代表情感程度,数字越大,情感越积极,反之"-5"代表消极情感,比如"沮丧"。情感词典的构建通常采用人工标注或者自动化方法。基于句子和篇章级别的情感分析主要分析文本整体的情感倾向,目前这种情感分析应用范围最广,目前主流解决方法为使用传统机器学习或者深度学习。由于文本中的情感倾向可能针对不同对象,例如"这家餐厅环境很好,就是味道一般",该句话中针对"环境"的情感极性为积极,而针对"味道"的情感极性则为消极,因此倘若使用基于句子的情感分析,那么最终得到的情感极性将把针对"环境"和"味道"的情感混作一团。这种情况下,我们需要针对句子中的不同对象(Target)分别进行情感分析,这个过程即为基于视角的情感分析。基于视角的情感分析主要研究两点,一是对视角的提取(Aspect Extraction),二是针对视角的情感分析(Aspect-based Sentiment Analysis)。现阶段,解决该种情感分析的主流算法大部分都采用了神经网络,但模型结构与文本分类任务、基于句子和篇章的情感分析存在一定差异。

以上内容是情感分析这一领域的基本介绍。本节将从分类任务的角度介绍基于句子和篇章级别、视角级别情感分类任务的实现方法,情感词典的构建、视角提取等子任务由于不属于分类任务,因此不进行赘述。

5.3.2 基于传统机器学习的情感分析

基于传统机器学习的情感分析与文本分类基本类似,其将情感分析拆分为两个步骤,特征工程和分类器。在特征工程阶段,文本将由文本预处理、特征提取、文本表示被表征成计算机可以处理的向量形式。此后,对提取到的特征采用分类算法进行情感分析,这里的分类算法仍包括线性回归、逻辑回归、感知机、K近邻法、朴素贝叶斯、决策树、支持向量机、集成学习、聚类学习等传统机器学习算法,分类过程与文本分类任务大致相似。

5.3.3 基于深度学习的情感分析

基于深度学习的情感分析包括以下主流算法:FastText、卷积神经网络、循环神经网络、注意力机制、图神经网络、胶囊网络、预训练模型等。基于句子、篇章级别的情感分析算法与文本分类算法保持一致,而基于视角的情感分析算法由于需针对视角进行分类,所以与之前的文本分类算法产生了较大不同。本小节介绍部分基于篇章和视角的情感分类算法。

(1)基于篇章(Document-level)的情感分析

图 5-12 所示模型称为 Hierarchical Attention Network(HAN),旨在提取篇章级别的文本特征。该模型分为两层,第一层从词特征提取句特征,第二层从句特征提取段落特征,两次特征提取过程均结合注意力机制。具体过程如下。假定一段文本含有 L 个句子,每个句子含有 T 个单词(不够时用 0 补齐),$x_{it} \in \mathbb{R}^d$,$i \in [1, L]$,$t \in [1, T]$,d 代表词向量维度。

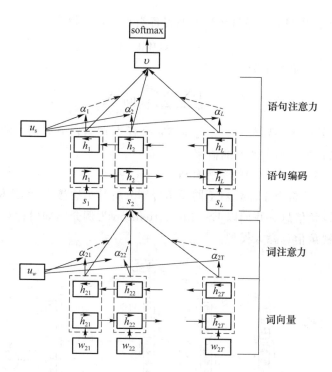

图 5-12 HAN 结构图

HAN 第一层用双向 GRU 提取句向量的过程表示为

$$\overrightarrow{h}_{it} = \overrightarrow{\mathrm{GRU}}(x_{it}) \tag{5-33}$$

$$\overleftarrow{h}_{it} = \overleftarrow{\mathrm{GRU}}(x_{it}) \tag{5-34}$$

$$h_{it} = [\overrightarrow{h}_{it}; \overleftarrow{h}_{it}] \tag{5-35}$$

其中,$h_{it} \in \mathbb{R}^{2h}$,$h$ 为 GRU 隐藏层维度。对提取到的词特征采用注意力机制得到句特征:

$$u_{it} = v_w{}^{\mathrm{T}} \tanh(W_w h_{it} + b_w) \tag{5-36}$$

$$\alpha_{it} = \frac{\mathrm{e}^{u_{it}}}{\sum\limits_{k=0}^{\mathrm{T}} \mathrm{e}^{u_{ik}}} \tag{5-37}$$

$$s_i = \sum_t \alpha_{it} h_{it} \tag{5-38}$$

其中,$s_i \in \mathbb{R}^{2h}$ 为第 i 句话的句向量。HAN 第二层仍先使用双向 GRU 提取句子特征,然后利用注意力机制加权得到篇章表征:

$$\overrightarrow{h}_i = \overrightarrow{\mathrm{GRU}}(s_i) \tag{5-39}$$

$$\overleftarrow{h}_i = \overleftarrow{\mathrm{GRU}}(s_i) \tag{5-40}$$

$$h_i = [\overrightarrow{h}_i; \overleftarrow{h}_i] \tag{5-41}$$

$$u_i = v_s{}^{\mathrm{T}} \tanh(W_s h_i + b_s) \tag{5-42}$$

$$\alpha_i = \frac{\mathrm{e}^{u_i}}{\sum\limits_{i=0}^{L} \mathrm{e}^{u_i}} \tag{5-43}$$

$$v = \sum_i \alpha_i h_i \tag{5-44}$$

其中，v 为篇章表征。我们对 v 通过线性变换得各类别的预测概率：

$$\hat{y}=\text{Softmax}(Wv+b) \tag{5-45}$$

该模型采用交叉熵损失函数：

$$L=-\frac{1}{N}\sum_{n=1}^{N}\sum_{c=1}^{C}y_{nc}\log\hat{y}_{nc} \tag{5-46}$$

其中，N 为样本总数，C 为类别数量，y_{nc} 代表第 n 个样本在第 c 个类别上的真实标签，$\hat{y}_{nc}$ 代表第 n 个样本在第 c 个类别上的预测概率。

（2）基于视角（Aspect-level）的情感分析

基于视角的情感分析由于需要对不同视角分别分析其情感极性，因此相比于句子、篇章级别的分类，多了视角信息。我们以 LSTM＋Attention 为例介绍如何针对视角进行细粒度情感分类，如何将视角信息融入模型。

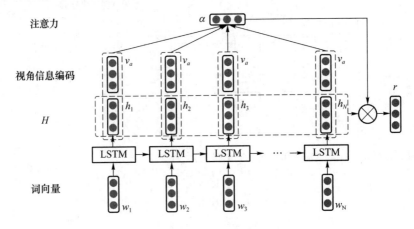

图 5-13　AT-LSTM 结构图

如图 5-13 所示，模型称为 Attention-based LSTM（AT-LSTM）。模型运用普通 LSTM（Vanilla LSTM）提取词的上下文特征，再运用结合视角信息的注意力机制求得句表征。首先将长度为 N 的文本以词向量形式表示，其中第 i 个单词表示为 $w_t\in\mathbb{R}^d$，d 代表词向量维度。之后，再用提取文本特征：

$$h_t=\text{LSTM}(w_t) \tag{5-47}$$

随后，对词的上下文特征拼接视角表征 v_a 以融合信息，v_a 为视角平均池化后的向量：

$$h'_t=[h_t;v_a] \tag{5-48}$$

并利用融合后的表征计算注意力权重，得到句表征：

$$s_t=v^{\text{T}}\tanh(Wh'_t+b) \tag{5-49}$$

$$\alpha_t=\frac{e^{s_t}}{\sum_{i=0}^{N}e^{s_i}} \tag{5-50}$$

$$v=\sum_i\alpha_t s_t \tag{5-51}$$

最后对 v 进行变化，得到预测分类概率。

卷积神经网络也可结合视角信息实现基于视角的情感分析。如图 5-14 所示，该模型称为 Gated Convolutional Network with Aspect Embedding（GCAE），其利用 CNN 分别提取文本和对应视角的特征，并结合门机制，利用视角特征对文本中的特征进行筛选，从而实现基于视角的情感分析。

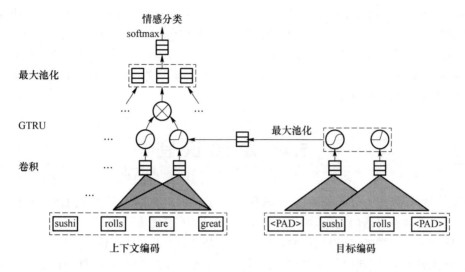

图 5-14　GCAE 结构图

以上介绍了几种基于句子/篇章级别和视角级别的情感分析，可以明显地发现，由于视角信息的引入，基于视角的情感分析与普通基于神经网络的情感分析模型产生了不同，所以针对不同场景，对模型做出合理改进是必要的。

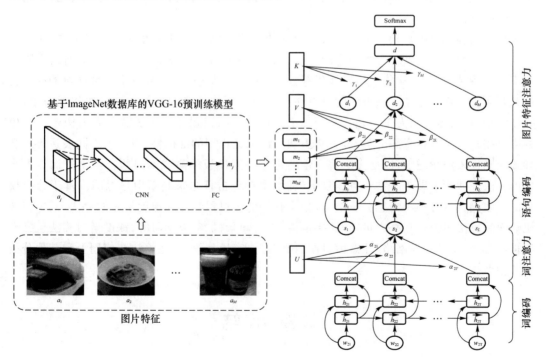

图 5-15　VistaNet 结构图

提及不同场景,最近有研究旨在分析结合图片的文本的情感倾向,该研究方向称为多模态情感分析(Multimodal Sentiment Analysis)。图 5-15 为多模态情感分析的一个模型,称为 VistaNet。该模型与 HAN 结构相似,也是对篇章进行情感分析,不同之处在于,引入了由 VGG-16 模型提取的图片特征,并利用这些特征对句子进行注意力加权,从而获得更好的篇章表征。VistaNet 也可用于多模态的其他分类任务中。

上文主要介绍了基于深度学习的情感分析技术,包括基于句子/篇章级别、基于视角级别、基于多模态的算法。总体上,除基于视角的情感分析额外引入了视角信息外,基于深度学习的情感分析算法与文本分类算法大致类似。

5.4 意 图 识 别

意图识别任务作为分类任务之一,其作用在于识别出文本所蕴含的意图。意图识别主要应用于包含多轮对话的应用,如问答系统、语音助手、智能家居等。由于多轮开放域对话中用户所述内容范围极广,漫无目地搜寻并生成答案一方面会导致效率低下,另一方面会使得答复内容不佳,因此我们需对文本背后所指向的意图进行判别,再针对该意图生成有目的性的答复。以电商智能客服为例,不同用户产生的不同文本可能包含众多意图,比如购物、退货、换货等。若某一用户提出了关于退货的相关问题,那么我们仅需在退货范围内搜寻与该用户问题最匹配的答案。盲目的搜索不仅会导致搜索效率低,也有可能使得回答不够精确,如退货问题回答成换货问题。因此精确理解用户意图有助于提升智能客服对用户答复的精确性。

现阶段实现意图识别的主流方法包含三种,分别为基于词典及模板的规则方法、基于查询点击日志的方法和基于分类模型的方法。针对基于词典的规则方法,由于不同的意图会有不同的领域词典,如购物、退货、换货等,因此我们可以通过文本和各个领域词典的匹配程度来判断该文本的意图。该方法的重点在于高质量领域词典的构建。该方法实现简单,但难以维护,模板需专家人工构建。基于规则模板的意图识别方法一般需要人为构建规则模板来对用户文本进行意图分类,该方法虽然可以保证识别的准确性,但由于不同表达方式会导致规则模板数量增加,因此无法解决重新构造规则模板的高成本问题。基于查询点击日志的方法在搜索引擎等类型业务场景下,利用用户点击日志来判断用户意图。基于分类模型的方法同文本分类和情感分析类似,分为基于传统机器学习和深度学习的算法,其中传统机器学习算法主要包括朴素贝叶斯、决策树、支持向量机、集成学习等,深度学习算法包括卷积神经网络、循环神经网络、注意力机制、预训练语言模型等,这些算法在使用上和其他分类任务相似。

本 章 小 结

自然语言处理包括四大主流任务:分类任务、生成式任务、序列标注任务和句子关系推断任务。本章介绍了分类任务中的三个子任务:文本分类、情感分析和意图识别。本章针对上述三个子任务,分别介绍了它们的应用价值、研究范围、评价指标和解决方法。其中,应用价值讲述了三个子任务在实际生活中有何应用;研究范围介绍了它们更加细致的研究方向,如基于段文本、基于篇章的分类任务;评价指标明确了如何确定分类算法的性能,包括准确率、召回率、精确率、F 值、P-R 曲线、ROC 曲线等;解决方法主要从传统机器学习和深度学习两方面概括了各种分类任务的部分实现方法,如基于决策树、支持向量机、集成学习、卷积神经网络、循环神经网络、注意力机制、预训练语言模型等算法。一般来说各类分类算法可应用于各种分类任务中,不过需要根据实际情况进行调整。

思　考　题

(1) 多分类问题中 F1 值有两种计算方式:宏 F1(Macro-F1)和微 F1(Micro-F1),请详细介绍这两种计算方式。

(2) 在类别不平衡场景中,我们该如何选定分类任务的评价指标? 为什么选择这些评价指标?

(3) 查阅资料,尝试使用特征工程和基于传统机器学习的分类算法实现分类任务。

(4) 结合实际情况,对比分析基于传统机器学习的分类算法的优缺点。

(5) 查阅资料、论文,了解还有哪些基于 CNN、RNN 的文本分类模型?

(6) 查阅资料,了解各式各样的注意力机制,如全局注意力机制、局部注意力机制、软注意力机制、自注意力机制、互注意力机制、加性模型、点积缩放模型、Transformer 等,思考如何将它们应用到分类任务中。

(7) 查阅资料,了解预训练语言模型,如 Word2Vec、Glove、ELMo、GPT、BERT、XLNet等,思考如何将它们应用到分类任务中。

(8) 思考如何将文本分类的算法应用于情感分析算法(如决策树、支持向量机、集成学习、CNN、RNN 等)。

(9) 查阅论文,了解、学习其他的基于视角的情感分析算法。

本章参考文献

[1]　Joulin A,Grave É,Bojanowski P,et al. Bag of Tricks for Efficient Text Classification [C]//Proceedings of the 15th Conference of the European Chapter of the Association for Computational Linguistics:Volume 2,Short Papers. 2017:427-431.

[2]　Kim Y. Convolutional Neural Networks for Sentence Classification[C]//Proceedings of the 2014 Conference on Empirical Methods in Natural Language Processing (EMNLP). 2014:1746-1751.

[3]　Devlin J,Chang M W,Lee K,et al. BERT:Pre-training of Deep Bidirectional Transformers for Language Understanding[C]//Proceedings of the 2019 Conference of the North American Chapter of the Association for Computational Linguistics:

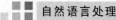

Human Language Technologies，Volume 1（Long and Short Papers）. 2019：4171-4186.

[4] Yang Z，Yang D，Dyer C，et al. Hierarchical attention networks for document classification[C]//Proceedings of the 2016 conference of the North American chapter of the association for computational linguistics：human language technologies. 2016：1480-1489.

[5] Wang Y，Huang M，Zhu X，et al. Attention-based LSTM for aspect-level sentiment classification[C]// Proceedings of the 2016 Conference on Empirical Methods in Natural Language Processing (EMNLP). 2016：606-615.

[6] Xue W，Li T. Aspect Based Sentiment Analysis with Gated Convolutional Networks [C]//Proceedings of the 56th Annual Meeting of the Association for Computational Linguistics (Volume 1：Long Papers). 2018：2514-2523.

[7] Truong Q T，Lauw H W. VistaNet：visual aspect attention network for multimodal sentiment analysis ［C］//Proceedings of the AAAI Conference on Artificial Intelligence. 2019，33：305-312.

第 6 章

信息抽取

本章思维导图

在互联网技术迅速发展、海量信息急速膨胀的今天,要想凭借我们的双眼从量级巨大的信息中快速获取我们感兴趣的内容是十分困难的。而自然语言处理中的一项重要任务——信息抽取技术能够有效地帮助我们获取信息,它可以实现实体、关系、事件等事实的快速抽取,这些事实信息将帮助我们更快更深刻地理解文本语义内容。本章将带领读者走进信息抽取的世界,在 6.1 节将介绍信息抽取的任务定义,并对其子任务做简要介绍;在 6.2～6.5 节将分别对命名实体识别、实体链指、关系抽取、事件抽取这四个信息抽取的子任务及相关技术方法进行阐述;在 6.6 节将介绍信息抽取的前沿技术,并对其未来发展趋势进行展望。读完本章,读者将了解信息抽取在自然语言抽取领域中的重要地位,并对信息抽取的发展历程和技术路线有个大致的认识。

图 6-1 为本章的思维导图,是对本章的知识脉络的总结。

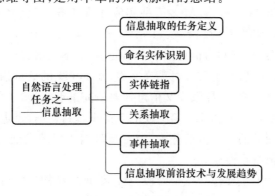

图 6-1　信息抽取思维导图

6.1　信息抽取的任务定义

随着科技的发展,当今互联网信息技术领域的市场潜力愈加壮大,前景愈加广阔。互联网具有实时性、开放性、互动性等特点,这极大地促进了信息的传播和流动,使用户充分享受网上冲浪的乐趣。在使用互联网时,人们必然会接触到海量的信息,这些信息会以各种形式出现在网络用户面前,比如博客、邮件等。目前,使用互联网的用户数量急剧增长,用户在线上传播的信息规模也大幅增加,海量信息时代已经到来。

但是,在我们享受大数据带来的便捷的同时,互联网中过度丰富的信息导致了有效信息的淹没,这导致我们很难在短时间内从成堆的信息中检索出真正感兴趣的信息。因此,如果存在一种工具能够方便我们从大量信息中快速发现有效信息,并将这些信息自动地进行分类、提取和重构,那么我们将能更加高效便捷地使用互联网。在这种背景下,信息抽取技术应运而生。从广义上讲,信息抽取处理的对象可以是文本、图像、语音和视频等多种媒体,但随着文本信息抽取研究的快速发展,信息抽取往往被用来专指文本信息抽取(Text Information Extraction)。文本信息抽取指的是这样一类文本处理技术,它从自然语言文本中自动抽取实体、关系、事件等事实信息,并形成结构化数据输出,其目标是从大量数据中准确、快速地获取目标信息,提高信息的利用率。那么什么是结构化数据呢?我们又为什么需要结构化形式的信息呢?我们习惯阅读的自然语言文本是非结构化信息,例如小说中的文本,非结构化信息经过分析后,可分解成多个互相关联的组成部分,各组成部分间有明确的层次结构,这种经过分析后得到的数据形式称为结构化数据,通常使用数据库对其进行管理,这种结构化的形式便于用户的查询和进一步分析。

信息抽取并非是一个最近才兴起的领域,早在20世纪60年代,学界就已经开始在信息抽取领域的拓荒,然而直到80年代末期,对信息抽取的研究与应用才逐步进入繁荣期,这得益于消息理解系列会议(Message Understanding Conference,MUC)的召开。从1987年到1997年,MUC会议共举行了7届,该会议吸引了世界各地的研究者参与其中,从理论和技术上促进了信息抽取的研究成果不断涌现。继MUC之后,1999年至2008年美国国家标准技术研究所(National Institute of Standards and Technology,NIST)组织的自动内容抽取(Automatic Content Extraction,ACE)评测会议成为另一个致力于信息抽取研究的重要国际会议。除MUC和ACE外,还有多语种实体评价任务会议(Multilingual Entity Task Evaluation,MET)、文本理解会议(Document Understanding Conference,DUC)等与信息抽取相关的国际学术会议,它们为信息抽取在不同领域、不同语言中的应用起到了很大的推动作用。目前信息抽取的研究主要针对英文文本,基于中文的信息抽取研究起步较晚,中文与西方字母型文字的巨大差异,导致中文信息抽取研究进展较慢,早期工作主要集中在中文命名实体识别方面,在MUC-7、MET等会议的支持下,取得了长足进步。目前,信息抽取已经成为自然语言处理领域的一个重要分支,随着互联网应用的发展,其价值也正日益显现,学术界和工业界对此都寄予厚望。

文本信息抽取广义上主要包括三个阶段:自动处理非结构化的自然语言文本;选择性抽取文本中指定的信息;就抽取的信息形成结构化数据表示。具体技术路线上,信息抽取包括了如下四个关键子任务:命名实体识别(Named Entity Recognition)、实体链指(Entity Linking)、关系抽取(Relation Extraction)和事件抽取(Event Extraction)。其中,命名实体识别是信息抽取的基础性工作,其任务是从自然语言文本中识别出诸如人名、组织名、日期、时间、地点、特定的数字形式等内容,并为之添加相应的标注信息,为信息抽取后续工作提供便利;自然语言文本经过命名实体识别之后,需要通过实体链指技术简化、统一实体的表述方式,这对提高信息抽取结果的准确度有很大的促进作用;当获取了文本中的实体,接下来通过关系抽取技术识别实体之间存在的语义上的联系,并使用事件抽取技术从含有事件信息的文本中抽取出用户感兴趣的事件信息,将非结构化的自然语言文本以结构化的形式呈现出来。

在后续的章节中,我们将详细介绍信息抽取的四个子任务。

6.2　命名实体识别

6.2.1　信息抽取子任务一

命名实体识别任务于 1991 年被首次提出,随后从 1996 年开始,命名实体识别任务被加入信息抽取领域,该任务的目的是识别出文本中表示命名实体的成分,并对其进行分类。什么是命名实体呢? 命名实体(Named Entity,NE)这个概念,是在 1995 年 11 月的第六届 MUC 会议上被提出的。MUC-6 和后来的 MUC-7 并未对什么是命名实体进行深入的讨论和定义,只是说明了命名实体是"实体的唯一标识符(Unique Identifiers of Entities)",规定命名实体分为:人名、机构名和地名。MUC 之后的 ACE 将命名实体中的机构名和地名进行了细分,增加了地理-政治实体和设施两种实体,之后又增加了交通工具和武器。CoNLL-2002、CoNLL-2003 会议上将命名实体定义为包含名称的短语,包括人名、地名、机构名、时间和数量,基本沿用了 MUC 的定义和分类,但实际的任务主要是识别人名、地名、机构名和其他命名实体。除主流的命名实体识别评测会议外,也有学者专门就命名实体的含义和类型进行讨论,有些学者认为命名实体就是专有名词,作为某人或某事的名称;还有一些学者从语言学角度对命名实体进行了详细的定义,规定只有名词和名词短语可以作为命名实体,同时命名实体必须是唯一且没有歧义的。事实上,关于命名实体,目前也未有一个较为官方的、普遍得到认可的定义。但纵观整个命名实体研究的历史,命名实体一般被认为是专有名词,它可以是文本中的人名、地名、组织机构名、日期等实体类型。

我们为什么需要关注文本中的命名实体呢? 自然语言文本中的命名实体包含了丰富的语义信息,从原始文本中识别有意义的命名实体或命名实体指称(命名实体在文本中的引用)在自然语言理解中起着至关重要的作用。命名实体识别是信息抽取中一项重要的任务,其目的是识别出文本中表示命名实体的成分,并对其进行分类,因此有时也称为命名实体识别和分类(Named Entity Recognition and Classification,NERC)。例如,"当地时间 14 日下午,叙利亚一架军用直升机在阿勒坡西部乡村被一枚恶意飞弹击中"这句话中包含的实体有:日期实体"14 日下午"、组织机构实体"叙利亚"、地名实体"阿勒坡西部乡村"、装备实体"军用直升机"和"飞弹"。由此可见,命名实体识别是文本意义理解的基础,对实体的正确标识和划分可以实现对文本更加准确深入的理解,因此我们需要特别关注文本中的命名实体部分和这些命名实体的类别。

随着计算机技术的发展,自然语言理解和文本挖掘研究的不断深入,文本语义层面知识显得愈发重要,新兴的研究领域(如语义分析、自动问答等)均需要丰富的语义知识作为支撑,而命名实体作为文本中重要的语义知识,其识别和分类已成为一项重要的基础性研究问题。下面我们将对命名实体识别从技术层面进行介绍。

6.2.2 命名实体识别技术方法的演化过程

如图 6-2 所示,命名实体识别的早期研究大多是基于规则,随着统计学习的兴起,命名实体识别转向了基于统计学习的方法,其中,大多数研究采用有监督统计学习方法;后来,神经网络的广泛应用使得基于深度学习的方法成为命名实体识别研究的主流。

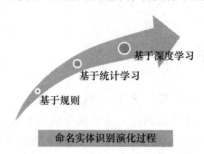

图 6-2　命名实体识别演化过程

早期的命名实体识别主要是基于规则的方法,由语言学家依据数据集特征人工构建特定规则模板。具体而言,该方法通过观察实体名称自身的特征和短语的常见搭配,人为制定一些规则来构建规则集合。其中,制定规则采用的特征包括统计信息、标点符号、关键字、位置词、中心词等。制定好规则后,通常将文本与规则匹配以实现命名实体识别。这种基于规则的方法局限性非常明显,不仅要观察和分析实体名称的特征,还要有相关领域专业研究者的参与,这将消耗巨大的时间和人力成本。此外,规则一般只在某一特定的领域内有效,要想应用到其他的领域中则必须修改规则集合。由于人工进行规则迁移的代价比较高,此方法在不同的领域之间缺乏很好的可移植性,且不容易在其他实体类型或数据集上扩展,无法适应数据的变化。

自 20 世纪 90 年代后期以来,尤其是进入 21 世纪之后,基于大规模语料库的统计学习方法逐渐成为自然语言处理的主流,一大批统计学习方法被成功应用于自然语言处理的各个方面。命名实体识别的研究也逐渐由基于规则的方法转向了基于统计学习的方法,其大多采用有监督的统计学习模型。什么是有监督学习呢?举一个简单的例子,有监督学习就像是让学生拿一本有参考答案的习题册做练习,然后再参加考试。有监督学习使用已标注样本类别的训练样本去训练得到一个最优模型,再利用这个模型将所有的输入映射为相应的输出,对输出样本类别进行判断,从而达到预测和分类的目的。基于有监督统计学习的命名实体识别首先根据标注好的数据,应用领域知识和工程技巧设计复杂的特征来表征每个训练样本。然后,通过对训练语料所包含的语义信息进行统计和分析,从训练语料中不断发现有效特征。有效特征可以分为停用词特征、上下文特征、词典及词性特征、单词特征、核心词特征以及语义特征等。最后,应用统计学习算法,训练模型对数据的模式进行学习。

序列标注是目前最为有效,也是最普遍的命名实体识别方法。当使用序列标注处理时,文本中每个词有若干个候选的类别标签,此时命名实体识别的任务就是对文本中的每个词进行序列化的自动标注。一些经典模型如隐马尔可夫模型（Hidden Markov Model，HMM）、最大熵（Maximum Entropy，ME）、最大熵马尔可夫模型（Maximum Entropy Markov Model，MEMM）、支持向量机（Support Vector Machine，SVM）、条件随机场（Conditional Random Fields，CRF)等都被成功地用来进行命名实体的序列化标注，且获得了较好的效果。然而，基于有监督统计学习的命名实体识别方法对特征选取的依赖较高，需要从文本中分析选择对于此项任务影响较大的特征，并将这些特征加入特征模板中，特征选取的优劣将直接影响最终模型的效果。同时，特征需要通过复杂的特征工程获取，因此该方法成本较高。

随着深度学习的不断发展，命名实体识别的研究重点已转向基于深度学习的研究方法。该技术几乎不需要基于统计学习方法中必需的特征工程和领域知识。基于深度学习的命名实体识别通常包括三个部分：输入分布式表示、上下文编码和标签解码。首先，对输入的样本进行分布式表示；其次，利用输入分布式表示学习上下文编码，获取文本上下文编码的过程可以让模型学习文本的深层次信息，常见的上下文编码结构有卷积神经网络（Convolutional Neural Network）、循环神经网络（Recurrent Neural Network）、递归神经网络（Recursive Neural Network）、神经语言模型（Neural Language Model）等；标签解码是命名实体模型中的最后一个阶段，在得到了文本的上下文编码之后，标签解码模块以其作为输入并预测相应文本对应的标签序列，主流的标签解码结构有条件随机场[①]、循环神经网络等。

图 6-3 是命名实体识别领域中的一个经典模型，它使用了基于深度学习的方法，我们将其作为例子，对基于深度学习的命名实体识别方法进行讲解。

案例分析 1

如图 6-3 所示，首先，我们将每个单词拆分为字符嵌入形式输入 CNN，经过卷积和最大池化，得到单词的字符表示。

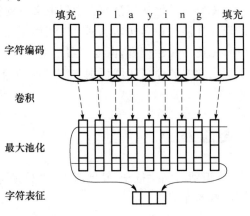

图 6-3　字符表示过程

---

① 条件随机场（Conditional Random Fields，CRF）是命名实体识别中常用的一种方法，是给定一组输入随机变量条件下另一组输出随机变量的条件概率分布模型，读者若想继续深入了解 CRF 的内容，可以参考李航的《统计学习方法》第 11 章。

其次,如图 6-4 所示,我们把单词的字符表示和词嵌入拼接起来,得到单词的最终表示。然后,我们将句中每个单词的最终表示输入 BiLSTM(原理详见第 3 章),对词与词之间的联系进行建模,得到每个位置的单词融合上下文语义的向量表示。最后,将每个单词的向量表示输入条件随机场,输出得到最终预测结果。

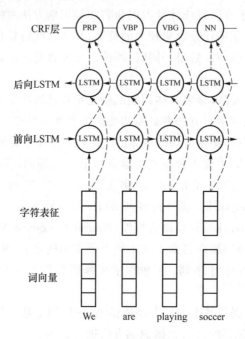

图 6-4 模型预测过程

命名实体识别的实现需要利用文本中的特征,基于规则和基于统计学习的方法在构造特征时均需要人工的参与,构造出的特征与文本领域高度相关,适用于某一领域的特征不一定适用于另一个领域,这导致这些方法的泛化能力较差。基于深度学习的命名实体识别方法无须人工设计复杂的特征,能够自动地从海量数据中提取文本的特征,可以有效减少特征对领域的依赖,拥有很好的泛化性能。命名实体识别可以利用深度学习非线性的特点,从输入到输出建立非线性的映射,相比于线性模型,深度学习模型可以利用大量数据学习得到更加有效的特征。因此,基于深度学习的命名实体识别方法已成为当下命名实体识别的主流方法。

6.2.3 本节知识点总结

本节主要介绍了命名实体识别的相关概念、发展历史,并对其技术方法的演化过程进行了简要介绍,主要知识点可以概述如下:

- 命名实体的概念:命名实体一般被认为是专有名词,它可以是文本中的人名、地名、组织机构名、日期等实体类型。
- 命名实体识别的概念:命名实体识别的目的是识别出文本中表示命名实体的成分,并对其进行分类。
- 命名实体识别的发展史:命名实体识别任务于 1991 年首次被提出,随后自 1996 年开始,命名实体识别任务被加入信息抽取领域。

- 命名实体识别技术方法的演化过程:早期的命名实体识别主要是基于规则的方法, 之后逐渐转向了基于统计学习的方法,其大多采用有监督的统计学习模型,随着深度学习的不断发展,命名实体识别的研究重点已转向基于深度学习的研究方法。

6.3　实 体 链 指

6.3.1　信息抽取子任务二

2009 年 NIST 在其主办的 TAC(Text Analysis Conference)会议上提出了实体链指评测任务,该任务旨在确定文中实体所代指的具体对象。实体链指任务的意义是什么呢? 我们举一个简单的例子来理解实体链指想要解决的问题:在自然语言中,多个实体可能共有一个名称,也就是说,实体名称可能具有歧义。比如"华盛顿"这个名字既可以指代美国的第一任总统,也可以指代美国的华盛顿州、华盛顿特区,甚至是美国政府。一般情况下,一个名称出现在上下文当中,其指代的对象即是明确的,而根据上下文来自动确定名称所具体指代的哪个实体也就成为实体链指技术的主要设定目的。

我们在 6.2 节中介绍了命名实体识别任务,实体链指任务与命名实体识别任务的研究对象都是实体,那么二者之间的区别是什么呢? 虽然二者的研究对象都是实体,但其主要区别则在于,命名实体识别只需区分实体的类别(如人名、地名和机构名等),而实体链指则需要找到所指代的具体对象。例如,"他去年搬到了华盛顿。"这句话,在命名实体识别任务中只需要知道"华盛顿"指代的是一个地点即可,而在实体链指任务中则需知道"华盛顿"具体指的是华盛顿州,还是华盛顿特区或者是其他什么地方,可见,实体链指的主要侧重点和难点在于如何消解字面的歧义。

实体链指任务所使用的数据包括知识库和标注语料两部分。知识库:实体链指中最常用的知识库是 Wikipedia,它是一个由互联网用户自愿编辑的在线百科全书,其内容涵盖了政治、经济、历史、文化、科技、教育等众多领域,并且大多数著名人物、机构、地区、事件在维基百科中都已著有相应条目。维基百科的开放协作式编辑机制和文章编辑规范则保证了其内容质量,同时也使得其规模仍在不断增长中。截至 2014 年,英文版维基百科的文章数已经超过了 450 万篇,中文维基百科的文章数也超过了 74 万篇。标注语料:Wikipedia 的文章包含了大量人工标注过的链接文本,这些文本即可用作实体链指的训练和评测语料。此外,除了从 Wikipedia 中收集标注语料外,还可以使用研究者公布的数据,包括 MSNBC、AQUAINT、ACE、IITB 和 AI-DA 等。

现在我们可以给实体链指下一个具体的定义了:实体链指是在给定文本中,将实体指称与目标知识库中若干候选实体关联起来的过程,也被称为命名实体链接、实体消歧、实体共指消解等,用于将出现在文章中的名称链接到其所指代的实体上去。目前大部分实体链指方法都可以分为候选实体生成和实体消歧两个步骤。生成候选实体是指根据在文本中识别出的实体指称,从知识库中选出一组实体作为实体链指的候选实体,将不可能是目标实体的其他实体排除在外。给定实体指称,实体链指任务将根据知识、规则等信息尽可能地找到实体指称的所有候选实体。实体歧义是指同一个实体指称在不同上下文中或在特定知识库中对应着多个不同实体。具体来说,一个实体可能存在多个实体指称,或者多个实体可能存在相同的实体指称。例如,"苹果"可以指代"苹果公司",或者某种水果,这个时候就需要根据上下文信息来进行推断。因此,实体消歧的主要目标是从文本中识别出实体指称后,根据实体指称及其所在上下文,分析候选实体集合中哪些实体能与实体指称相匹配,对候选实体集中的实体进行排序,并选出最恰当的实体。

实体链指对许多自然语言处理和信息检索任务都能产生积极的助力作用。例如,实体链指将有助于机器翻译的最佳实现。我们可以发现,在一门语言里同名的两个实体,在另一门语言中却可能具有不同的翻译。比如"Rice"指农作物时应该翻译成"大米",指人名时,则应该翻译成"赖斯"。应用实体链指技术找到这个词在当前上下文中的指代对象,就可以直接根据知识库中的跨语言链接而真正获得目标语言的准确翻译。此外,实体链指还可以应用到自动问答当中。在问答当中,所涉及的实体表述很有可能会具有歧义。例如,问"美洲豹的奔跑速度最快能达到多少?",问答系统搜集的文本可能包含了"美洲豹牌汽车"的最高时速信息,返回这样的信息答案自然是不正确的。而应用实体链指技术,即可清楚识别在此文本中出现的"美洲豹"指的是问题所关心的那个哺乳动物实体"美洲豹",从而避免类似的错误发生。

下面我们将对实体链指的技术演化过程进行介绍。

(1)实体链指技术方法的演化过程

实体链指研究的主要任务是计算实体指称与知识库中实体的相似度,确定一批候选实体,并对候选实体进行排序和选择,如图 6-5 所示,分为候选实体生成和实体消歧两个步骤。

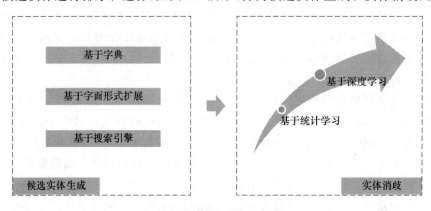

图 6-5　实体链指演化过程

其中,生成候选实体的方法包括:基于字典的方法、基于字面形式扩展的方法、基于搜索引擎的方法等。基于字典的方法通过在外部词典等数据源中,以字面匹配的方式进行实体识别,从而获取候选实体集,字典中往往包括实体的多种表达方式,如变体、缩写、混淆名称等。基于字面形式扩展的方法旨在识别相关文档中实体指称的其他可能的扩展形式,并利用这些扩展形式来生成候选实体集。基于搜索引擎的方法是指将实体指称在搜索引擎中检索出一定数量的相关页面,并将这些页面加入候选实体集。候选实体生成不是实体链指的核心问题,因此我们这里不展开介绍。

实体链指研究目前所面临最主要的困难是实体歧义问题,它影响着整个实体链指系统的性能。实体消歧过程对于实体链指十分重要,我们将围绕实体消歧的两种研究方法:基于统计学习的方法和基于深度学习的方法展开介绍。

基于统计学习的实体消歧方法是实体消歧研究工作中常用的传统方法。该类方法往往利用一些统计学特征,如实体相关的统计信息、实体分布信息、实体相似度、文本主题信息等,对实体指称和候选实体进行向量表示,并通过计算实体指称向量和候选实体向量之间的相似度进行实体排序和选择。主流的实体排序方法将候选实体排序问题视为二分类问题,使用二元分类器判断给定的一对实体指称和候选实体是否存在指向关系。典型的二元分类器包括支持向量机、向量空间模型和 K 近邻分类器等。虽然基于统计学习的实体消歧方法在早期研究阶段取得了一定成果,但该方法缺乏对实体语义层面的考量。

近年来,基于深度学习的实体链指方法成为该领域的主流方法,相比传统的基于统计学习的方法,基于深度学习实体链指方法的核心思路是通过神经网络学习实体、实体指称、上下文及其相互之间关联关系的向量表示,从而为不同实体及实体之间的语义关系构建统一的表示,并映射在相同的特征空间,最终通过计算语义向量相似度,经排序得到目标实体。下面的案例是实体链指领域中具有代表性的使用深度学习的方法,我们将对该模型做案例分析。

案例分析 2

实体链指的一个最大挑战是解决实体歧义问题,为了解决这个问题,该模型对实体指称及其上下文信息与其候选实体进行语义相似度建模,同时利用文本主题信息衡量实体指称与候选实体在表征同一主题的能力以及它们之间的相似度。

如图 6-6 所示,首先,我们将源文本中的实体、上下文和整个文本使用 CNN 进行向量表示(图中左部虚线框);其次,对候选实体和该候选实体在目标知识库中的文本(代表文本主题信息)使用 CNN 进行向量表示(图中右部虚线框);最后,将这些信息进行余弦相似度计算(图中中部虚线框),综合计算结果,即可选出最为匹配的候选实体。

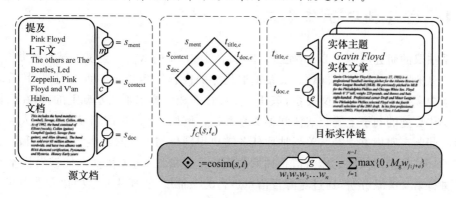

图 6-6　实体链指模型

为什么我们需要使用除实体外的文本信息呢?这是因为这些实体的上下文信息有助于

我们更准确地进行匹配。例如,图 6-6 中,我们正在考虑 Pink Floyd 是否会链指到知识库 Wikipedia 上的候选实体 Gavin Floyd。如果看一下源文档,我们就会发现关于 Pink Floyd 在源文档中是与乐队相关,而候选实体的 Wikipedia 文本主要是关于体育的。使用除实体外的文本信息进行比较,有助于告诉我们 Pink Floyd 是不可能链指到 Gavin Floyd 的。

基于深度学习的方法的主要优势在于无须人为构造特征,该方法将实体以及实体间的语义特征进行表示,能够取得更优的实体消歧效果;同时,相较于基于统计学习的实体消歧方法,基于深度学习的方法可以对实体从语义层面进行更深层次的挖掘。

6.3.2 本节知识点总结

我们在这节中了解了信息抽取又一重要子任务-实体链指的相关概念、发展背景及其技术路线,主要知识点可以概括如下:

- 实体链指的概念:实体链指是在给定文本中,将实体指称与目标知识库中若干候选实体关联起来的过程,也被称为命名实体链接、实体消歧、实体共指消解等,用于将出现在文章中的名称链接到其所指代的实体上去。
- 实体链指的发展史:2009 年 NIST 在其主办的 TAC 会议上提出了实体链指评测任务。
- 实体链指技术方法的演化过程:实体链指分为候选实体生成和实体消歧两个步骤。生成候选实体的方法包括:基于字典的方法、基于字面形式扩展的方法、基于搜索引擎的方法等;实体消歧的方法包括基于统计学习的方法和基于深度学习的方法,其中后者逐渐成为主流方法。

6.4 关系抽取

6.4.1 信息抽取子任务三

关系抽取的研究起源于 20 世纪 90 年代,在 1998 年的 MUC 会议上被首次提出,之后一直是信息抽取领域的热点问题。关系抽取任务的内容很容易从字面上理解,其目的是识别出文本中实体对之间的语义关系,该任务是在已完成实体识别的基础上的,即在已标注出实体及实体类型的句子上确定实体间的关系类别。例如,对于句子"外交部发言人洪磊昨天就钓鱼岛问题表明中方立场",关系抽取任务需要识别出句子中的实体"外交部"和"洪磊"之间存在"雇佣"类别的关系。作为信息抽取的重要子任务之一,关系抽取能够对样本数据中的信息进行语义关系分析,通过对海量信息进行关系抽取,实现从非结构化文本中获取关系信息。

为何关系抽取的研究这么火热?或者说关系抽取有着怎样的作用呢?关系抽取在人工智能领域有广阔的应用范围和使用前景,其研究成果主要应用在知识图谱、自动问答、生物信息挖掘、机器翻译等。我们将主要介绍关系抽取的两个重要现实应用:知识图谱和自动问答系统。

目前,随着智能信息服务应用的不断发展,知识图谱已被广泛应用于智能搜索、智能问答、个性化推荐等领域。例如,用户搜索的关键词为凡·高,引擎就会给出凡·高的详细生平、艺术生涯信息、不同时期的代表作品等属性,并列举出与其有关系的其他实体及相关属性。知识图谱的构建需要四个步骤:知识抽取、知识表示、知识融合、知识推理。首先,通过知识抽取,从一些半结构化、非结构化的数据中提取出实体、关系、属性等知识要素。然后,将知识要素表示成分布式的向量形式,为接下来的融合和推理打下基础。其次,知识融合可对实体、关系、属性等指称项与事实对象之间进行消歧,形成高质量的知识库。最后,借助知识推理,在已有的知识库基础上挖掘隐含的知识,以丰富和扩展知识库。知识抽取步骤抽取出的知识单元主要包括实体、关系以及属性三个知识要素,其中,关系这一知识要素需要借助关系抽取技术来实现。关系抽取效果的优劣,直接决定了知识图谱的准确性与完备性。

自动问答系统旨在让用户直接用自然语言提问并获得答案。例如,用户询问“北邮在哪儿”,问答系统回答“北京市海淀区西土城路 10 号”。传统的搜索引擎是根据关键词检索并将返回大量相关文档集合,需要用户亲自去查找自己相关的资料。问答系统的实现将使用户在海量数据中查找相关资料时节省大量的时间。问答系统一般包括三个主要部分:问题处理、信息检索和答案抽取。搜索引擎首先对问题进行分析,划分该问题所属的关系类型(例如,地理位置)。接着,根据模式(例如,地理位置〈北邮,?〉),去匹配由关系抽取的结果所构建的知识库,获取了目标实体(例如,北京市海淀区西土城路 10 号),最终将查询结果返回给搜索引擎。自动问答系统中的匹配环节需要关系抽取的参与,因此关系抽取的效果也直接决定了自动问答系统的优劣。

经过上述介绍,我们已经大致了解了关系抽取想要解决的问题和其广阔的应用场景,下面我们将要介绍关系抽取的技术路线。

6.4.2　关系抽取技术方法的演化过程

如图 6-7 所示,类似于命名实体识别的研究方法演化过程,关系抽取的研究方法也可以分为基于规则、基于统计学习、基于深度学习三种。早期研究阶段主要是基于规则的方法;随着统计学习的广泛应用,关系抽取的研究也由基于规则的方法转为基于统计学习的方法;近年来神经网络的迅速发展又将关系抽取的主流研究方向转为基于深度学习的研究方法。

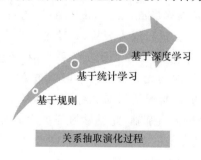

图 6-7　关系抽取演化过程

早期，关系抽取领域通常使用基于规则的方法，基于规则的关系抽取需领域专家针对目标关系的语义特点，手工设定符合某种词法、句法和语义规则的规则集合，并将待识别的句子与规则集合进行匹配，匹配成功则认为该句子具有对应规则的关系。该方法需事先人工构造规则集合，这会耗费大量的时间和人力，且由于规则是针对领域构建的，其移植性较差。因此，基于规则的关系抽取方法仅在关系抽取研究初期拥有较多成果，近年来相关研究寥寥。

受限于可移植性差等诸多问题，基于规则的关系抽取方法逐渐被学界摒弃，转向研究基于统计学习的关系抽取。基于统计学习的关系抽取一般将关系抽取问题转化为分类问题，通过特征工程选取文本表征中具有代表性的特征训练分类模型，以判定实体对之间的语义关系。基于统计学习的关系抽取方法可分为有监督统计学习方法、半监督统计学习方法和无监督统计学习方法。

有监督统计学习方法的概念已在本章的 6.2 节中提及，该方法通过人工标注训练数据来获取样本，并将样本输入到预先选择的特征集中以训练分类模型。根据输入样本的文本语义表示方式的不同，可以将有监督统计学习方法分为基于特征向量和基于核函数的方法。基于特征向量方法的核心是特征工程，通过启发式的方法选取特征集合，使用多层次的语言特征构造向量，以实现对输入样本文本的语义进行表征。基于特征向量的方法无须专家预先设定模式集合，节约了很多人力成本，但该方法很难再找出适合关系抽取任务的新特征，因此一些研究者转向基于核函数的方法。基于核函数的方法无须像基于特征向量的方法一样构建特征集合，而是以文本的句法分析结果及其各类变形作为核函数的输入，通过计算输入示例之间的相似度，训练分类模型。但是，基于核函数的方法使用隐式方式表示特征，没有显式构造和处理语义信息，这使得这些方法的泛化能力很差。同时，较高的计算复杂度限制了该类方法在大型语料库上的应用。

有监督统计学习方法依赖人工标注的语料库资源，但人工标注过程费时费力，因此如何实现在较少的人工参与和标注语料资源的情况下进行关系抽取，成为研究界的新热点，半监督统计学习方法在这个场景下被学界关注。什么是半监督统计学习？半监督统计学习是有监督统计学习与无监督统计学习相结合的一种学习方法。半监督统计学习同时使用大量的未标记数据和已标记的数据，来进行模型学习。该方法解决关系抽取问题时，主要采取基于自举的思路，首先人工构造少量关系示例作为初始种子集合，然后利用模式学习或者模型训练的方法，通过迭代过程，不断扩展该关系示例集合，最终获取足够规模的关系示例，完成关系抽取的任务。半监督统计学习方法可以有效地减少人工参与和对标注语料的依赖，但是，半监督统计学习方法存在语义漂移（Semantic Drift）的问题，这将影响抽取结果的准确率。同时，该方法依旧无法对文本语义进行深入分析，导致模型泛化能力差。

有监督和半监督统计学习方法需要事先确定关系类型，而在大规模语料中，人们往往无法预知所有的实体关系类型，这时候无监督统计学习就被拿来当作一种解决方案。无监督学习的训练样本是未经标注的，目标是通过对无标记训练样本的学习来揭示数据的内在性质及规律，为进一步的数据分析提供基础，此类学习任务中研究最多、应用最广的是"聚类"（Clustering），聚类目的在于把相似的东西聚在一起，主要通过计算样本间和群体间距离得到。无监督统计学习方法无须对大规模语料进行关系类型的标注，可自动实现将关系示例对应到正确的关系类型，该方法主要基于聚类的思想。无监督统计学习方法无须对大规模语料的标注,大大节约了人工标注的成本。该方法的不足之处在于关系名称难以准确描述,低频关系示例的召回率较低。同时,在有监督、半监督统计学习方法中面临的泛化能力差的问题,依旧没有得到很好的解决。

基于统计学习的关系抽取不依赖于语料的内容与格式,不需要语言学资源和专家领域知识,相比于基于规则的方法具有更好的移植性。但该方法没有显式地构造和处理语义信息,导致该方法不具备对文本语义进行分析的能力,因此模型的泛化能力较差;并且,该方法严重依赖特征提取的效果,特征的好坏直接决定了模型效果的优劣。关系抽取的主流研究方向开始由基于统计学习的关系抽取方法逐渐转向基于深度学习的关系抽取方法。

基于深度学习的关系抽取首先通过人工标注或与知识数据库对齐来获得有标签数据。其次,该方法对句子中的单词进行向量表征,并自动提取特征。最后,通过神经网络对关系进行分类并评估性能。依据数据集标注量级的差异,基于深度学习的关系抽取任务分为有监督和远程监督两类。

基于深度学习的有监督关系抽取方法可免除基于统计学习的关系抽取方法中人工特征选择等步骤,缓解特征抽取过程中的误差积累问题。这些方法的焦点问题是多种自然语言的融合方式,一些基于循环神经网络、卷积神经网络等网络结构及其变形的有监督深度学习模型被陆续提出。

面临大量无标签数据时,有监督的关系抽取消耗大量人力,显得力不从心。因此,远程监督实体关系抽取应运而生。什么是远程监督学习?它是一种不同于有监督学习的模型学习方式,其与后者的主要差异在于数据标签的来源上,有监督学习的标签是人工标注的,远程监督的数据标签是自动标注的。具体而言,给定一个预先定义的知识数据库,该知识数据库包含实体对和对应关系的信息,远程监督方法假定,如果句子中的实体对出现在该知识数据库中,则使用知识数据库中该实体对所对应的关系对句子进行关系标注。显然,远程监督方法是一种快速、自动标注数据的方法,但是,该方法有时会带来错误标签问题,即自动化标注方式导致一些样本的关系标签标注错误。为解决错误标签问题,学界提出了各种方案试图缓解噪声的影响。例如,案例 3 采用 Attention 机制,为标签正确的示例语句分配较高权重,为标签错误的示例语句分配较低权重,从而充分利用语料内的信息。这篇论文是远程监督关系抽取领域的经典模型,我们将对其进行介绍,以帮助读者对关系抽取有更加深刻的认识。

案例分析 3

如图 6-8 所示,首先,该模型对文本中的每个单词进行向量表示(包含词向量和该单词与两个实体的相对位置向量),将这些单词的向量表示输入 CNN 或 PCNN(一种 CNN 的变形)得到该文本的向量表示。

按照相同的方式,我们可以得到语料中所有样本的向量表示,接下来,我们需要使用这些数据进行模型学习。在有监督学习中,我们将直接使用所有样本数据来学习模型,但由于远程监督关系抽取的样本标签存在噪声,如果简单地使用全体数据则会引发噪声干扰,降低模型效果,因此我们需要考虑一些策略来实现降噪。该模型采用的方式是结合多实例学

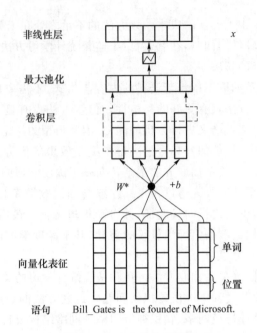

图 6-8　文本向量表示过程

习[1]和注意力机制[2]。我们将包含相同实体对的样本划分为同一个包,图 6-9 为针对每一个包的操作:将每个包中的文本向量表示根据其与标注关系的相似程度按权相加,得到包表示,最终,输入分类器进行分类。这种方法使得模型为它所认为的标注最为正确的样本赋予更高的权值,让模型更加关注正确标注的样本,进而有效实现降噪。

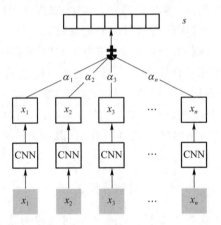

图 6-9　模型降噪过程

基于深度学习的关系抽取使用文本的语义表征来进行关系的抽取,在效果上大大超越了之前的基于知识工程的方法和基于统计学习的方法,并成为关系抽取任务的主流方式。基于深度学习的有监督关系抽取方法面临的最大问题是神经网络的训练需要大量的带标签

---

[1]　多实例学习的思想是将样本按照包划分,读者对此部分感兴趣,可以参考周志华的《多实例学习》。
[2]　注意力机制可以通过一些策略使得模型重点关注样本的某些特征,若读者想进一步了解注意力机制相关原理,可以参考论文 https://arxiv.org/abs/1706.03762。

语料,语料的标注是一个十分费时费力的过程,且语料的质量也大大影响模型训练的效果。近年来逐渐兴起的远程监督方法一定程度上可以克服这个问题,但是远程监督带来的噪声问题又成为一个新的难点,基于深度学习的关系抽取的研究方兴未艾。

若想详细了解多示例学习的原理,请扫描书以下的二维码。

若想详细了解注意力机制的原理,请扫描书以下的二维码。

多示例学习中的包生成策略研究　　　　注意力机制

6.4.3　本节知识点总结

本节针对关系抽取的相关概念、应用场景和技术方法发展过程进行了介绍,主要知识点可以概括如下:

- 关系抽取的概念:抽取出文本中实体对之间的语义关系。
- 关系抽取的发展史:关系抽取的研究起源于 20 世纪 90 年代,在 1998 年的 MUC 会议上被首次提出。
- 关系抽取的应用场景:关系抽取在人工智能领域有广阔的应用范围和使用前景,其研究成果主要应用在知识图谱、自动问答、生物信息挖掘、机器翻译等。
- 关系抽取技术方法的演化过程:早期,关系抽取领域通常使用基于规则的方法;随着统计学习的广泛应用,关系抽取的研究也由基于规则的方法转为基于统计学习的方法;近年来神经网络的迅速发展又将关系抽取的主流研究方向转为基于深度学习的研究方法。

6.5　事　件　抽　取

6.5.1　信息抽取子任务四

事件抽取任务于 2005 年被纳入 ACE 评测会议,之后几年也迅速成为信息抽取领域的研究热点。什么是事件? 事件作为信息的一种表现形式,其定义为特定的人、物在特定时间和特定地点相互作用的客观事实。组成事件的各元素包括:触发词、事件类型、论元及论元角色。其中,触发词代表能够触动事件发生的词,是决定该事件所属类型的重要特征词;事件的论元则是指与该事件相关的人物、时间、地点、事物等实体;论元角色描述了论元在事件中扮演的角色,体现了论元与该事件的语义关系。

事件抽取的目标是从非结构化文本中准确有效的发现特定的事件及事件元素,将用自然语言表达的事件以结构化的形式呈现出来,供我们浏览、查询或进一步分析利用。例如,"在 A 市,一辆坦克向酒店开火时,一名摄影师死亡。"这条文本中包含两个事件。第一个事件是"袭击"(触发词:开火),包括三个论元:A 市(论元角色:地点),酒店和摄影师(论元角色:目标)以及坦克(论元角色:武器)。第二个事件是"死亡"(触发词:死亡),也由三个论元构成:A 市(论元角色:地点),摄影师(论元角色:受害者)和坦克(论元角色:工具)。

事件抽取有怎样的应用场景呢? 事件抽取在网络舆情监控、突发事件告警、情报收集等领域有着重要应用。其中,在突发事件告警领域,由于突发事件本身存在的突然性、不可预知性,人们很难对其进行提前的预测与预防。加之互联网信息传播具备速度快、范围广的特性,民众更多地在互联网上获取到即时的突发事件的具体信息。而单纯依靠人类浏览是无法快速、全面的从文本中精准抽取事件相关信息的,因此,如何快速地利用网络上传播的突发事件文本信息,对其进行主要内容的有效提取,以方便政府和广大人民群众能够在第一时间获得准确、最新的灾情信息,是关乎能否有效、快速地进行后续救援、避灾行动的关键一步。此外,网络舆情变化通常由某些热点社会事件引发,事件抽取技术可以在第一时间发现这些热点事件,为预测网络舆情变化提供帮助;在情报收集领域,事件抽取技术可以帮助情报分析人员从大量的低价值情报数据中自动获取事件信息,大大减小情报人员的工作量。同时,事件抽取是关系国计民生的大事,国家重点基础研究发展计划 2009 年度重要支持方向包括了对突发事件的研究,希望通过研究突发事件的相关技术以提高防御和应付能力。其中一个重要环节就是利用信息处理技术对事件信息进行收集、整理和加工以发现事件之间的关联关系,以分析形势和制定策略,做到事前积极防范,事中有效处理,事后科学改进。可以看出,自动化且智能化的事件抽取任务已经成为当前学术界与工业界的关注热点,对事件的研究已经上升到国家战略高度,对其进行深入研究必将带来巨大的经济效益和社会效益。

6.5.2 事件抽取技术方法的演化过程

总体上看,如图 6-10 所示,事件抽取方法经历了由基于模式匹配的方法到基于统计学习的方法,再到基于深度学习的方法三个阶段。

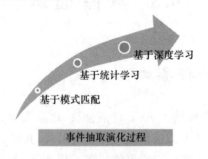

图 6-10 事件抽取演化过程

事件抽取领域早期主要使用基于模式匹配的方法,该方法可分为两个步骤:首先构建事件模式,然后通过模式匹配算法发现符合模式约束条件的信息完成事件抽取。由于模式匹配算法的设计较为简单,因此模式构建决定了事件抽取的效果,早期构建事件模式的方法为人工构建模式。该方法通过领域专家制定特定领域内事件抽取的规则作为模式,包含被抽取的对象及上下文语义语法约束。虽然人工模式构建方法在早期取得了一定效果,但是该方法对开发人员的领域知识要求极高,且人工构造规则费时费力,故此方法逐渐被后继方法取代。

类似于信息抽取的另外三个子任务,事件抽取也逐渐转向了基于统计学习的方法。该方法的目标是在大量的数据中寻找文本特征与标注结果之间统计层面上的规律,其核心是将事件抽取任务构造为事件检测和论元信息发掘两个多分类子任务。事件检测子任务侧重于统计词的构成、词性、触发词频率等词本身的信息,以及词与其上下文间的统计规律,基于上述信息构造一个与事件类型数量规模相当的多分类器。论元信息发掘子任务在已有触发词、事件类型的基础上,针对每个候选实体,寻找其与所在语句的事件类型和触发词的统计规律,构造多分类器进行论元角色的预测。基于统计学习的方法不依赖于语料的内容与格式,不需要专家领域知识(其在基于模式匹配的方法中是必需的),相比于模式匹配方法具有更好的移植性。但此类方法仅关注文本的统计规律,没有显式地构造和处理语义信息。而事件抽取任务本身的难度及文本描述的复杂性决定了其统计规律不明显,限制了统计学习方法所能达到的性能上限。因此主流研究方向开始逐渐转向具有语义分析能力的深度学习方法。

从 2015 年开始,基于深度学习的方法由于其强大的自动特征抽取特性而在事件抽取任务中逐步获得应用,并迅速成为主流研究方式。延续了基于统计学习的方法的研究内容,基于深度学习的方法也将事件抽取构造为事件检测和论元信息发掘两个多分类子任务,其中事件检测模型通常是论元信息发掘模型的基础。事件检测神经网络模型通常被构造为序列预测模型,首先用若干层神经网络自动生成每个词在文本中的特征向量,然后使用 Softmax 分类器对每个词进行分类判断。在分类过程中,触发词被分类到其所属的事件类别,非触发词则被统一归类为"其他"。论元信息发掘神经网络模型本质上也是一种分类模型,此类模型先使用若干层神经网络对文本中每个实体与触发词的关联进行建模并生成相应的关联向量,再使用 Softmax 分类器对关联向量进行角色分类。分类时,论元实体被识别并分类为所属的论元角色,非论元实体则被统一归类为"其他"。

以下的案例是使用基于深度学习的方法实现事件抽取的一个典型模型,我们将这个模型作为案例进行分析。

案例分析 4

如图 6-11 所示,对于句子"a man died when a tank fires in Baghdad","man"和"Baghdad"是句中的两个实体(这两个实体又称为论元,我们需要判断其论元角色),"died"是当前句中的候选触发词(我们需要判断其是否为触发词)。

首先,对整个句子进行编码,句中的每个单词被表示为依存树关系[①]、实体类型嵌入、词嵌入的拼接形式。将编码后的句子和候选触发词上下文词嵌入输入 BRNN(原理详见第 3 章),并对输出结果进行预测,判断该单词是否为触发词。

---

① 依存树关系是句中各个词语之间的关系,可以使用依存分析工具得到。

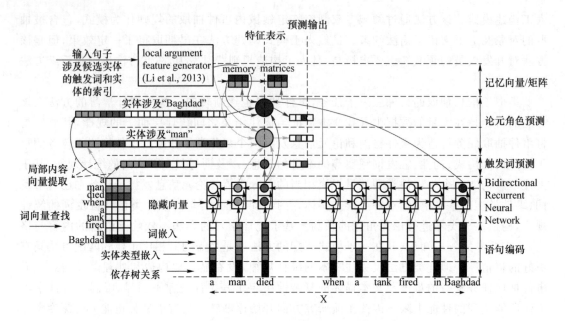

图 6-11　事件抽取模型

其次,将实体和候选触发词经 BRNN 的输出、实体和候选触发词上下文词嵌入、记忆矩阵[①]等信息拼接起来进行分类预测,得到该实体的论元角色。

基于神经网络的深度学习方法使用文本的语义表征来进行事件信息的抽取,在效果上大大超越了之前的基于模式匹配方法和基于统计学习的方法,并且由于可以自动地进行特征抽取,因此在研发难度上也下降了一个台阶,已经成为事件抽取任务的主流方式。

记忆矩阵
相关

若想详细了解记忆矩阵的原理,请扫描书右侧的二维码以参考论文全文。

6.5.3　本节知识点总结

我们在这一节中向读者介绍了事件抽取的相关内容,包括事件抽取的任务内容、应用场景和技术方法的演化过程等,主要知识点可以概述如下:

- 事件抽取的概念:事件抽取的目标是从大量无序、杂乱、非结构化文本中准确有效的发现特定的事件及事件元素,将用自然语言表达的事件以结构化的形式呈现出来,供我们浏览、查询或进一步分析利用。
- 事件抽取的发展史:事件抽取任务于 2005 年被纳入 ACE 评测会议。
- 事件抽取的应用场景:事件抽取在网络舆情监控、突发事件告警、情报收集等领域有着重要应用。

---

① 记忆矩阵对句中的触发词标签和论元角色之间的依赖进行建模,若读者对此感兴趣,可参考链接 https://www.aclweb.org/anthology/P13-1008。

- 事件抽取技术方法的演化过程:事件抽取方法经历了由模式匹配方法到基于统计学习的方法,再到基于神经网络的深度学习方法三个阶段。

6.6　信息抽取前沿技术与发展趋势

6.6.1　信息抽取前沿技术

通过前四节对于信息抽取四个子任务的技术分析,我们可以看出,信息抽取各个子任务最终都趋向于借助基于深度学习的方法,当下信息抽取前沿技术也均利用神经网络构建模型,下面我们将围绕信息抽取的几个子任务介绍信息抽取的前沿技术。

（1）联合学习命名实体识别与实体链指任务

由于实体链指的前提是句中的实体已被检测出来,命名实体识别和实体链指这两个任务之间有密切的关联。目前大部分的做法是流水线式的,即先进行命名实体识别后进行实体链指,但这种方法无法避免上下游模型之间的错误累积。文献[8]提出了一种更理想的方式,利用两个任务之间的相关性,让两个任务联合学习,来获得更加稳定更加泛化的模型。

（2）关系抽取使用新颖的关系表示方法

理想的关系抽取模型可以通过对任意的关系进行建模（即关系表示）从而实现关系抽取,对关系建模的常见方法包括对句子本身进行建模,或者利用已存的知识图谱,但这些方法的泛化能力受限,文献[9]提出一种关系抽取的预训练方法,该方法假设如果两个句子中包含相同的实体对,关系表示的相似度应尽可能高,反之亦然。基于这个假设,该预训练方法对每个样本的关系进行表示,其生成的关系表示可直接用于关系抽取任务中,且被证明优于其他关系表示方法。

（3）事件抽取中引入多阶句法特征

对于事件抽取任务的事件检测阶段,在句法依存树上进行句法关系表示的学习可以更好地捕获候选触发词间和实体间的关联。但是现有的方法仅仅使用了依存树中一阶的句法关系来进行触发词的识别。文献[10]使用基于语法依赖树的图卷积神经网络显式地将句子中的多阶句法特征引入词的语义特征,使得检测效果获得提升。

6.6.2　信息抽取发展趋势

目前,学界在信息抽取领域的研究已经取得了极大成功,但依旧值得学者们不断探索。通过对现有信息抽取研究工作进行总结,围绕着信息抽取的子任务:命名实体识别、实体链指、关系抽取、事件抽取,未来可从以下几个方面展开相关研究。

1. 命名实体识别

（1）嵌套实体的识别

命名实体识别任务中通常要处理的命名实体是非嵌套实体,但是在实际应用中嵌套实体非常多。例如,"3月3日,中国驻爱尔兰使馆提醒旅爱中国公民重视防控,稳妥合理加强防范。"这句话中提到的"中国驻爱尔兰使馆"是一个嵌套实体,"中国"和"爱尔兰"均为地名,而"中国驻爱尔兰使馆"为组织机构名。普通的命名实体识别任务只会识别出其中的地名"中国"和"爱尔兰",而忽略了整体的组织机构名。大多数命名实体识别会忽略嵌套实体,无法在深层次文本理解中捕获更细粒度的语义信息。而嵌套实体识别充分利用内部和外部实体的嵌套信息,从底层文本中捕获更细粒度的语义,实现更深层次的文本理解。

(2) 对于源数据匮乏的命名实体识别

命名实体识别通常需要大规模的标注数据集(例如,标记句子中的每个单词),这样才能很好地训练模型。然而这种方法很难应用到标注数据少的领域,如生物、医学等领域。在资源不足的情况下,模型无法充分学习隐藏的特征表示,传统的监督学习方法的性能会大大降低。因此,针对某些标注数据缺乏的领域,解决资源匮乏领域的命名实体识别难题,是该任务研究的重点。

2. 实体链指

(1) 设计公认的评价策略

目前,缺少广泛认可的评价指标和评测工具对不同实体链指研究进行有效比较。学界不仅需要提供更多的资源来推动实体链指研究的发展,而且需要尽快形成统一的评价指标或体系。

(2) 短文本实体链指

现在的实体链指系统均以单语种、长文本为主,未来的实体链指技术将会向跨语种、短文本方向发展。传统的实体链指任务主要研究对象是长文本,在实体链指过程中,长文本具有相对充足的上下文信息实现链指。短文本是一种使用场景更加广泛的全民媒体形式,包括微博、搜索 Query、用户对话内容以及文章标题等。但是,在长文本上发展而来的一系列技术并不都适用于短文本。并且由于上下文语境的缺乏、口语化程度较高以及不同语言特点不尽相同等问题,基于短文本的实体链指存在一定的困难。因此,基于短文本的实体链指相关研究逐渐受到重视并成为研究热点。

3. 关系抽取

(1) 跨句子级别关系抽取

关系抽取任务集中在对一句话内识别出的实体对进行关系分类,而按照自然语言的习惯,实体对分别位于不同句子中的情况也十分常见。大部分现有的技术无法很好地实现跨句子级别的关系抽取,因此,如何解决这个问题是未来关系抽取任务中一个重要的研究方向。

(2) 关系类型 OOV 问题

如今关系抽取任务的主流方法中,均没有有效地解决关系类型 OOV(Out of Vocabulary)问题,即测试数据中出现未曾包含在训练数据中的关系类型。对于这些关系类型,模型并没有学习过其特征,因此无法准确地预测出实体对所属的正确关系类型。SemEval-2010 的评测任务 8 引入了 Other 类对不属于已有关系类型的实例关系类型进行描述,对 Other 类中实体对的关系却难以定义,关系模糊。因此,关系类型 OOV 问题也是关系抽取任务中亟待解决的问题。

(3) 解决远程监督的错误标签问题

远程监督中的假设过强,难免引入大量的噪声数据。目前缓解错误标注问题的主要方法是：①利用多示例学习方法对测试包打标签；②采用 Attention 机制对不同置信度的句子赋予不同的权值。但这两种方法都不可避免地会将一些不具有某个关系的句子作为这个关系的训练语句：在多示例学习方法的情况下，若一个包中全是负例（包中没有一个句子的关系是实体对对齐知识数据库得到的关系），即使取出概率大的语句作为这个包的训练语句，其仍是噪声语句；同样在 Attention 机制下，虽给予并不代表实体对关系的语句较小的权重，但本质上仍是将其作为正例放入训练集中，仍会引入噪声。如何采用更加有效的方式来解决远程监督的错误标签问题，是关系抽取发展过程中有待研究的重要问题。

4. 事件抽取

（1）跨文档、跨语言的事件抽取

目前，事件抽取的水平还局限在对独立文本、单语种的处理上，跨文档的研究尚处于探索阶段，随着跨文档语义理解技术和多语言文本处理技术的发展，跨文档、跨语言的事件抽取必然成为新的研究热点。

（2）面向开放领域的事件抽取

未来的事件抽取研究将以应用为需求，面向开放领域而不再局限于某个具体领域，为此需要探究各种方式提高系统的移植性。因此，事件抽取系统的领域可扩展性和可移植性仍将是未来研究的重点。

（3）更好地利用外部资源

由于事件抽取数据集的构建难度、现有数据集的局限和不同应用领域数据的差异，如何有效地借助外部资源进行事件抽取的方法也是一个亟待研究的发展方向。例如，鉴于语义角色标注任务（Semantic Role Labelling，SRL）和事件抽取任务的相似之处，借助大规模语义角色标注相关资源辅助事件抽取。利用迁移学习方法解决数据缺失问题也将成为后续具备学术前瞻性的重点研究方向。

6.6.3　本节知识点总结

本节中，我们对信息抽取的前沿技术和发展趋势进行了介绍，主要知识点可以概述如下：

- 信息抽取的前沿技术：联合学习命名实体识别与实体链指任务；关系抽取使用新颖的关系表示方法；事件抽取中引入多阶句法特征。
- 信息抽取的发展趋势：嵌套实体的识别、对于源数据匮乏的命名实体识别；实体链指领域设计公认的评价策略、短文本实体链指；跨句子级别关系抽取、关系类型 OOV 问题、解决远程监督关系抽取的错误标签问题；跨文档、跨语言的事件抽取，面向开放领域的事件抽取，更好地利用外部资源进行事件抽取。

本　章　小　结

本章首先介绍了信息抽取的任务定义，紧接着分别介绍了信息抽取四个子任务：命名实体识别、实体链指、关系抽取和事件抽取。其中，6.2 节主要涉及信息抽取第一个子任务——命名实体识别,该节介绍了命名实体的概念、命名实体识别的概念、发展史和技术方法的演化过程;6.3节主要涉及信息抽取第一个子任务——实体链指,该节介绍了实体链指的概念、发展史和技术方法的演化过程;6.4节主要涉及信息抽取第一个子任务——关系抽取,该节介绍了关系抽取的概念、发展史、应用场景和技术方法的演化过程;6.5节主要涉及信息抽取第一个子任务——事件抽取,该节介绍了时间抽取的概念、发展史、应用场景和技术方法的演化过程。最后,本章对信息抽取的前沿技术和发展趋势进行了介绍。其中,信息抽取前沿技术包括联合学习命名实体识别与实体链指任务,关系抽取使用新颖的关系表示方法,事件抽取中引入多阶句法特征;信息抽取未来发展趋势包括嵌套实体的识别,对于源数据匮乏的命名实体识别,实体链指领域设计公认的评价策略,短文本实体链指,跨句子级别关系抽取,关系类型 OOV 问题,解决远程监督关系抽取的错误标签问题,跨文档、跨语言的事件抽取,面向开放领域的事件抽取,更好地利用外部资源进行事件抽取。

思 考 题

(1) 请简述信息抽取四个子任务的研究目标。
(2) 请描述关系抽取、事件抽取的处理流程。
(3) 请简述信息抽取四个子任务的未来发展趋势。

本章参考文献

[1] 郭喜跃,何婷婷. 信息抽取研究综述[J]. 计算机科学,2015,42(2):14-17.

[2] 宗成庆. 统计自然语言处理[M]. 北京:清华大学出版社,2013.

[3] Ma X, Hovy E. End-to-end Sequence Labeling via Bi-directional LSTM-CNNs-CRF [C]//Proceedings of the 54th Annual Meeting of the Association for Computational Linguistics (Volume 1:Long Papers). 2016:1064-1074.

[4] Francis-Landau M, Durrett G, Klein D. Capturing Semantic Similarity for Entity Linking with Convolutional Neural Networks [C]//Proceedings of the 2016 Conference of the North American Chapter of the Association for Computational Linguistics:Human Language Technologies. 2016:1256-1261.

[5] Curran J R, Murphy T, Scholz B. Minimising semantic drift with mutual exclusion bootstrapping[C]//Proceedings of the 10th Conference of the Pacific Association for Computational Linguistics. 2007,6:172-180.

[6] Lin Y, Shen S, Liu Z, et al. Neural relation extraction with selective attention over instances[C]//Proceedings of the 54th Annual Meeting of the Association for Computational Linguistics (Volume 1:Long Papers). 2016:2124-2133.

[7] Nguyen T H, Cho K, Grishman R. Joint event extraction via recurrent neural networks [C]//Proceedings of the 2016 Conference of the North American Chapter of the

Association for Computational Linguistics: Human Language Technologies. 2016: 300-309.

[8] Martins P H, Marinho Z, Martins A F T. Joint Learning of Named Entity Recognition and Entity Linking[C]//Proceedings of the 57th Annual Meeting of the Association for Computational Linguistics: Student Research Workshop. 2019: 190-196.

[9] Soares L B, FitzGerald N, Ling J, et al. Matching the Blanks: Distributional Similarity for Relation Learning[C]//Proceedings of the 57th Annual Meeting of the Association for Computational Linguistics. 2019: 2895-2905.

[10] Yan H, Jin X, Meng X, et al. Event detection with multi-order graph convolution and aggregated attention[C]//Proceedings of the 2019 Conference on Empirical Methods in Natural Language Processing and the 9th International Joint Conference on Natural Language Processing (EMNLP-IJCNLP). 2019: 5770-5774.

第7章

知识图谱

本章思维导图

本章首先介绍了知识图谱的概念和定义,接着详细介绍了知识图谱的发展史,并从语义搜索、智能问答、推荐系统、辅助决策四个方面介绍知识图谱的应用。在知识图谱生命周期的章节里,重点介绍了知识表示、知识抽取、知识存储和知识融合几个方面。在知识表示中 RDF 和 RDFS 框架较为常用;知识抽取是构建知识图谱的核心任务,包括实体抽取、关系抽取、事件抽取多个子任务;知识融合包含了本体匹配和实体对齐两大任务。最后,本章介绍了知识图谱的前沿技术以及未来的发展趋势和挑战。

图 7-1 为本章的思维导图,是对本章的知识脉络的总结。

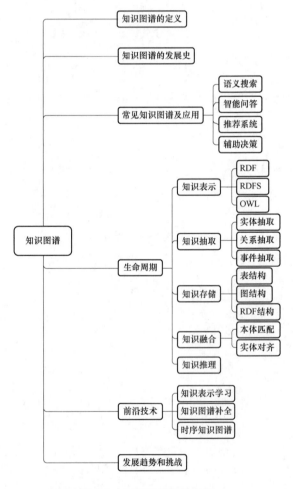

图 7-1 知识图谱思维导图

7.1　知识图谱

知识图谱是一种用图模型来描述知识和建模世界万物之间的关联关系的技术方法。知识图谱由节点和边组成。节点可以是实体,如一个人、一本书等,或是抽象的概念,如人工智能、知识图谱等。边可以是实体的属性,如姓名、书名,或是实体之间的关系,如朋友、配偶。知识图谱的早期理念来自 Semantic Web(语义网),其最初理想是把基于文本链接的万维网转化成基于实体链接的语义网。

1989 年,Tim Berners-Lee 提出构建一个全球化的以"链接"为中心的信息系统。任何人都可以通过添加链接把自己的文档链入其中。他认为,相比基于树的层次化组织方式,以链接为中心和基于图的组织方式更加适合互联网这种开放的系统。这一思想逐步被人们实现,并演化发展成为今天的 World Wide Web(万维网)。

1994 年,Tim Berners-Lee 又提出 Web 不应该仅仅只是网页之间的互相链接。实际上,网页中描述的都是现实世界中的实体和人脑中的概念。网页之间的链接实际包含语义,即这些实体或概念之间的关系;然而,机器却无法有效地从网页中识别出其中蕴含的语义。他于 1998 年提出了 Semantic Web(语义网)的概念。Semantic Web 仍然基于图和链接的组织方式,只是图中的节点代表的不只是网页,而是客观世界中的实体(如人、机构、地点等),而超链接也被增加了语义描述,具体标明实体之间的关系(如出生地、创建时间等)。相对于传统的网页互联网,Semantic Web 的本质是数据的互联网(Web of Data)或事物的互联网(Web of Things)。

在 Semantic Web 被提出之后,出现了一大批新兴的语义知识库,如作为谷歌知识图谱后端的 Freebase,作为 IBM Waston 后端的 DBpedia 和 Yago,作为 Amazon Alexa 后端的 True Knowledge,作为苹果 Siri 后端的 Wolfram Alpha,以及开放的 Semantic Web Schema-Schema. ORG,目标成为世界最大开放知识库的 Wikidata 等。尤其值得一提的是,2010 年谷歌收购了早期语义网公司 MetaWeb,并以其开发的 Freebase 作为数据基础之一,于 2012 年正式推出了称为知识图谱的搜索引擎服务,而知识图谱这一概念也由 Google 公司于 2012 年提出。随后,知识图谱逐步在语义搜索、智能问答、辅助语言理解、辅助大数据分析等多个领域发挥出越来越重要的作用。

随着知识图谱的发展,很多人都觉得知识图谱本质上就是语义网,这种说法不无道理。但二者也有细微的差别,知识图谱和语义网的最初动机不同,语义网的目标是构建一个全球化的、共享的、开放的数据库,而 Google 提出的知识图谱是一个封闭的、自家的数据库,目标的不同会导致构建和表示方法的不同。但在本章接下来的内容中,并不严格区分语义网和知识图谱。

知识图谱旨在从数据中识别、发现和推断事物与概念之间的复杂关系,是事物关系的可计算模型。知识图谱的构建涉及知识表示、知识抽取、知识存储、知识推理、知识融合等多方面的技术,而知识图谱的应用则涉及语义搜索、智能问答、个性化推荐、辅助决策等多个领域。构建并利用好知识图谱需要系统地利用知识表示、图数据库、自然语言处理、机器学习等多方面的技术。

7.2　知识图谱的定义

作为一种智能高效的知识组织方式,知识图谱能够帮助用户迅速、准确地查询到自己需要的信息,近年来得到了飞速发展,尽管产业界对其内涵有了基本共识,但实际上目前尚没有一个公认的定义。

知识图谱由 Google 公司在 2012 年提出,但发布时并没有对这一概念做出清晰的定义。维基百科上知识图谱的词条实际是对 Google 公司搜索引擎使用的知识库功能的描述,即 Google 知识图谱,多见于计算机科学领域,是 Google 提出的语义化知识库表现形式。

国内外学术机构围绕知识图谱进行了大量研究,近年来我国高校学者也在知识图谱领域发表了许多优秀的论文,并对知识图谱做出了比较完整和全面的定义。例如,华东理工大学教授王昊奋认为:"知识图谱旨在描述真实世界中存在的各种实体或概念。其中,每个实体或概念用一个全局唯一确定的 ID 来标识,这个 ID 被称为它们的标识符。'属性-值'对用来刻画实体的内在特征,而关系用来连接两个实体,刻画它们之间的关联。"而电子科技大学的刘峤等人认为:"知识图谱是结构化的语义知识库,用于以符号形式描述物理世界中的概念及其相互关系,实体间通过关系相互联结,构成网状的知识结构。"

知识图谱的抽象表现形式是以语义互相连接的实体,是把人对实体世界的认知通过结构化的方式转化为计算机可理解和计算的语义信息。我们可以将知识图谱理解成一个网状知识库,这个知识库反映的是一个实体及与其相关的其他实体或事件,不同的实体之间通过不同属性的关系相互连接,从而形成了网。由此,知识图谱可以被看成对物理世界的一种符号表达。

从本质上来看,可以将知识图谱理解成一张由不同实体相互连接形成的语义网络。任何一种网络都是由节点和边构成的,因此,知识图谱也是由节点和边构成的。节点表示实体或概念,边表示实体的属性或实体间的关系。

知识图谱中的节点分为以下两种:

① 实体:指现实世界中存在的事物,如一个人、一座城市、一种商品等,某个时刻、某个地点、某个数值也可以作为实体。实体是一个知识图谱中最基本的元素,每个实体可以用一个全局唯一的 ID 进行标识。

② 语义类/概念:语义类指具有某种共同属性的实体的集合,如国家、民族、性别等;而概念则反映一组实体的种类或对象类型,如人物、气候、地理等。

知识图谱中的边分为以下两种:

① 属性:指某个实体可能具有的特征、特性、特点以及参数,是从某个实体指向它的属性值的"边",不同的属性对应不同的边,而属性值是实体在某一个特定属性下的值,属性值可作为一个节点。

② 关系:是连接不同实体的"边",可以是因果关系、相近关系、推论关系、组成关系等。在知识图谱中,将关系形式化为一个函数。这个函数把若干个节点映射到布尔值,其取值反映实体间是否具有某种关系。

　　为了方便计算机的处理和理解，我们需要以形式化、简洁化的方式去表示知识，那就是三元组。三元组是知识图谱的一种直观、简洁的通用表示方式，可以方便计算机对实体关系进行处理。三元组的表现形式有（实体，关系，实体）和（实体，属性，属性值）两种。例如，姚明出生于中国，"姚明"和"中国"是两个实体，"出生于"则是关系，可组成（姚明，出生于，中国）的三元组。又如，中国国土面积为 960 万平方千米，"中国"是实体，"国土面积"为属性，"960 万平方公里"为属性值，因此可形成（中国，国土面积，960 万平方千米）的三元组。

7.3　知识图谱的发展历程

　　虽然知识图谱这一命名是在 2012 年才出现的，但是它的发展历程却可以追溯到 20 世纪的语义网络、知识工程和专家系统等。在这一技术的历史演变过程中，出现了多次发展瓶颈，人们也多次通过技术的发展突破了这些瓶颈。本节对知识图谱的发展历程进行简要回溯。

　　1968 年，奎林（J. R. Quillian）提出了语义网络（Semantic Network）的概念，注意与语义网（Semantic Web）区分开来。语义网络的本质是一种用图表示知识的结构化方式，可以看成一种用于存储知识的图的数据结构。早期的语义网络更加侧重描述概念以及概念之间的关系，而知识图谱更加强调数据或事物之间的链接。但在语义网络被提出之后，有人认为自然语言比语义网络更适合表示人类的知识，于是展开了对语义网络和自然语言谓词逻辑之间联系的讨论。在 20 世纪 70 年代的研究成果中，Bertram C. Bruce 提供了一种将语义网络转化成谓词逻辑的算法，且该算法在计算上具有一定优势；但在 B. Kaiser 给出了用语义网络表示连接词的方法之后，语义网络可以方便地将自然语言的句子用图进行表达和存储，此技术可被广泛应用于机器翻译、问答系统和自然语言理解等任务。

　　1977 年，美国斯坦福大学的计算机科学家费根·鲍姆教授在第五届国际人工智能大会上提出了知识工程（Knowledge Engineering）的概念。知识工程是通过存储现有的专家知识对用户的提问进行求解的系统，本质上是一个通过智能软件建立的专家系统，研究如何由计算机表示知识，从而进行问题的自动求解。知识工程的提出使人工智能的研究从基于推理的模型转向基于知识的模型，从理论转向了应用。随后，作为知识工程的一个重要组成部分，知识库（Knowledge Base）应运而生，并成为知识图谱技术发展史上的重要阶段。

　　知识库来自人工智能——知识工程领域和数据库领域两方面技术的有机融合。它经过分类和有序化，根据一定格式将相互关联的各种知识存储在计算机中。相比于一般的数据库，知识库可以对知识结构进行分析，根据它们的应用领域特征、背景特征（获取时的背景信息）、使用特征、属性特征等构成便于利用的、有结构的组织形式。相比于一般的应用程序只能把问题求解的知识隐含地编码在程序中，知识库可以将问题的答案显式地表达，并单独组成一个相对独立的程序实体。对于知识库的研究，核心在于对知识的组织和表达，因此逻辑基础十分重要。在此后的一段时期，对语义网络的研究方向逐渐转变为具有严格逻辑语义的表示和推理。

　　进入 21 世纪，语义网（Semantic Web）和链接数据（Linked Data）的出现开启了语义网络应用的新场景。语义网和链接数据是万维网之父 Tim Berners-Lee 分别在 1998 年和 2006 年提出的。相对于语义网络,语义网和链接数据倾向于描述万维网中资源、数据之间的关系。语义网希望将数据相互链接,组成一个庞大的信息网络,正如互联网中相互链接的网页,只不过基本单位变为粒度更小的数据。在万维网诞生之初,网络上的内容只有人类可读,计算机无法理解和处理。在用户浏览网页时,计算机只能判断这是一个网页,网页里面有图片、有链接,但并不知道图片描述的是什么,也不清楚链接指向的页面与当前页面有何关系。语义网是对 Web 的一个扩展,其核心是给 Web 上的文档添加能够被计算机理解的"元数据",使网络上的数据对于机器可读,进而使整个互联网成为一个通用的信息交换媒介。

语义网与传统 Web 的最显著区别是用户可以上传各种图结构的数据,并且数据之间可以建立链接,从而形成链接数据。链接数据产生的目的是定义如何利用语义网技术在网上发布数据,强调在不同的数据集间创建链接。链接数据项目汇集了很多高质量的知识库,如 FreeBase、DBPedia 和 YAGO,这些知识库都来源于人工编辑的大规模知识库——维基百科,随后出现的知识图谱就是对链接数据这一概念的进一步包装。

在这一阶段,由于技术发展程度的限制,知识库更多以机构知识库的形式出现。对于特定的机构,由于该机构所在领域的知识规模相对较小,因此容易通过知识库的理论和方法进行有效的组织和管理。有了机构知识库,对机构内容知识的保存、管理、访问更加方便,人们甚至可以利用机构知识库进行预测和决策支持。

随着互联网的发展,知识与信息呈现爆发式增长,搜索引擎的使用越来越广泛。但海量的信息使得传统万维网并不能满足人们快速、准确地获取高质量信息的需求,于是,知识图谱出现了。

2012 年 11 月,Google 公司率先提出知识图谱的概念,表示将在其搜索结果中加入知识图谱的功能。此时的知识图谱与知识库在理论和方法上还比较相近,只是由于建立在互联网搜索引擎的发展之上,知识图谱的含义更加宽泛。从发展愿景来看,知识图谱里的知识应该包含人们生活中的万事万物,涵盖人类文明发现和创造的所有知识。传统的搜索引擎是基于关键词匹配的,而知识图谱是利用知识(实体或概念)之间的匹配度建立一个有序的知识组织,为用户提供智能化的访问接口,使用户在搜索时可以更加快速、准确地获得一个全面的信息体系。

在 Google 知识图谱中,一个大规模的、协同合作的知识库——FreeBase 起到了重要作用。FreeBase 即链接数据的一个数据集,采用"图"的数据结构,把知识库绘制成一个有向图。这种数据模型相对于传统数据库的优势在于其可以处理更复杂的数据以及方便数据的插入。在 Google 之后,微软、百度、搜狗等互联网公司纷纷开始构建自己的知识图谱。随着探索研究的不断深入,知识图谱作为一种新的知识管理思路,不再局限于搜索引擎的拓展应用,开始在各类智能系统以及数据存储等领域发挥关键作用。但是目前的知识图谱构建尚不完善,期待知识图谱在实体之间更加复杂的关系推理等方面有更多的突破。

7.4　知识图谱的类型和应用场景

7.4.1　知识图谱的类型

随着知识图谱相关技术的进步以及数据的进一步积累,知识图谱数据资源越来越丰富,知识图谱也越来越多,主要可分为通用知识图谱和垂直领域知识图谱两种类型,下面对当前两种典型的知识图谱做一些介绍。

1. 通用知识图谱

通用知识图谱不面向特定领域,可将其类比为"结构化的百科知识"。这类知识图谱包含了大量常识性知识,强调知识的广度。具有代表性的大规模通用知识图谱有 WikiData、DBPedia、YAGO、Concept Graph 等,中文通用知识图谱有 OpenKG、Zhishi. me、CN-Probase、Xlore、PKU-PIE、Belief-Engine 等。

（1）WikiData

WikiData 是一个自由的协作式的多语言辅助知识库,用于收集结构化的数据,旨在为维基百科、维基共享资源以及其他的维基媒体项目提供支持。WikiData 的目标是构建一个免费开放、多语言、任何人或机器都可以编辑修改的大规模链接知识库。WikiData 由维基百科于 2012 年启动,早期得到微软联合创始人 Paul Allen、Gordon Betty Moore 基金会以及 Google 的联合资助。WikiData 继承了 Wikipedia 的众包协作的机制,但与 Wikipedia 不同,WikiData 支持的是以三元组为基础的知识条目的自由编辑。截至 2020 年 5 月,WikiData 已经包含超过 9 500 万个知识条目。WikiData 提供了数据的完全下载链接。

（2）DBPedia

DBPedia 是一种跨语言综合百科知识库,它主要以维基百科中的数据为基础,从结构化数据中中提取知识。由于 DBPedia 的数据来源覆盖范围广阔,所以许多知识图谱都可以关联映射到 DBPedia。截至 2014 年年底,DBPedia 包含了超过 2 800 万个实体和 30 亿三元组。DBPedia 支持数据集的完全下载。

（3）YAGO

YAGO 是由德国马普研究所研制的链接数据库。YAGO 主要集成了 Wikipedia、WordNet 和 GeoNames 三个来源的数据。YAGO 将 WordNet 的词汇定义与 Wikipedia 的分类体系进行了融合集成,使得 YAGO 具有更加丰富的实体分类体系。YAGO 还考虑了时间和空间知识,为很多知识条目增加了时间和空间维度的属性描述。截至 2019 年,YAGO 包含超过 1 000 万的实体以及超过 1.2 亿条三元组知识。YAGO 是 IBM Watson 的后端知识库之一。YAGO 支持数据集的完全下载。

（4）Concept Graph

Probase 是一个知识数据库,该数据库是开放工具 Microsoft Concept Graph 的基础。Probase 包含了 540 万个概念,超过了提供 12 万个概念的 Cyc 等其他知识数据库。Concept Graph 是以概念层次体系为中心的知识图谱。与 Freebase 等知识图谱不同,Concept Graph

以概念定义和概念之间的 IsA 关系为主。给定一个概念,如"微软",Concept Graph 返回一组与"微软"有 IsA 关系的概念组,如"公司""软件公司"等。Concept Graph 可以用于短文本理解和语义消歧中。例如,给定一个短文本"the engineer is eating the apple",可以利用 Concept Graph 来正确理解其中"apple"的含义是"吃的苹果"还是"苹果公司"。微软发布的第一个版本包含超过 540 万个概念、1 255 万个实体和 8 760 万个关系。Concept Graph 主要通过从互联网和网络日志中挖掘来构建。关于数据集的使用,Microsofe Concept Graph 目前仅支持 HTTP API 调用。

(5) OpenKG

OpenKG 是中国中文信息学会语言与知识计算专业委员会所倡导的开放知识图谱社区项目,旨在推动以中文为基础的知识图谱数据、算法和工具的开源和开放工作。目前已经初步建立了国内几个主要中文开放百科类知识图谱的链接,包括 Zhishi. me(狗尾草科技、东南大学)、CN-Probase(复旦大学)、Xlore(清华大学)、Belief-Engine(中科院自动化所)、PKUPIE(北京大学)等在内的 76 个高质量知识图谱,涵盖了百科、金融、医学、城市等类目。这些百科知识图谱都已经通过 OpenKG 提供了开放的 Dump 或开放访问 API,完成的链接数据集也向公众完全免费开放。

(6) Zhishi. me

Zhishi. me 通过从开放的百科数据中抽取结构化数据,是第一个中文领域的通用知识图谱。目前,Zhishi. me 已融合了三大中文百科(百度百科、互动百科以及中文维基百科)的数据。其实体个数超过 1 000 万,关系数量超过 5 000 万,属性数量超过 6 000 万,提供了 SPARQL 终端供用户查询,查询返回的结果以 HTML 的形式给出。

(7) CN-Probase

CN-Probase 是由复旦大学知识工场实验室研发并维护的大规模中文概念图谱,是目前规模最大的开放领域中文概念图谱和概念分类体系,IsA 关系的准确率在 95% 以上,提供了相关调用接口进行数据的访问。相比较于其他概念图谱,CN-Probase 具有两个显著优点:规模巨大,基本涵盖常见实体和概念,包含约 1 700 万实体、27 万概念和 3 300 万 IsA 关系;严格按照实体进行组织,有利于精准理解实体的概念。例如,"刘德华"这个名字,可能对应很多叫"刘德华"的人,在 CN-Probase 里搜索"刘德华",会出现按照典型性排序的很多实体,排在第一个的是大家提及名字都会联想到的歌手"刘德华"。

(8) Xlore

Xlore 是融合中英文维基、法语维基和百度百科,对百科知识进行结构化和跨语言链接构建的多语言知识图谱,是中英文知识规模较平衡的大规模多语言知识图谱。知识图谱以结构化的形式描述客观世界中概念、实例、属性以及它们之间丰富的语义关系。Xlore 包含 16 284 901 个的实例,2 466 956 个概念,446 236 个属性以及丰富的语义关系。Xlore 有三大特点:聚力了两大中文百科中英文平衡的图谱;具有更丰富的语义关系,基于 IsA 关系验证;拥有多种查询接口,助力第三方使用。

(9) PKU-PIE

PKU-PIE 知识库是从维基百科、DBPedia、百度百科等多个来源自动收集知识形成的知识库,有自己的类别体系和谓词体系,并且和 DBPedia 等常见的数据库进行关联。实体的类别三元组,一共 90 万条,覆盖将近 70 万个维基百科实体,该数据集提供了本知识库内全

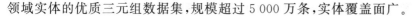

领域实体的优质三元组数据集,规模超过 5 000 万条,实体覆盖面广。

(10) Belief-Engine

Belief-Engine 是中英文双语的跨领域知识图谱,包含来自百度、互动、维基百科的陈述性知识,在此基础上通过概念化产生概念层面的常识知识,并为每条常识知识赋予一个信念值。目前包含 5 000 万个三元组并且提供 SPARQL endpoint 进行数据的访问。

2. 垂直领域知识图谱

垂直领域知识图谱则面向特定领域,基于行业数据构建,强调知识的深度。垂直领域知识图谱可以看作基于语义技术的行业知识库,其潜在使用者是行业的专业人员。垂直领域知识图谱有中医药知识图谱、海洋知识图谱和企业知识图谱等。如在医疗领域,目前我国已有中国医学科学院医学研究所创建并维护的医药卫生知识服务系统,目前已涵盖乳腺癌、子宫颈癌、哮喘、脑卒中、肺炎、流感心律失常、心肌炎、慢性支气管炎等病症的知识图谱。天津大学数据科学与服务团队建立了一套大规模知识图谱管理与推理系统,并与中国人民解放军总医院正在合作研究面向精准医学的知识图谱管理、处理、推理与共享等全生命周期的基础理论与关键技术。这个基于人工智能的精准医疗项目,就是将重症病人的基因和临床表现通过大数据关联并推理,帮助临床医生选定更恰当的治疗方案,也将帮助人们更好地预判和预防疾病。SciKG 是一个以科研为中心的大规模知识图谱,目前包含计算机科学领域,由概念、专家和论文组成。其中,科技概念及其关系是从 ACM 计算分类系统中提取出来的,并辅以每个概念的定义(大多数来自维基百科)。使用 AMiner(科技情报大数据挖掘与服务系统平台)将每个概念对应的顶尖专家和最相关的论文联系起来。每个专家包含职位、隶属机构、研究兴趣等属性,以及到 AMiner 系统的链接。每篇论文则包含标题、作者、摘要、出版地点和年份等元信息。SciKG 可用于更好地了解计算机科学领域的动态和演化,并帮助用户进行计算机领域中专家和论文的搜索与推荐。

7.4.2 知识图谱的典型应用场景

其实知识图谱的应用已经深刻融入了人们的日常生活。在搜索引擎中,搜索结果给出的联想结果往往来自知识图谱技术的应用,应用软件依据用户的习惯和爱好进行的个性化推荐也来自知识图谱技术的应用,越来越多的应用场景依赖知识图谱。

(1) 语义搜索

知识图谱的引入使得传统的基于关键词的搜索引擎得到了补充,搜索出来的结果不再是可能包含答案的网页,而是答案本身,知识图谱技术将传统的链接文本转变为链接数据。Google、百度等搜索引擎巨头构建知识图谱的重要目标之一是令机器能够更好地理解用户输入的关键词。通常,用户输入的是一个短文本,由一个或几个关键词构成,传统的关键词匹配技术并不能理解关键词背后的含义,因此需要用户自己对搜索结果进行筛选确认,查询效果可能会很差。例如,搜索“珠穆朗玛峰高度”这样的关键词,传统的搜索引擎只能机械地返回所有含有“珠穆朗玛峰”和“高度”这样词的网页,而现在的百度查询不仅会反馈匹配关键词的网页,也会在页面直接呈现结果——珠穆朗玛峰的高度是 8 844.86 m。

(2) 智能问答

智能问答,就是通过一问一答的形式,用户和具有智能问答系统的机器之间进行交互,就像是两个人进行问答一样,具有智能问答系统的机器就像一个智者一样,为用户提供答案,友好地进行交谈。

智能问答系统是具有交互形式的进阶版搜索引擎,而知识图谱的重要应用之一就是为智能问答系统提供知识库。例如,苹果手机的智能语音助手 Siri 就依托于 Wolfram Alpha 公司提供的知识搜索技术。为了使对话系统更加准确地给出用户想要了解的信息,其必须依托强大的知识图谱。

智能问答可以看作是语义搜索的延伸,语义搜索的结果会按照某种规则进行排序,依据一定的算法将最相关的排在前面,我们使用百度、谷歌搜索引擎进行搜索时,结果可能包括很多答案,就是语义搜索的常见形式。智能问答,属于一问一答,只要一个答案,也就是将最相关的那个答案反馈给用户,如果像聊天一样,不断地进行问答,回答不仅仅是在知识库中搜索,还要考虑前面的聊天内容。

(3) 推荐系统

推荐系统可以根据知识图谱精准感知任务与场景,逐渐从基于行为的推荐发展到行为与语义融合的智能推荐,推荐系统包括以下几种不同类型的推荐类型:

- 个性化推荐:根据用户的个性化特征,为用户推荐感兴趣的产品或内容。个性化推荐系统是互联网和电子商务发展的产物,它是建立在海量数据挖掘基础上的一种高级商务智能平台,向顾客提供个性化的信息服务和决策支持。

- 场景化推荐:比如用户购买了沙滩鞋,存在用户可能要去海边度假这样的场景,基于这样的场景可以继续给他推荐游泳衣、防晒霜或者其他的海岛旅游度假的产品。

- 任务型的推荐:比如用户买了牛肉卷或者羊肉卷,假设他实际上是要为了做一顿火锅,这时候系统可以给他推荐火锅底料或者电磁炉。

- 冷启动问题:如何给新用户推荐物品一直是推荐系统中比较难的问题,通常的做法是根据新用户的设备类型,或者用户当前的时间位置,或者外部的关联数据等来做推荐;也可以基于知识图谱的语义关联标签进行推荐,比如旅游和摄影实际上是语义相近的两个标签,再比如相同的导演或者相同演员的电影在语义上也是比较相近的。

- 跨领域的推荐:微博的信息流里会推荐淘宝的商品,然而微博和淘宝是两个不同的领域,它是怎么做到的呢?新浪微博有些用户会经常去晒黄山、九寨沟、泰山等这些照片,这个时候我们就知道他有可能是一位登山爱好者,这个时候淘宝就会可以给他推荐登山的装备,如登山杖、登山鞋等,利用这些背景知识,能够打通不同的平台之间的语义鸿沟。

- 知识型的推荐:比如清华大学、北京大学都是顶级名校,复旦大学也同样是,这个时候可以推荐复旦大学,再比如百度、阿里和腾讯都属于 BAT 级互联网公司,基于百度、阿里就可以推荐腾讯。

(4) 辅助决策

辅助决策,就是利用知识图谱对知识进行分析处理,通过一定规则的逻辑推理,得出对于某种结论,为用户决断提供支持。基于知识图谱的辅助决策,目前主要应用在金融领域、医疗领域等。

- 风险评估与反欺诈:如今数字金融欺诈形式不断更新、纷繁复杂,欺诈手段逐渐表现出专业化、产业化、隐蔽化、场景化的特征。传统反欺诈技术的维度单一、效率低下、范围受限的劣势越来越明显。在反欺诈场景中,知识图谱可以聚合与借款人相关的各类数据源,包括借款人的基本信息、日常生活中的消费记录、行为记录、关系信息、网上浏览记录等,然后抽取该借款人的特征标签,从而将相关的信息整合到结构化的知识图谱中,在此基础上,对该借款人的风险进行全方位的分析和评估。除申请阶段的反欺诈外,通过构建已知欺诈要素(如手机、设备、账号、地域等)的关系图谱,全方位了解客户海量风险,数据的离线统计分析,按主题要素收集风险运营的结果反馈,建立客户风险特征信息库,优化风险模型和规则,还能做到交易阶段的反欺诈。

- 风险预测:风险预测包括对潜在风险行业预测和潜在风险客户预测。在潜在风险行业预测上,基于多维度数据对行业进行细分,根据行业信息建立关系挖掘模型,展示每个行业之间的关联度,如果某一行业发生了行业风险或高风险事件,可以及时预测未来有潜在风险的关联行业,金融机构从而可对相关行业的风险做出预判,尽早地发现并规避风险。在潜在风险客户预测上,通过知识图谱整合和关联企业内部结构化数据、非结构化数据以及互联网采集数据、第三方合作数据,发现和建立企业与企业之间的集团关系、投资关系、上下游关系、担保关系,企业与个人之间的任职、实际控制、一致行动关系,及时预测未来有潜在风险的关联企业。
- 临床医学决策:利用知识图谱技术可以辅助医疗行业和领域的大数据分析与决策,根据患者症状、检验、检查等数据,自动生成诊断、医疗方案,还可以对医生的诊疗方案进行智能化分析,有效减少误诊情况的发生。

7.5 知识图谱的生命周期和关键性技术

知识图谱生命周期包括知识表示、知识抽取、知识存储、知识融合、知识推理和知识应用等多个方面。一般流程为:首先确定知识表示模型,然后根据数据来源选择不同的知识抽取手段抽取知识,并进行知识存储,接着综合利用知识融合、知识推理等技术对构建的知识图谱进行质量提升,最后根据场景需求设计不同的应用方法,如语义搜索、智能问答等,而在实际应用中积累的知识又可以重新利用起来。知识图谱生命周期如图 7-2 所示。下面简要概述这些技术流程的核心技术要素。

7.5.1 知识表示

知识表示从一般意义上来说是将客观世界符号化、模型化。在人工智能领域里,其主要目的是将人类知识表示成机器可理解的数据模式,让程序能够存储、处理和运用知识,进而接近人类的智慧水平。

1. 知识表示的原则

(1)具备足够的表示能力

针对特定的应用领域,能正确有效地涵盖该领域的各种知识,而且能够处理知识中的模

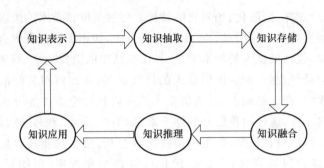

图 7-2　知识图谱的生命周期

糊性和不确定性。

（2）适合计算机处理

知识表示的最终目的是通过计算机进行知识的分析、处理，因此适合机器推理的表达方式才能挖掘数据的价值。

（3）清晰自然的模块结构

知识库通常要不断地扩充和完善，具有模块性结构的表示模式有利于新知识的扩充及新旧知识的融合。

2.　知识表示的形式

（1）谓词逻辑表示

谓词逻辑表示法是指各种基于形式逻辑的知识表示方式，利用逻辑公式描述对象、性质、状况和关系，进而将其转化为机器可识别的代码表示。它是人工智能领域中使用最早和最广泛的知识表示方法之一。谓词表示逻辑中典型的例子是一阶谓词表示法。例如，"计算机系的学生都喜欢编程"用谓词逻辑表示，首先定义谓词：

$CS(x)$：表示 x 是计算机系的学生。

$L(x,y)$：表示 x 喜欢 y。

那么利用谓词公式可以描述成：$(\forall x)(CS(x) \rightarrow L(x, programming))$

这种知识表示形式具有以下特点：

- 表达自然，逻辑性强，推理严密；
- 推理效率低，推理过程可能产生组合爆炸；
- 不能表示不确定知识。

（2）产生式表示

产生式表示，又称规则表示，有时被称为 IF-THEN 表示，它表示一种条件-结果形式，是一种比较简单表示知识的方法。IF 后面部分描述了规则的先决条件，而 THEN 后面部分描述了规则的结论。规则表示方法主要用于描述知识和陈述各种过程知识之间的控制，及其相互作用的机制。举例如下：

　　r1：IF 动物有犬齿 AND 有爪 AND 眼盯前方

　　THEN 该动物是食肉动物

其中，r1 是该产生式的编号；"动物有犬齿 AND 有爪 AND 眼盯前方"是产生式的前提 P；"该动物是食肉动物"是产生式的结论 Q。

我们会发现产生式和蕴含式很相似，但二者有很大区别，产生式与蕴含式（P→Q）的主要区别：

① 蕴含式表示的知识只能是精确的，产生式表示的知识可以是不确定的；原因是蕴含式是一个逻辑表达式，其逻辑值只有真和假。

② 蕴含式的匹配一定要求是精确的，而产生式的匹配可以是不确定的。

这种知识表示形式具有以下特点：

- 格式固定，形式简单；
- 表达关系自然，符合思维习惯；
- 由于格式较为固定，导致灵活性差，无法表示知识结构和层次；
- 推理过程烦琐，效率低。

（3）框架表示

框架（Frame）是把某一特殊事件或对象的所有知识储存在一起的一种复杂的数据结构。其主体是固定的，表示某个固定的概念、对象或事件，其下层由一些槽（Slot）组成，表示主体每个方面的属性。在槽中填入具体值，就可以得到一个描述具体对象的框架，每一个槽都可以从不同的侧面（Facet）表示，每个侧面可以有一个或多个值。框架是一种层次的数据结构，框架下层的槽可以看成一种子框架，子框架本身还可以进一步分层次。相互关联的框架连接起来组成框架系统，或称框架网络。例如，"教师"框架，其中姓名、年龄、职称、电话都是槽名，而办公电话、家庭电话是槽电话的侧面，如表 7-1 所示。

表 7-1　教师框架示意表

框架名：＜教师＞

姓名：名字

年龄：数字

职称：教授、讲师等

部门：单位

住址：地址

电话：办公电话：号码

　　　家庭电话：号码

这种知识表示形式具有以下特点：

- 能够表达知识的内部结构；
- 框架之间可以继承形成框架网络，减小信息冗余；
- 推理过程不够严密；
- 知识适应性差。

（4）面向对象的知识表示

面向对象的知识表示方法是按照面向对象的程序设计原则组成一种混合知识表示形式，就是以对象为中心，把对象的属性、动态行为、领域知识和处理方法等有关知识封装在表达对象的结构中，可以将其与面向对象的编程语言中的类相比较。在这种方法中，知识的基本单位就是对象，每一个对象是由一组属性、关系和方法的集合组成。一个对象的属性集和关系集的值描述了该对象所具有的知识；与该对象相关的方法集，操作在属性集和关系集上的值,表示该对象作用于知识上的知识处理方法,其中包括知识的获取方法、推理方法、消息传递方法以及知识的更新方法。

这种知识表示形式具有以下特点:

- 具有面向对象的继承特性,知识具备层次化和结构性;
- 易于扩充和维护,推理效率高;
- 具备多态特性,适应性强。

(5)语义网络

语义网络是知识表示中最重要的方法之一,是一种表达能力强而且灵活的知识表示方法。它是通过实体及其语义关系来表达知识的一种网络图。从图论的观点看,它是一个"带标识的有向图"。语义网络利用节点和带标记的边构成的有向图描述实体、概念、属性及它们之间的关系,如图7-3所示。

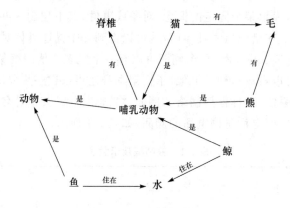

图 7-3 语义网络示意图

这种知识表示形式具有以下特点:

- 具有匹配推理和属性可继承性,推理效率高;
- 表达直观,方法灵活;
- 知识之间存在层级关系,不利于新知识的添加和维护;
- 推理规则不明确。

(6)基于本体的知识表示

本体是对特定领域内实体存在本质的抽象,以苹果举例,中文的"苹果"、英文的"apple"以及苹果的图片都可以表示苹果这个东西,而苹果这个东西就是本体,"苹果""apple"图片都是描述苹果这个本体的符号。因此通过上面这个例子我们就可以体会到,"本体"这个概念在哲学层面上是形而上的,是只可意会不可言传的,因为所有的描述都成为"本体"的外在符号,世界上的所有图像、语言,我们看到的、听到的、感受到的,都可以成为符号到本体的某种映射。

基于本体的知识表示则是将本体抽象化,一般本体表示一个领域,如"大学"这个本体,本体里有老师、学生、职工等多个实体,而基于本体的知识表示强调实体间的关联,并通过多种知识表示元素将这些关联表达和反映出来,这些知识表示元素也被称为元本体,主要包括:

① 概念:表示领域知识元,包括一般意义上的概念以及任务、功能、策略、行为、过程等,

在本体的实现中,概念通常用类来定义,而且通常具有一定的分类层次关系。

②　属性:描述概念的性质,是一个概念区别于其他概念的特征,通常用槽或者类的属性来定义。

③　关系:表示概念之间的关联,例如一些常用的关联——父关系、子关系、相等关系。

④　函数:表示一类特殊的关系,即由前 $n-1$ 个要素来唯一决定第 n 个要素。例如,长方形的长和宽唯一决定其面积。

⑤　公理:表示永真式,在本体论中,对于属性、关系和函数都具有一定的关联和约束,这些约束就是公理,公理一般用槽的侧面来定义。

⑥　实例:表示某个概念类的具体实体。

本体作为一种知识表示方法,与谓词逻辑、框架等其他方法的区别在于它们属于不同层次的知识表示方法,本体表达了概念的结构、概念之间的关系等领域中实体的固有特征,即"共享概念化",而其他的知识表示方法如语义网络等,可以表达某个体对实体的认识,不一定是实体的固有特征。这正是本体层与其他层的知识表示方法的本质区别。

这种知识表示形式具有以下特点:
- 领域知识结构清晰,可以实现知识重用;
- 统一术语和概念,从而实现知识共享。

3. 基于语义网的知识表示框架

(1) RDF

资源描述框架(Resource Description Framework)是一种数据模型,所有以 RDF 表示法来描述的东西都叫作资源,它可能是一个网站,可能是一个网页,可能只是网页中的某个部分,甚至是不存在于网络的东西,如一本书、一个苹果、一个人等。在 RDF 中,资源是以统一资源标识(URI)来命名的,统一资源定位器(URL)是 URI 的子集,可以简化地将 URI 理解为网址 URL。RDF 用来描述资源的特性,及资源与资源之间的关系。RDF 使用属性来描述资源的特定特征或关系,每一个属性都有特定的意义,用来定义它的属性值和它所描述的资源形态,以及和其他属性的关系。

特定的资源以一个被命名的属性与相应的属性值来描述,称为一个 RDF 陈述,其中资源是主语(Subject),属性是谓语(Predicate),属性值是宾语(Object),因此一个 RDF 陈述也叫作一个 SPO 三元组,陈述的宾语除可能是一个数值外,也可能是一个资源或其他的资料形态,而属性也可以描述两个资源的关系。

一个 RDF 数据集由一组相关的 SPO 三元组组成。由于这个三元组集合可以抽象为一张图谱,因此也被称为 RDF 图谱,并通过边将不同的资源链接起来,形成语义网。值得注意的是,RDF 是一种数据模式,即 RDF 是从概念层面描述资源,而不是序列化的格式,其具体的存储表现形式可以为有以下几种:

①　XML:顾名思义,XML 就是利用 XML 格式来描述 RDF 数据。以罗纳尔多知识图为例,该知识图描述了罗纳尔多的姓名、生日、身高、体重等信息,如图 7-4 所示。

```
<? xml version = "1.0"? >
<rdf:RDF
xmlns:rdf = "http://www.w3.org/1999/02/22-rdf-syntax-ns#"
xmlns:cd = "http://www.recshop.fake/cd#">


<rdf:Description
rdf:about = "http://www.recshop.fake/cd/Person">
<cd:chineseName>罗纳尔多·路易斯·纳萨里奥·德·利马</cd:chineseName>
<cd:career>足球运动员</cd:career>
<cd:fullName>Ronaldo Luís Nazário de Lima</cd:fullName>
<cd:birthDate>1976-09-18</cd:birthDate>
<cd:height>180</cd:height>
<cd:weight>98</cd:weight>
<cd:hasBirthPlace rdf:resource = "http://www.kg.com/place/10086"></cd:hasBirthPlace>
<cd:address>里约热内卢</cd:address>
<cd:coordinate> - 22.908333, - 43.196389</cd:coordinate>
</rdf:Description>
</rdf:RDF>
```

图 7-4　RDF/XML 示意图

② N-Triples:N-Triples 即用多个三元组来表示 RDF 数据集,是最直观的表示方法。在文件中,每一行表示一个三元组,方便机器解析和处理。开放领域知识图谱 DBpedia 通常是用这种格式来发布数据的,示例如图 7-5 所示。

```
<http://www.kg.com/person/1> <http://www.kg.com/ontology/chineseName> "罗纳尔多·路易斯·纳萨里奥
·德·利马"~string.
<http://www.kg.com/person/1> <http://www.kg.com/ontology/career> "足球运动员"~string.
<http://www.kg.com/person/1> <http://www.kg.com/ontology/fullName> "Ronaldo Luís Nazário de Lima"~
string.
<http://www.kg.com/person/1> <http://www.kg.com/ontology/birthDate> "1976-09-18"~date.
<http://www.kg.com/person/1> <http://www.kg.com/ontology/height> "180"~int.
<http://www.kg.com/person/1> <http://www.kg.com/ontology/weight> "98"~int.
<http://www.kg.com/person/1> <http://www.kg.com/ontology/nationality> "巴西"~string.
<http://www.kg.com/person/1> <http://www.kg.com/ontology/hasBirthPlace> <http://www.kg.com/place/
10086>.
<http://www.kg.com/place/10086> <http://www.kg.com/ontology/address> "里约热内卢"~string.
< http://www.kg.com/place/10086 > < http://www.kg.com/ontology/coordinate > " - 22.908333,
- 43.196389"~string.
```

图 7-5　N-Triples 示意图

③ Turtle:Turtle 是使用得最多的一种 RDF 序列化方式。它比 RDF/XML 紧凑,且可

读性比 N-Triples 好,示例如图 7-6 所示。

```
@prefix person: <http://www.kg.com/person/> .
@prefix place: <http://www.kg.com/place/> .
@prefix : <http://www.kg.com/ontology/> .

person:1 :chineseName "罗纳尔多·路易斯·纳萨里奥·德·利马"~string.
person:1 :career "足球运动员"~string.
person:1 :fullName "Ronaldo Luís Nazário de Lima"~string.
person:1 :birthDate "1976-09-18"~date.
person:1 :height "180"~int.
person:1 :weight "98"~int.
person:1 :nationality "巴西"~string.
person:1 :hasBirthPlace place:10086.
place:10086 :address "里约热内卢"~string.
place:10086 :coordinate "-22.908333, -43.196389"~string.
```

图 7-6　Turtle 示意图

(2) RDFS

由上述示例可以发现,RDF 是对具体事物的描述,缺乏抽象能力,无法对同一个类别的事物进行定义和描述,导致 RDF 的表达能力有限,无法区分类和对象,也无法定义和描述类的关系/属性。就以罗纳尔多这个知识图为例,RDF 能够表达罗纳尔多和里约热内卢这两个实体具有哪些属性,以及它们之间的关系。但如果我们想定义罗纳尔多是人,里约热内卢是地点,并且人具有哪些属性,地点具有哪些属性,人和地点之间存在哪些关系,这个时候 RDF 就表示无能为力了。

资源描述框架模式(RDF Schema,RDFS)是对 RDF 的一种扩展,是用来描述 RDF 数据的,即一般所说的数据的模式层(Schema)。为了不显得那么抽象,我们用关系数据库中的概念作比较,我们可以认为数据库中的每一张表都是一个类,表中的每一行都是该类的一个实例或者对象,表中的每一列就是这个类所包含的属性。如果我们是在数据库中来表示人和地点这两个类别,那么为它们分别建一张表就行了;再用另外一张表来表示人和地点之间的关系。因此 RDFS 就在 RDF 的基础上提供了"建表"的能力,其实 RDFS 本质上是一些预定义词汇构成的集合,利用这些词汇对 RDF 数据定义类和类中的属性。同样以罗纳尔多知识图为例,我们在概念、抽象层面对 RDF 数据进行定义,如图 7-7 所示,图中的 RDFS 定义了人和地点这两个类,及每个类包含的属性。RDFS 序列化方式和 RDF 没什么不同,其实在表现形式上,它们就是 RDF,其常用的方式主要是 XML,Turtle。

RDFS 是最基础的模式语言。

```
###这里我们用词汇 rdfs:Class 定义了"人"和"地点"这两个类。
:Person rdf:type rdfs:Class.
:Place rdf:type rdfs:Class.
```

```
＃＃＃词汇 rdf:Property 定义了属性,即 RDF 的"边"。
:chineseName rdf:type rdf:Property;
        rdfs:domain :Person;
        rdfs:range xsd:string .

:career rdf:type rdf:Property;
        rdfs:domain :Person;
        rdfs:range xsd:string .

:fullName rdf:type rdf:Property;
        rdfs:domain :Person;
        rdfs:range xsd:string .

:birthDate rdf:type rdf:Property;
        rdfs:domain :Person;
        rdfs:range xsd:date .

:height rdf:type rdf:Property;
        rdfs:domain :Person;
        rdfs:range xsd:int .

:weight rdf:type rdf:Property;
        rdfs:domain :Person;
        rdfs:range xsd:int .

:nationality rdf:type rdf:Property;
        rdfs:domain :Person;
        rdfs:range xsd:string .

:hasBirthPlace rdf:type rdf:Property;
        rdfs:domain :Person;
        rdfs:range :Place .
```

图 7-7   RDFS 示意图

（3）OWL

前面提到,RDFS 本质上是一些预定义词汇构成的集合,是对 RDF 词汇的一个扩展。但后来人们发现 RDFS 的表达能力还是相当有限,因此提出了 OWL（Ontology Web Language）。我们可以把 OWL 当作是 RDFS 的一个扩展,其添加了额外的预定义词汇。

网络本体语言（Ontology Web Language）是对 RDFS 的一种扩展,弥补了 RDFS 在表达能力的一些缺陷,是 W3C 组织于 2002 年 7 月 31 日发布的本体语言。OWL 也是遵循

RDF 规范的,比 RDF 更加严谨,丰富了属性以及属性约束,丰富了定义域、值域的约束……

我们同样以罗纳尔多知识图为例,利用 OWL 进行数据建模,示例如图 7-8 所示。

```
＃＃＃这里我们用词汇 owl:Class 定义了"人"和"地点"这两个类。
:Person rdf:type owl:Class.
:Place rdf:type owl:Class.


＃＃＃ 词汇 owl:DatatypeProperty 定义了数据属性,owl:ObjectProperty 定义了对象属性。
:chineseName rdf:type owl:DatatypeProperty;
        rdfs:domain :Person;
        rdfs:range xsd:string .


:career rdf:type owl:DatatypeProperty;
        rdfs:domain :Person;
        rdfs:range xsd:string .


:fullName rdf:type owl:DatatypeProperty;
        rdfs:domain :Person;
        rdfs:range xsd:string .


:birthDate rdf:type owl:DatatypeProperty;
        rdfs:domain :Person;
        rdfs:range xsd:date .


:height rdf:type owl:DatatypeProperty;
        rdfs:domain :Person;
        rdfs:range xsd:int .


:weight rdf:type owl:DatatypeProperty;
        rdfs:domain :Person;
        rdfs:range xsd:int .


:nationality rdf:type owl:DatatypeProperty;
        rdfs:domain :Person;
        rdfs:range xsd:string .


:hasBirthPlace rdf:type owl:ObjectProperty;
        rdfs:domain :Person;
    rdfs:range :Place .
```

图 7-8　OWL 示意图

在图 7-8 中,我们可以看到 OWL 可以将属性分类为对象属性(表示实体与实体之间的关系)和数据属性(表示实体的属性)。当然除此之外,OWL 还定义了很多词汇用于描述属性的特性,如传递性、对称性、相反性等,这些词汇的定义也为 OWL 的推理能力提供了基础。

OWL 又分为 OWL Lite、OWL DL 和 OWL Full 三个子语言。OWL Lite 是最简单的 OWL,可以看作是 OWL Full 的简化版本。OWL DL 在 OWL Lite 的基础上,包括了 OWL 的所有属性约束。OWL Full 允许在预定义的词汇上增加词汇。

OWL 的新版本是 OWL2,在兼容 OWL 的基础上添加了新的功能,有兴趣的读者可以查阅 W3C 文档。OWL2 也有三个子语言,OWL2 QL、OWL2 EL 和 OWL2 RL,有兴趣的读者可自行了解。

OWL 和 OWL2 属于 W3C 推荐的语义网数据模型组织语言,结构严谨,逻辑全面,但在实际的企业级应用中较少使用,主要是因为 OWL 相对来说比较复杂,不如直接使用 Turtle 或者 N-Triples 来得方便。

7.5.2 知识抽取和知识挖掘

知识抽取与挖掘指的是从不同来源、不同结构的数据中,利用实体抽取、关系抽取、属性抽取、事件抽取等技术抽取知识。知识抽取技术将含于信息源中的知识经过识别、理解、筛选、归纳等过程抽取后,存储形成知识库。目前研究较多的是自然语言文本,知识抽取已经成为自然语言处理领域一个重要的研究分支,它是知识图谱构建的基础,也是大数据时代自然的产物。在互联网信息呈爆炸式增长的背景下,人们需要这样一种从原始数据中提取高价值信息的方法。

1. 知识抽取

知识图谱的典型数据类型可分为三大类,分别是结构化数据、半结构化数据和非结构化数据,各类数据的知识抽取方式各不相同。各类数据的抽取方式如下。

(1) 结构化数据

结构化数据的抽取通常对应两类知识抽取工作:一类是将关系数据库数据映射为 RDF 格式数据,可采用的标准化工具有 Direct Mapping 和 R2RML,该工作的难点是复杂表数据的处理,如嵌套表;另一类是从链接数据(通常是已有的通用知识图谱)中提取出一个子集,形成行业知识图谱,其主要实现方式是图映射,即将通用知识图谱映射到定义好的行业知识图谱 Schema 上。

(2) 半结构化数据

半结构化数据通常分为两类,分别是百科类数据和普通网页数据。

百科类数据(如 Wikipedia)知识结构较为明确,易于抽取。基于这类数据,已经形成较为成熟的知识图谱,如 DBPedia 和 Zhishi. me,其中 DBPedia 抽取了 Wikipedia 的知识,Zhishi. me 则抽取融合了百度百科、互动百科和中文版维基百科的知识。

普通网页类数据的通用抽取方法被称为包装器,它是一类能够将数据从 HTML 网页中抽取出来,并且将其还原为结构化数据的技术,具体实现方法读者可自行了解。半结构化数据也可以通过半监督学习的方式进行信息抽取,基于半监督学习的文本知识抽取技术,把蕴含于信息源中的非结构化知识经过识别、理解、筛选、归纳等过程抽取出来,存储形成知识库,这个过程主要使用了实体识别和关系抽取算法。

（3）非结构化数据

典型的非结构化数据有文本、图片、音频、视频等，它们占据了互联网数据的绝大部分。现阶段，人们更多的是从文本这类非结构化数据中抽取知识。信息抽取于 20 世纪 70 年代后期出现在自然语言处理领域，目标是自动化地从文本中发现和抽取相关信息，并从多个文本碎片中合并信息。文本信息抽取主要由几个子任务构成，分别是实体抽取（实体识别）、关系抽取、事件抽取。知识图谱以图模型进行表示时，实体抽取产生的便是节点；关系抽取产生的是节点之间的连接边；事件抽取抽取的是文本中的实际实体和事件关系。

实体抽取指的是抽取文本中的原子信息元素，通常包含人名、组织/机构名、地理位置、时间/日期、字符值等标签，具体的标签定义可根据任务不同而调整，形成实体节点，可作为命名实体识别任务，即为文本中的每一个字或词预测一个类别标签。实体抽取可作为一个序列标注问题，因此可以使用机器学习中的隐马尔可夫模型（HMM）、条件随机场（CRF）、神经网络等算法进行标注。实体抽取要考虑文本分词的特征，包括词本身的特征（如词性）、前后缀特征（如地名中会出现省、市）、字本身的特征（如是否为数字）。提取特征的模型的选择有隐马尔可夫模型、条件随机场等，目前流行的做法是将传统方法与深度学习结合。例如，利用长短期记忆网络（LSTM）、注意力机制（Attention）等进行特征自动提取，再结合 CRF 模型，利用模型各自的优势进行实体抽取。

关系抽取指的是从文本中抽取出两个或者多个实体之间的语义关系，常见的关系有二元关系、配偶关系、父子关系、雇佣关系、部分整体关系、会员关系、地理坐标关系。例如，张大明谈起儿子张小明："我希望他开心一点。"这个句子中的关系为"父子（张大明，张小明）"。根据关系抽取方法的不同，可以将其分为以下几种方法。

① 基于模板的方法

- 基于触发词的模板：人工定义模板。例如，从邓超的老婆是孙俪，姚明的妻子是叶莉等文本中定义模板"X 老婆 Y"，当遇到触发词老婆、妻子等时，就可以找出这种夫妻关系。

- 基于语法树分析的模板：即首先根据文本中的语法结构构建语法树，然后根据人工定义好的规则（语法树结构）去匹配已构建好的语法树，匹配成功的子树则生成对应的三元组，最后对三元组进行评价。

② 基于监督学习的方法（机器学习方法）

在给定实体对的情况下，根据句子上下文对实体关系进行预测，预先定义好关系的类别，然后人工标注一些数据，设计特征提取的模型，接着设计分类方法，最后进行评估。其优点为准确率高，标注的数据越多越准确；缺点为标注数据的成本太高，不能扩展新的关系。

③ 远程监督方法

通过知识库与非结构化文本对齐从而自动构建大量训练数据，减少模型对人工标注数据的依赖，增强模型跨领域适应能力。该方法认为若两个实体在知识库中存在某种关系，则包含这两个实体的非结构化句子均能表示出这种关系。如果在某知识库中存在"创始人（乔布斯，苹果公司）"，那么就认为出现乔布斯和苹果公司的句子就是表述创始人这项关系，因此可构建训练正例：乔布斯是苹果公司的联合创始人和 CEO。远程监督首先从知识库中抽取存在关系的实体对，然后从非结构化文本中抽取含有实体对的句子作为训练样例。远程监督可以利用丰富的知识库信息，减少人工标注，但它的假设过于肯定，如乔布斯被赶出苹果公司。这句话表达的就不是创始人的例子，因此会引入大量的噪声，同时由于是在知识库中抽取存在的实体关系对，因此很难发现新的关系。

Bootstrapping：首先确定一定的种子实体，然后从文本中找出含有种子实体的文本集合，在集合中抽取出一定的模板，然后再利用模板去匹配新的文本，再将匹配成功的新文本当作种子继续抽取模板，如此迭代下去。举例：首先从文档中抽取出包含种子实体（姚明、叶莉）的新闻，如"姚明老婆叶莉简历身高曝光""姚明与妻子叶莉外出赴约"等，进而抽取出模板"X 老婆 Y 简历身高曝光""X 与妻子 Y 外出赴约"。接着将抽取出的模板去其他文档集中匹配，可以匹配出"小明与妻子小红外出赴约"，根据模板抽取出的新文档可当作种子库，继续迭代。

在"张大明谈起儿子张小明：'我希望他开心一点。'"的示例中，还涉及一个子问题，即共指消解，所谓共指消解就是将现实世界中同一实体的不同描述合并到一起的过程。上述例子中，需要将"我"和"张大明"指向同一个实体，"他"和"张小明"也指向同一个实体。共指消解可以在实体抽取阶段对文中的指称进行归类，从而避免提冗余的信息，从而更好地进行关系抽取。

事件抽取指的是从自然语言中抽取出用户感兴趣的事件，并用结构化的形式呈现出来。事件通常具有时间、地点、参与者等属性，因此需要进行属性抽取，而属性抽取包括属性和属性值的抽取，这样才能够将知识图谱中的实体概念维度构建完整，事件的发生可能是因为一个动作的产生或者系统状态的改变。事件抽取任务包括：识别事件触发词及事件类型、抽取事件元素，同时判断其角色、抽出描述事件的词组或句子等。事件抽取问题可转化为多阶段的分类问题，需要的分类器包括用于判断词汇是否为事件触发词的分类器、判别词组是否为事件元素的分类器以及判定元素角色类别的分类器等。事件抽取的方法有：基于模式匹配的方法、基于人工标注语料的有监督学习、基于弱监督的学习等。

若想了解包装器的具体方法，请扫描本书右侧二维码。

2. 知识挖掘

知识挖掘源于全球范围内数据库中存储的数据量急剧增加，人们的需求已经不只是简单的查询和维护，还希望能够对这些数据进行较高层次的处理和分析，以得到数据的总体特征和对发展趋势的预测。知识挖掘最新的描述

包装器

性定义是由 Usama M. Fayyyad 等人给出的：知识挖掘是从数据集中识别出有效的、新颖的、潜在有用的以及最终可理解的模式的非平凡过程。知识挖掘的基本任务是洞察真相、因果推理和规律探寻，其本质是对目标或事件的来龙去脉、前因后果、特点规律进行建模和表现。例如，目标画像，即对目标人物和组织的真实情况、行为模式、社会关系等进行"全景成像"；事件拼图，即通过证据链拟合，按时间轴将事件发生、发展与演变的真实过程进行反演；因果推理，即揭示事件间的因果关系，包括概率因果推理、基于统计相关的预测型因果推理、从海量文本中自动获取因果规则进行因果推理、事件之间发展脉络因果链生成等；规律探寻，即通过模式识别、可视化分析等揭示潜在规律或行为模式。

知识挖掘的流程可以分为以下 3 步。

（1）数据准备

知识挖掘的对象是数据。这些数据一般存储在数据库系统中，是长期积累的结果。但这些数据往往不适合直接进行知识挖掘，首先要清除数据噪声和与挖掘主题明显无关的数

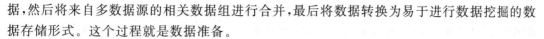

据,然后将来自多数据源的相关数据组进行合并,最后将数据转换为易于进行数据挖掘的数据存储形式。这个过程就是数据准备。

（2）知识挖掘

根据知识挖掘的目标,选取相应算法和参数,分析准备好的数据,并产生一个特定的模式或数据集,从而得到可能形成知识的模式模型。目前常用的知识挖掘方法有决策树方法、神经网络方法、遗传算法等。

（3）模式评估

在由挖掘算法产生的模式规律中存在无实际意义或无实用价值的情况下,也存在不能准确反映数据真实意义的情况,甚至在某些情况下与事实相反,因此需要对其进行评估,从挖掘结果中筛选出有意义的模式规律。在此过程中,为了取得更为有效的知识,可能会返回前面的某一处理步骤进行反复提取,从而提取出更有效的知识。

7.5.3　知识存储

知识存储解决如何管理大量的结构化数据的问题。当经过知识抽取得到了结构化的数据,并选择了适当的知识表示方法后,下一步就是如何持久性地存储这些数据。我们可以使用不同的数据库工具解决这个问题。现代的关系数据库适用于大多数需要知识图谱的场合。而在某些特殊场合中,我们需要图数据库。因此知识存储主要有 3 种选择:基于表结构的知识存储、基于图结构的知识存储和基于原生 RDF 结构的知识存储。

（1）基于表结构的知识存储

基于表结构的知识存储利用二维的数据表对知识图谱中的数据进行存储,典型的有关系型数据库、三元组表、类型表。

① 关系型数据库:表中每一列称为一个属性,也称字段。表中每一行表示相对完整地描述了一个实体。

② 三元组表:作为一种常用的图谱数据模型,表中的每一行表示一个三元组,这种存储方式简单直接,扩展性强。

③ 类型表:在构建数据表时,考虑了知识图谱的类别体系。每个类型的数据表只记录属于该类型的特有属性,不同类别的公共属性保存在上一级类别对应的数据表中,下级表继承上级表的所有属性,可以将类型表与面向对象编程语言的父类和子类相类比。类型表克服了三元组表过大和结构简单的问题,但多表连接操作开销大,并且大量的数据表难以进行管理。

（2）基于图结构的知识存储

基于图结构的知识存储利用图的方式对知识图谱中的数据进行存储。图数据库的基本含义是以"图"这种数据结构存储和查询数据。它的数据模型主要是以节点和关系体现的,也可处理键值对。这种做法的优点是数据库本身提供完善的图查询语言、支持各种图挖掘算法。在查询速度上要优于关系型数据库,特别是多跳查询的性能较好。其缺点是图数据库的更新比较复杂,图数据库的分布式存储实现代价高,数据更新速度慢,大节点的处理开销很高。常用的一些原生图数据库有 Neo4j、OrientDB、IyperGraphDB。

（3）基于原生 RDF 结构的知识存储

RDF 的结构在前文已经介绍过,而 Weikum 在 2008 年提出了基于原生数据存储格式的 RDF 管理系统 RDF3x,设计 RDF 管理系统,并开发了多个针对 RDF 的优化技巧,使得 RDF3x 成为当时单机性能最好的 RDF 管理系统。RDF3x 沿用了传统数据库的查询优化思路,对用户的查询先通过优化器找到一个合适的查询计划,然后再执行查询,获得结果。另外,RDF3x 采用精心设计的多种索引结构减少外存的 I/O 操作,提升了查询性能。常用的一些开源的 RDF 数据库有 RDF4j、gStore。

若想详细了解知识存储的相关数据库介绍,请扫描书右侧的二维码。

7.5.4 知识融合

知识存储

知识融合是通过高层次的知识组织,使来自不同知识源的知识在同一框架规范下通过异构数据整合、消歧、加工、推理验证、更新等步骤,达到数据、信息、方法、经验以及人的思想的融合,形成高质量的知识库。

知识融合技术产生的原因,一方面是通过知识抽取与挖掘获取的结果数据中可能包含大量的冗余与错误信息,有必要进行清理和整合;另一方面,知识来源广泛,存在重复、良莠不齐、关联不够明确等问题。知识融合通常由两部分构成,分别是本体匹配和实体对齐。

本体匹配是指计算两个不同本体之间的相似度的过程,通过相似度的值来建立来自不同本体中的实体之间的语义关系,这些关系可以是实体间的等价、包含、不交或者相交等关系,从而实现本体的语义之间的映射。本体匹配技术就是解决异构本体之间的相互通信的问题,发现不同本体中实体的语义关系,最后实现本体合并,本体集成等应用。从技术实现上,本体匹配可分为基于文本的方法、基于结构的方法(相似度传播算法、随机游走策略)、基于机器学习的方法和基于逻辑推理的方法。

实体对齐也被称为实体匹配或实体解析,是判断来自不同信息来源的实体是否指向真实世界同一对象的过程。现在实体对齐普遍采用的是聚类的方法,关键在于定义合适的相似度的阈值,一般从 3 个维度依次进行考察。第一个维度是从字符相似度考察的,基于的假设是具有相同描述的实体更有可能代表同一实体;第二个维度是从属性的相似度考察的,即具有相同属性以及属性词的实体有可能代表相同的对象;第三个维度是从结构相似度考察的,基于的假设是具有相同邻居的实体更有可能指向同一对象。实体对齐存在许多问题和挑战,尤其是在大数据条件下,较突出的是计算复杂度、数据质量和先验对齐数据的获取问题,这些都需要根据有效的算法进行解决。在实体对齐算法的选择上,可以分为只考虑实例及其属性相似程度的成对实体对齐和在成对对齐基础上考虑不同实例之间相互关系用以计算相似度的集体实体对齐两类。

由于实体的相关任务有很多,为了使读者理清楚,我们在此介绍实体对齐、实体消歧、实体链接任务的区别。

实体对齐任务已经介绍过,即将不同来源的实体指向同一对象,如图 7-9 所示。

实体消歧主要是把具有歧义性质的命名性指称映射到它实际所指的实体中,它是解决"一词多义"问题,根据上下文信息消除歧义,实体消歧主要应用在实体抽取过程中,将命名实体识别出的实体进行语义消歧,举例如图 7-10 所示。

实体链接主要体现在知识图谱的应用上,如基于知识图谱的问答系统,用户提出问题,首先将问题中的实体识别出来,之后将每个实体映射到知识图谱已有的实体中。举例如图

7-11 所示,最终 Michael Jordan 映射到知识图谱中的 Michael I. Jordan。

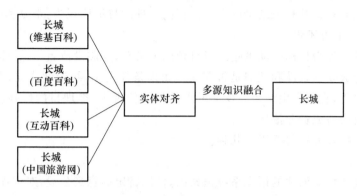

图 7-9　实体对齐图示

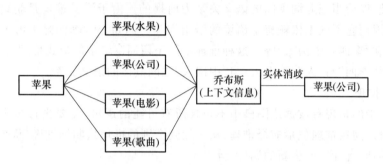

图 7-10　实体消歧示意图

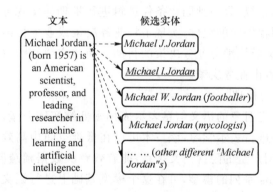

图 7-11　实体链接示意图

若想详细了解知识融合相关技术,请扫描书右侧的二维码。

7.5.5　知识推理

知识推理是指是利用知识图谱中现有的知识(三元组),得到一些新
的实体间的关系或者实体的属性,也可以指在知识表示的基础上进行问题分析、解答的过
程,即根据一个或者一些已知条件得出结论的过程。

常见的知识推理策略包括正向推理和反向推理。

知识融合

正向推理又被称为数据驱动策略或者自底向上策略,是由原始数据按照一定的方法,运用知识库中的先验知识推断出结论的方法。正向推理的特征体现为:重复利用已知信息,响应速度快;推理目的性不强。

反向推理又被称为目标驱动策略或者自顶向下策略,先假设或者结论,然后验证支持这个假设或者结论成立的条件和证据是否存在。如果条件满足,结论就成立;否则,再提出新假设重复上述过程,直至产生结果。反向推理的特征体现为:推理目的性强、建立目标和条件之间的关联时会造成资源浪费。

常见的知识推理方式包括以下几种。

(1) 语义推理

语义推理是在相应词项的语义系统框架内,借助特定的意义公设,对词项内涵关系的一种概括或描述。这种语义推理也是种必然性推理,其推理的有效性,是以正确分析词项的语义结构为基础,以恰当把握词项间的语义关系为前提的。由于语义推理是脱离特定语境而独立进行的,因而它不同于依赖特定语境的语用推理。例如,从"李四是上海人"可推出"有人是上海人"和"李四是中国人"等。这种推理不同于谓词逻辑中的形式推理,这种推理所依据的乃是词项"李四"与"人""上海人"与"中国人"之间具体的语义关系。

(2) 间接推理

间接推理指的是现有数据或图谱中不包含所有可能的逻辑,需要进行多步计算后产生新的推理逻辑。间接推理包括演绎推理(从一般到个别的推理)、归纳推理(从个别到一般的推理)、生成推理(统计后产生新的属性)等。

(3) 基于规则引擎的推理

规则引擎也称专家系统,是一种固化条件逻辑进行推理的实现方式。规则引擎可以体现为一种可以嵌入应用程序中的组件,实现了将业务决策或业务标准从应用程序中分离出来,并使用预定义的语义模块编写业务决策的目的。简单来说,就是接收数据输入,通过引擎进行规则分析,据此做出业务决策。

(4) 基于表示学习的推理

表示学习旨在将研究对象的语义信息表示成稠密低维实体向量,知识表示学习是面向知识库中的实体和关系进行表示学习,该技术可以在低维空间中高效计算实体和关系的语义联系,甚至发现某些词向量的隐含语义关系,能有效解决数据稀疏问题,使知识推理的性能显著提升。比如 Trans 系列的模型,可在这个模型基础上进行语义的推理。主要算法包括矩阵特征向量计算(谱聚类算法)、简单神经网络(DeepWalk 算法)、矩阵分解、深层神经网络等。

(5) 基于图计算的推理

基于图计算的推理是以图论的思想或者以图为基础建立模型来解决现实中的问题,即基于图之间的关系的特征构建分类器进行预测。基于图提取特征的方法主要有随机游走、广度优先和深度优先遍历,特征值计算方法有随机游走、路径出现或不出现的二值特征以及路径的出现频次等。基于图的方法的优点是直观、解释性好,但缺点也很明显。图计算技术主要是由点和边组成的,主要缺点如下:

- 具有较多迭代次数。
- 图计算模型都是将表视图和图视图分别进行实现的,这意味着图计算模型要针对不同的视图分别进行维护,而且视图间的转换也比较烦琐。

- 图计算很难处理关系稀疏的数据,而且很难处理低连通度的图,对于路径特征提取的效率低且耗时长。

图计算中常用的算法有:特征向量分析、聚集度分析、最大连通图、最短路径(Dijkstra 算法)、社群发现(LPA)、中心度分析(GN 算法)。常用的知识推理语言为 OWL。

知识推理

若想详细了解知识推理相关技术,请扫描书右侧的二维码。

7.6 知识图谱前沿技术、发展趋势与挑战

7.6.1 知识图谱前沿技术

1. 知识表示学习

表示学习在前文提到过,是将实体或关系计算出相应的向量表示的方法,它是深度学习的最核心技术。知识表示学习(KRL)是知识图谱领域的关键研究问题,它为许多知识抽取任务和下游应用打下了基础。常用的模型包括距离模型、神经网络模型、能量模型、双线性模型、翻译模型(Trans 系列)等。通过知识表示学习可以显著提升计算效率,有效缓解数据稀疏问题,更好地实现异构信息的融合。

2. 知识图谱补全

虽然知识图谱能提供高质量的结构化数据,但是大部分开放知识图谱,都是由人工或者半自动的方式构建,这些图谱通常比较稀疏,大量实体之间隐含的关系没有被充分地挖掘出来。由于知识图谱具有高质量的结构化数据,是很多人工智能应用的基石,因此,近期很多工作都在研究如何利用机器学习算法更好地表示知识,并以此为基础进行知识图谱补全,从而扩大知识图谱的规模。

知识图谱补全(KGC)算法可分为两类:静态知识图谱补全算法以及动态知识图谱补全算法。前者仅能处理实体以及关系固定的场景,扩展性较差。后者可以处理含有新实体或者新关系的场景,能够构造动态的知识图谱,具有更好的现实意义。近年来,动态知识图谱算法的研究热度逐渐增加,如何更好更快地构建动态知识图谱是一个较好的研究点。

早期的工作主要集中在静态知识图谱补全,以 TransE 为代表的翻译模型在这个场景上获得了较好的效果。然而,这些模型对超参数比较敏感,并且扩展性也比较差。在真实世界中,可能会不间断地产生新实体以及新关系,翻译模型无法满足自动添加新实体以及新关系的需求,因此,大家逐渐把重心转移到动态知识图谱补全上,从而能自动地扩大知识图谱的规模。相比静态 KGC,动态 KGC 能建立现有知识图谱与外界的有效关联,并且能对知识图谱中的数据进行更新,具有更好的现实意义。因此,如何设计高效的在线学习算法来解决动态 KGC 是目前一个较好的研究点。

3. 时序知识图谱

现有的知识图谱研究大多数关注的是静态知识图谱,其中事实不会随着时间而变化,目

前对知识图谱的时序动态变化的研究较少。然而,由于有些结构化的知识仅仅在特定的时间段内成立,所以时序信息是非常重要的,而事实的演化也会遵循一个时间序列。

近期的研究开始将时序信息引入知识表示学习和知识图谱补全任务。为了与之前的静态知识图谱产生对比,我们将其称为"时序知识图谱"。为了同时学习时序嵌入和关系嵌入,人们进行了大量的研究工作。在与时序有关的嵌入中,通过将三元组拓展成时序四元组来考虑时序信息。由于随着时间的流逝,现实世界中发生的事件会改变实体的状态,并因此影响实体间相应的关系,而实体状态的改变也可能意味着关系的有效时间已经度过。因此可以将关系的有效时间范围预测问题转换为实体的状态变化检测问题。此外,由于加入时序后,在知识推理任务中,需要研究时序推理的逻辑规则。

7.6.2 知识图谱的发展趋势

随着关注度越来越高,知识图谱的发展正呈现出诸多趋势。针对基础理论和应用技术,人们展开进一步的研究。同时随着技术的发展和广泛的关注,知识图谱已经从学术研究逐步转移到行业应用,落实在相关产业发展,应用领域也日趋广泛。目前,知识图谱技术正在呈现如下趋势。

(1)与机器学习结合

近几年在知识图谱技术的推动下,对机器友好的各类在线知识图谱大量涌现。但是这些蕴含人类大量先验知识的宝库却尚未被机器学习有效利用。现阶段,越来越多的厂商开始将机器学习技术应用到知识图谱中,大量的机器学习模型可以有效地完成端到端的实体识别、关系抽取和关系补全等任务,进而可以用来构建或丰富知识图谱。

知识图谱与机器学习的结合主要有两种:一是将知识图谱中的语义信息输入机器学习模型中,将离散化知识图谱表达为连续化的向量,从而使得知识图谱的先验知识能够成为机器学习的输入;二是利用知识作为优化目标的约束,指导机器学习模型的学习,通常的做法是将知识图谱中的知识表示为优化目标的后验正则项。另外,在机器学习的大量应用实践中,人们越来越多地发现机器学习模型的结果往往与人的先验知识或者专家知识冲突。如何让机器学习摆脱对大规模样本的依赖、如何让机器学习模型有效利用大量存在的先验知识、如何让机器学习模型的结果与先验知识一致,已成为当前机器学习领域的重要问题。因此,融合知识图谱与机器学习已经成为进一步应用知识图谱和提升机器学习技术的重要思路。以知识图谱为代表的符号主义、以机器学习为代表的联结主义日益脱离原先各自独立发展的轨道,走上协同并进的新道路。

(2)向更多行业渗透

知识图谱的应用领域日趋广泛,正在从金融、公安、电信等相对成熟的领域向医药、农业、政务、天文气象等领域延伸拓展。下面对知识图谱在行业应用的未来发展趋势进行讨论。

在医药领域,由于研发新药花费较高,医药公司非常关注如何缩短新药研制周期,降低研发成本。欧盟第七框架下的开放药品平台(Open Phacts)项目就是利用来自实验室的理化数据、各种期刊文献中的研究成果以及各种开放数据,包括 Clinical Trials.org、美国开放数据中的临床实验数据,加速药物研制中的分子筛选工作,已吸引了辉瑞公司和诺华集团等制药巨头的参与。另外,IBM 公司成立了事业部(Watson Group),对各种行业进行认知突破。其中在医疗方面,IBM 公司启动了登月计划(Moon Shot),通过整合大量医疗文献和书籍以及各种电子病历(EMR)形成知识图谱,获取海量高质量的医疗知识,并基于这些知识向医护人员提供辅助临床决策和用药安全等方面的应用。同样在中医诊疗上,可以从医案中抽取临床知识构建知识图谱,帮助用户了解中医特色疗法以及疾病的临床表现、相关疗法、相关养生保健方法等。

在农业领域,大量的农业资料以不同格式分散存储,传统的关系数据库模式不适用于复杂多变的领域,无法定义所有可能的知识点并构建关键数据库模式,而知识图谱这种更加灵活的知识表示模型可以实现对农业数据的管理。利用知识抽取挖掘技术从各种多源异构数据中获取相应的知识,并用统一图谱进行表示,形成完整的知识库,刻画作物知识、土壤知识、肥料知识、疾病知识和天气知识等。通过图谱关联到图片信息,形成多媒体知识图谱,图片信息相比专业知识更加直观,更方便农民使用。

在政务领域,知识图谱也具有多方面的应用价值:①政务信息服务,知识图谱可以为政府网站提供语义搜索、人机智能问答系统等交互服务;②政务知识库构建,如国家安全生产监督管理总局的"政府垂直行业知识库"、科技部知识库等;③人工智能(AI)＋政务层面,知识图谱是 AI 核心基础能力;④公安部门案情调查、情报分析;⑤司法部门事理图谱、辅助判案;⑥政府部门专题分析、决策研究、舆情监控等。

在天文气象领域,气象文献知识图谱主要基于文献网站以及新闻网站的气象文本数据,如维普、万方以及百度新闻,利用知识图谱技术对气象文本数据进行管理和知识抽取,最终构建的气象文献知识图谱能够实现一些智能应用,如文本数据的路径分析、关联分析、可视化和统计分析等。

(3) 从学术界转移到产业界

随着技术的发展和大众的广泛关注,知识图谱已经从学术研究逐步转移到行业应用中,落实在相关产业发展中,知识图谱提供了全新的视角和机遇。

知识图谱与人工智能结合之后,产品和服务将具备认知能力,这将对企业产生颠覆性影响,将重塑其所处行业的形态,革新行业的各个关键环节。当前已有越来越多的企业将人工智能提升至企业核心战略的高度,在电商、社交、物流、金融、医疗、司法、制造等众多领域中将涌现出越来越多的人工智能的案例。除探索发现能力将得到长足进步外,认知系统接受专业人员的训练,掌握政治、经济、法律、医学、销售和烹饪等专业术语后,能够理解和传授复杂的专业技能,将大大缩短社会培养人才所需的时间,甚至取代人类做出部分社会管理层面的决策工作决定。越来越多的知识工作将逐步被机器代替,这将对社会结构产生深远的影响。

7.6.3　知识图谱面临的挑战

目前,人们对知识图谱的研究已有一定的进展,也陆续形成了一些开放知识图谱和相应的应用工具。但是,成熟、大规模的知识图谱应用仍然非常有限。除搜索、问答、推荐等少数场景外,知识图谱在不同行业中的应用仍然处于非常初级的阶段,有非常广阔的研究和扩展空间。对于客户而言,按照目前学术界提出的方法构建的知识图谱未必能够在实际中直接投入使用,更多时候需要融合不同的行业经验和已积累的大量规则。因此,知识图谱仍然面临诸多挑战。

(1)知识获取效率较低

知识抽取是构建知识图谱的主要任务,最主要的任务就是从互联网的网页文本中抽取实体关系。已有的知识元素抽取技术虽有一定的成效,但由于方法可扩展性不强,在很多方面尤其在大规模开放领域的知识抽取仍面临着准确率低、覆盖率低、效率低的问题。知识抽取如何在自动化的基础上实现实用化,是亟待解决的难题。

已有的实体抽取、关系抽取、属性抽取工具都面临着效率较低的问题。受限于数据源,这些工具的通用性不强,需要针对数据源进行相应调整。而调整的方法和过程需要大量的人工投入,这样效率低下也成为制约知识获取的瓶颈。

(2)知识融合的难点

难以突破知识融合主要是指在知识图谱构建的过程中,对多来源数据知识进行融合的过程,这对知识图谱构建过程中的准确率与执行效率均具有重要意义。

目前知识融合的难点主要有以下4点:

① 不同来源、不同形态数据的融合;

② 海量数据的高效融合;

③ 新增知识的实时融合;

④ 多语言的融合(特别是中英文的融合)。

具体地,这些难点的主要原因是从不同数据源抽取的知识没有统一的发布规范,数据质量参差不齐,从中挖掘出的知识也会有大量噪声以及冗余。如实体通常会有多个名称,从海量的数据中找到这些名称并且将它们规约到同一个实体下非常重要。要构建高质量的知识图谱,目前的知识质量评估仍然过多地依赖人工,图谱的自动化更新以及确保动态更新的有效性也是面临的重大挑战。

(3)知识推理应用进展缓慢

知识推理是目前学术界的研究热点之一,但是已有的学术成果在实际领域的适用性较弱。首先,通过知识推理可以推导出新的关系,这种关系的精度难以得到保证。尤其是在大规模的知识图谱中,预测准确率低、效率低的问题有待进一步研究。其次,目前的知识推理学习和推理方法大多基于通用知识图谱,在实际应用过程中,利用旧关系推导出新关系只能在很小范围内、明确规则下进行尝试,这也意味着专用领域知识图谱的构建才刚开始。最后,目前通用的知识图谱大多是英文的,如何将现有的基于英文的推理方法应用于中文知识图谱的构建,是需要努力的方向。

(4)缺乏高质量知识库

此外,缺乏高质量的知识库是制约知识图谱技术发展的又一重大问题。对于在业务中将知识图谱作为核心技术的公司来说,获得高质量的训练数据极为关键。虽然很多算法和软件工具是开源和共享的,但好的数据集通常是专有的,且很难创建。可以说,没有大量且高质量的数据集,知识图谱就仍然停留在纸上谈兵的阶段。这也是目前制约许多知识图谱初创企业发展的重大障碍。而从数据集到知识库的构建也有较高的技术门槛。

(5)行业知识图谱构建困难

在技术实践中,对于金融、法律、制造、人事等行业,相关的词典或其他NLP方面的资源

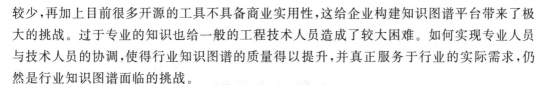

较少,再加上目前很多开源的工具不具备商业实用性,这给企业构建知识图谱平台带来了极大的挑战。过于专业的知识也给一般的工程技术人员造成了较大困难。如何实现专业人员与技术人员的协调,使得行业知识图谱的质量得以提升,并真正服务于行业的实际需求,仍然是行业知识图谱面临的挑战。

(6) 商业模式面临阻碍

目前,知识图谱的应用场景仍然非常受限,有些场景存在"伪需求"的可能性。相对于学术界的热烈讨论(各种新算法不断提出),真正的企业应用仍然相对滞后。缺乏解决方案与最佳实践,使得知识图谱技术的"知名度"仍待提升。而知识图谱的商业模式仍然存在多种不确定性。

目前,知识图谱企业的商业模式主要包括 3 类:第一类,以"产品+定制化"解决方案的形式进行客户服务,优点是能够与客户深度绑定,积累行业经验,缺点是该模式通常耗时耗力;第二类,通过集成商销售通用性较高的模块化功能,其优点是节省人力,缺点是收益的性价比较低;第三类,以第三方技术提供商的角度专注于特定技术环节,通过与不同客户合作,以产品分成或项目方式获得营收,其优点是应用领域相对宽泛灵活,缺点是对技术要求较高。总之,随着技术的发展,这些商业模式的缺陷暴露得越来越深刻。如何构建成熟的商业模式,始终是值得知识图谱企业深入探索的问题。

本 章 小 结

本章首先介绍了知识图谱的概念与定义,接着介绍了知识图谱的发展历程,然后介绍了多个国内外已有的知识图谱以及知识图谱的应用场景。紧接着,本章重点介绍了知识图谱的生命周期,包括知识表示、知识抽取、知识存储、知识融合和知识推理。在知识表示中,基于语义网的表示框架(RDF、RDFS、OWL)尤为重要;知识抽取则是构建知识图谱的核心任务,包括实体抽取、关系抽取和事件抽取;知识融合则包含了两大任务:实体对齐和实体消歧。最后本章介绍了知识图谱前沿技术(KRL、KGC、时序知识图谱)、发展趋势和挑战。

思 考 题

(1) 知识图谱的表现形式是什么? 知识图谱由哪两部分构成,这两部分分别表示什么含义?

(2) 简述知识图谱的发展历程,分析知识图谱、语义网、语义网络、知识库的区别。

(3) 简述知识图谱的生命周期。

(4) 国内外已有的知识图谱有哪些?

(5) 知识表示的方法有哪些,这些方法各自的特点是什么?

(6) RDF、RDFS、OWL 表示法有什么区别?

(7) 非结构化数据的知识抽取包含哪些子任务?

(8) 知识挖掘、知识融合、知识推理的目的是什么？

(9) 实体对齐、实体链接、实体消歧的区别是什么？

本章参考文献

[1] Bizer C，Heath T，Berners-Lee T. Linked data：The story so far[C]//Semantic services，interoperability and web applications：emerging concepts. IGI Global，2011：205-227.

[2] Chinchor N，Marsh E. Muc-7 information extraction task definition[C]//Proceeding of the seventh message understanding conference（MUC-7），Appendices. 1998：359-367.

[3] Liu X，Zhang S，Wei F，et al. Recognizing named entities in tweets[C]//Proceedings of the 49th annual meeting of the association for computational linguistics：human language technologies. 2011：359-367.

[4] Jain A，Pennacchiotti M. Open entity extraction from web search query logs[C]// Proceedings of the 23rd International Conference on Computational Linguistics （Coling 2010）. 2010：510-518.

[5] 刘克彬，李芳，刘磊，等. 基于核函数中文关系自动抽取系统的实现[J]. 计算机研究与发展，2007，44(8)：1406.

[6] Shen W，Wang J，Luo P，et al. Linden：linking named entities with knowledge base via semantic knowledge[C]//Proceedings of the 21st international conference on World Wide Web. 2012：449-458.

[7] Deshpande O，Lamba D S，Tourn M，et al. Building，maintaining，and using knowledge bases：a report from the trenches[C]//Proceedings of the 2013 ACM SIGMOD International Conference on Management of Data. 2013：1209-1220.

[8] Zeng Y，Wang D，Zhang T，et al. CASIA-KB：a multi-source Chinese semantic knowledge base built from structured and unstructured Web data [C]//Joint International Semantic Technology Conference. Springer，Cham，2013：75-88.

[9] Yao X，Van Durme B. Information extraction over structured data：Question answering with freebase [C]//Proceedings of the 52nd Annual Meeting of the Association for Computational Linguistics （Volume 1：Long Papers）. 2014：956-966.

[10] Bosselut A，Rashkin H，Sap M，et al. COMET：Commonsense Transformers for Automatic Knowledge Graph Construction[C]//Proceedings of the 57th Annual Meeting of the Association for Computational Linguistics. 2019：4762-4779.

[11] Moryossef A，Goldberg Y，Dagan I. Step-by-Step：Separating Planning from Realization in Neural Data-to-Text Generation[C]//Proceedings of the 2019 Conference of the North American Chapter of the Association for Computational Linguistics：Human Language

Technologies，Volume 1 (Long and Short Papers). 2019：2267-2277.

[12] Yang A，Wang Q，Liu J，et al. Enhancing pre-trained language representations with rich knowledge for machine reading comprehension[C]//Proceedings of the 57th Annual Meeting of the Association for Computational Linguistics. 2019：2346-2357.

第 8 章

机器翻译

本章思维导图

试想一下,你在互联网上提问了一个问题,有一个外国网友对你的问题进行了解答。但这位网友用的是自己国家的本土语言,而你并不会这门语言。但你渴望知道问题的答案,并且出于感谢,你应该对他的解答给出反馈。这时,你会怎么办?

第一种方法,也是最古老的方法,请一个懂得这门语言的朋友(或者翻译学家)帮你翻译。这种方法是可行的,直至今日,跨国商人在商谈时都会携带至少一名翻译。但你并不总能找到熟悉某门语言的朋友,也往往不愿因为一个小问题就雇佣一名翻译专家。此时只能自己动手,使用第二个方法——查双语字典。从书店里,你可以轻松找到任何语言对的双语字典,上面记录了词语从一门语言到另一门语言的转换方法,但查字典的效率太低了。也许这位网友的回答,只需查找半小时就知道他的意思,但如果问题的答案不是简短的一段话,而是一篇外文博客,甚至是外文论文呢? 也就是,你在两门语言上转换花费的成本可能已经远超过你所需要的答案价值本身了。此时,你需要的是一种能自动、准确地将一段外文表述翻译成你熟悉的语言表述的工具,以便你能专注理解这段表述的语义,而不是表述方式。实际上,随着各国交流的物理阻碍越来越少,诞生了一个新热门研究领域——机器翻译,希望机器帮助我们完成两种语言间的描述转换。

本章分为 5 个小节。8.1 节给出机器翻译的定义与基本说明;8.2 节介绍常用的机器翻译评估标准;8.3 节讲述机器翻译的发展历程;8.4 节详细介绍当下最热门的神经机器翻译的研究现状,并在 8.5 节分析其前沿技术与发展趋势。

图 8-1 为本章的思维导图,是对本章的知识脉络的总结。

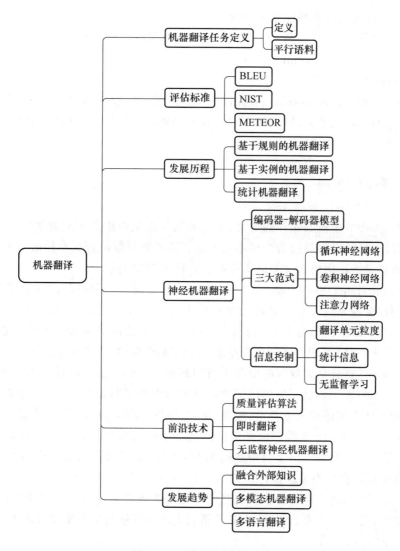

图 8-1　机器翻译思维导图

8.1　机器翻译任务定义

机器翻译指利用计算机将一段文本从一种自然语言无语义损失地转换为另一种自然语言的过程,也被称为自动翻译。

8.1.1　定义

假定源语言为 A,目标语言为 B,若给出一段 A 语言文本 X,机器翻译系统的输出为 B 语言文本 Y,则 X 与 Y 的语义相等,且 Y 的描述方式(包括语法结构、词性、短语组成方式等)符合语言 B 的常规描述。"X 与 Y 的语义相等"和"Y 的描述方式符合语言 B 的常规描述"是构建一个优秀的机器翻译系统的两个核心目标。

机器翻译的数学表示:若输入 X 满足 Syntax(A,X)＝True,则 Y＝System(X),满足

(1) Semantic(Y)＝Semantic(X)

(2) Syntax(B,Y)＝True

Semantic(text)与 Syntax(language,text)分别为语义抽取函数与语法检查函数。

机器翻译的核心任务就是找到一个 System 函数,使得对于任何输入文本,翻译器的输出均满足条件(1)和条件(2)。

8.1.2 平行语料

根据 8.1.1 小节中机器翻译的定义,本任务的数据集应由若干对源语言与目标语言的平行语料组成。平行语料是指每个样本的源语言文本和目标语言文本是语义相等的。相应地,非平行语料是指不同语言文本间不存在已标注的对应关系。

WMT(Conference On Machine Translation)是目前水平最高的国际机器翻译大赛之一,每次大赛都会发布包含多个语种的高质量平行语料库。例如,WMT 2018 数据集来源于新闻文本,涉及以欧洲语言为主的多个语料对,具体包括汉语-英语、捷克-英语、爱沙尼亚语-英语、芬兰语-英语、德语-英语、哈萨克语-英语、俄语-英语、土耳其语-英语等。

US-Corpus 是现有最大规模的中英平行语料库。US-Corpus 被设计为一个多领域、样本平衡的平行语料库。该数据集提供了 200 万对的中英平行语料,并被分为 8 个不同的文本领域,涵盖了如下主题和文本类型:教育、法律、微博、新闻、科学、口语、字幕和论文。

OpenSubtitles 是一个来源于电影字幕的机器翻译数据集,覆盖了 65 种语言。其他常用的数据集还有 NT 数据集。实验中常用 WMT 2014 的英德平行语料作为训练集,用 NT 2013 的英德平行语料作为验证集,用 NT 2014-NT2016 作为测试集。

自 2015 年以来,越来越多的中国自然语言处理学者和企业投入机器翻译的研究中,众多大赛发布了丰富的中英平行语料,在这些语料上的研究使得中国研究者能更方便、更准确地进行误差分析。

8.2 评估标准

在开始寻找 8.1.1 小节的 System 函数之前,研究者就面临了第一个难以解决的问题:如何评估翻译系统的质量?

8.2.1 遇到的困难

虽然 8.1 节说明了满足条件(1)和条件(2)就是高质量的翻译,但却没有指出由谁负责判断两个条件是否得到满足。

也许,条件(2)的判断并不困难,因为我们总是认为一门语言的语法规则是一个封闭集合,只要输出文本的语法规则不属于这个封闭集合,我们就能轻易下结论:条件(2)不满足;

反之,条件(2)满足。问题是封闭集合的定义和检测当前文本语法与该集合的从属关系均是一个高成本、高复杂度的问题。

那条件(1)呢?由于文本的语义本身就是一个抽象概念,是隐藏在表述下的逻辑关系,无论怎么表达,都只是从一种表述转换为另一种表述,深层逻辑关系通常需要人类去感受。因此,自动抽取语义一直是自然语言处理的基础研究点之一,隶属于文本表示学习领域。

另外,回想很多外国文献都有不同译本,而这些译本通常都被认为是正确的。这就表示机器翻译不同于其他拥有单一正确答案的任务(如事件抽取任务),一个源语言文本往往可以有目标语言的多种表述,并且这些表述都符合常规的表述规则。考虑到实际情况下,我们无法枚举出所有合法译文,因此,不能直接用字符串匹配来计算机器翻译系统的效果,导致评估一个机器翻译系统的性能成为一个难题。

当然,有一种最简单且最符合实际标准的评估方法,那就是人工评估,早期机器翻译的评估就是由一些语言专家完成的。但人工评估往往要消耗大量的时间、人力,成本较高,且受主观性的影响,不同专家的评估结果不同。因此,研究者开始设计统一的自动化评估算法。

8.2.2　现有评估标准

基于以上分析,研究者提出忠诚度与流利度作为描述机器翻译结果优劣的两个方向。忠诚度是指机器翻译系统翻译的结果与源文本在语义上的相似度,即条件(1);流利度是指机器翻译系统输出结果在目标语言中出现的可能性,即条件(2)。

BLEU 是目前机器翻译学术领域最常用的评估算法,也是最接近人类评分的。BLEU 评估了机器翻译与专业人工翻译之间的对应关系,核心思想是机器翻译越接近专业人工翻译(这里接近指字符串匹配程度),质量就越好。BLEU 具体算法包括机器翻译与人工翻译不同 N 的 N 元文法的匹配数与总文法数的比值,并对所有 N 元文法的比值进行加权平均,最后乘以对翻译结果长度惩罚因子。具体计算方式如下:

$$\text{BLEU} = \text{BP} \cdot \exp\left(\sum_{n=1}^{N} w_n \log p_n\right)$$

$$\text{BP} = \begin{cases} 1, & c > r \\ e^{(1-\frac{r}{c})}, & c \leqslant r \end{cases}$$

其中,BP 为对翻译结果长度的惩罚因子,c 为机器翻译的长度,r 为参考译文的长度。显然,BLEU 算法希望机器翻译的长度应尽可能与参考译文一致。p_n 为机器翻译对于参考译文在 n 元文法上的准确率,w_n 为不同 n 元文法的权重,满足 $\sum_{n=1}^{N} w_n = 1$。N 为算法所使用的最长 n 元文法长度。在 BLEU 算法中,一般取 $N=4$,$w_n = \frac{1}{N}$。

需要注意的是,BLEU 中不同 N 元文法的权值是相等的。BLEU 的优点是可以自动评估机器翻译系统,成本较低且快速。但此算法是语法无关的、常用词干扰大且未考虑同义词。

虽然 BLEU 在学术界被广泛使用,但其存在的局限性使得一些研究者提出其他改进评估算法。例如,NIST 针对 BLEU 的加权平均进行改进,对不同 N 元文法根据出现频率分配相应权重而不是简单地分配相同的权重。不同于 BLEU 和 NIST 仅关注准确率,METEOR 侧重召回率,通过引入词干、同义词信息,稍微优化了语义评估的标准。

可以看到机器翻译的复杂性不仅体现在其建模复杂,也体现在评估标准模糊。上面介绍的三种自动评估算法都未深入评估语法和语义,仅在字符串层面进行匹配。

8.3 发展历程

机器翻译毫无疑问是一项被公认为具备广泛应用前景的技术方向,但纵观该技术的发展史却并非一帆风顺,其可行性和实用性曾不断遭受质疑。

熟悉计算机视觉的读者可能会感觉到机器翻译与风格迁移任务非常类似,两者都是对同样的实体或场景的描述方式进行转换。但不同于风格迁移的图像风格,大多数自然语言都存在一定数量的、可被形式化描述的语法规则集。因此,早期机器翻译的研究路线是语言学家分析并归纳源语言和目标语言的表述规则以及转换规则,计算机学者将这些规则用程序语言实现。在基于规则的机器翻译方法遇到瓶颈后,计算机科学家提出将规则的寻找也交给计算机完成。所以,基于实例的机器翻译、统计机器翻译以及现在主流的神经机器翻译孕育而生。

8.3.1 基于规则的机器翻译

20 世纪 70 年代,自然语言处理研究者第一次提出基于规则的机器翻译。基于规则的机器翻译系统主要包含双语词典和针对每种语言制定一套语言规则,前者负责进行词语在源语言和目标语言的转换,语言规则负责评价译文的流利度。如果有必要,系统还可以补充各种技巧性的规则,如名字、拼写纠正以及音译词等。基于规则的机器翻译如图 8-2 所示。

图 8-2　基于规则的机器翻译

（1）直接翻译法

直接翻译法简称直译法,如图 8-3 所示。这个方法是模拟语言初学者的翻译流程(本章开头的第二种方法),即先对源文本进行分词,然后查双语字典找到目标词汇,最后对这些词汇进行语态、语法上的微调。

图 8-3　直接翻译法(英译德)

直接翻译法极其简单,但缺少对源文本的整体分析,效果较差,译文往往看起来有些整脚。语言学家花费了大量的时间为每个单词制定规则,而直接翻译法带来的回报远远低于预期。不甘于白白浪费力气,因此,语言学家提出转换翻译法。

(2)转换翻译法

转换翻译法在直译法中增加了一步-分析句法结构,如图 8-4 所示。像我们在小学英语课上学习的一样,转换翻译法先分析源文本的句法结构,将源文本结构按一定规则转换为目标语言结构,之后的步骤与直译法相同。

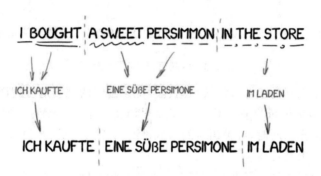

图 8-4　转换翻译法(英译德)

整个方法从语法树的角度增加了译文的忠实度,但仍缺少语义分析。同时,转换翻译法依然依赖语言学家,而词汇结构的数量与单个单词相比大幅度增加,从而导致翻译更加复杂。

(3)中间语言法

中间语言法的核心是设计一个通用语言作为不同自然语言间的通用桥梁,如图 8-5 所示。类似于不同物品可以通过通用货币进行等价转换,不同语言可以通过这个中间语言进行等价转换。机器翻译系统会先将一个源语言文本转换为中间语言文本,再将中间语言文本转换为目标语言文本,实质上为两次转换翻译(如图 8-6 所示)。同时,需要注意的是,中间语言法与转换翻译最大的不同是,中间语言法的语言规则并不同时涉及互译的语言对,每个规则仅针对一种自然语言和中间语言。

中间语言法降低了多种语言间的建模成本,翻译器个数由原来的语言对个数降低到语言数,增加了系统的可迁移性和可扩展性。但设计这样一种中间语言的难度不低于,甚至高于设计任何一个自然语言,所以中间语言翻译器未能达到预期效果。

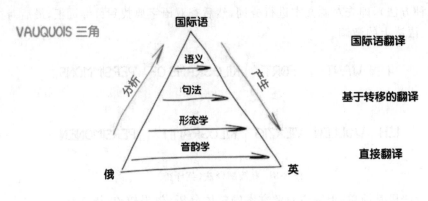

图 8-5　中间语言法框架

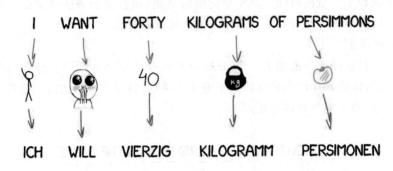

图 8-6　中间语言法（英译德）

综上分析,基于规则的机器翻译按照语言学专家制定的规则进行翻译,在特定领域可以获得不错的效果,但单纯依靠查字典的方式获得译文词组,会导致翻译器无法输出一些虚词,必须依靠规则补充。同时,各种语言的形成都有较复杂的历史,语言学家制定的规则难以完备,往往有特例未被覆盖。

更重要的是,大多单词的译文会被其上下文所影响。例如,对于英文语句"I saw a man on a hill with telescope.",利用基于规则的机器翻译方法可能得到如下几种结果:①我看到山上有个男人拿着望远镜。②我站在山上透过望远镜看到一个男人。③我透过望远镜看到山上站着一个男人。因此,机器翻译研究者考虑摆脱对语言学家的依赖,将更多的决定权交给语料库。

8.3.2　基于实例的机器翻译

基于规则的机器翻译因未能达到研究者的预期而被放弃,基于语料库的机器翻译思路开始引起关注。其中,基于实例的机器翻译被率先提出。

基于实例的机器翻译核心思想是聚类。翻译器分析输入文本与其"背"下来的样本原文进行比对,找到最相似的样本,将输入文本与样本相同的词语对应的译文复制到本次翻译中,将不同的词语通过查双语字典的方式找到译文。

例如,翻译器在平行语料库中见过"I'm going to the theater",知道这句话的翻译是"我要去看戏"。现在,翻译器需要翻译"I'm going to the cinema"。翻译器只需找到跟这句话重合度最高的句子(假设就是"I'm going to the theater"),复制上面翻译的前半部分,得到"我要去看",再根据字典中 cinema 的意思,翻译器最终的翻译为"我要去看电影"。

基于实例的机器翻译的核心是找出语料库中与本次需翻译句子最相近的句子及两句子的不同之处,在不破坏句子结构的前提下,仅翻译这个有差异的单词。显然,这是一种数据驱动的方法,但它学习的是文本的表面-字符串。

基于实例的机器翻译思想虽然很简单,但它使得机器翻译不再依赖语言学家去制定规则。并且,翻译器"背"下的例子越多,翻译效果越佳。从这个角度分析,基于实例的机器翻译模拟了一些语言学习者的学习思路。

8.3.3 统计机器翻译

基于实例的机器翻译的成功证明了基于语料库的机器翻译的可行性,统计机器翻译(Statistical Machine Translation,SMT)进入研究者的视野。统计机器翻译在构建时统计已有样本集中每个单元被翻译成目标语言中不同单元的分布频率,用统计分布近似概率分布,翻译时选择最高概率的译文。

(1) 基于单词的 SMT

基于单词的 SMT 以单词为基本单元。基于单词的 SMT 在构建时,统计每个源语言单词被翻译成不同目标语言单词的次数以及单词在输出译文通常所在的位置;翻译时,根据每个源语言单词的译文概率分布选择最可能的候选翻译,并对译文候选单词进行重排,最后增加助动词等新词。

早期基于单词的 SMT 虽然考虑了单词的对齐,但却没有进行重新排序。例如,形容词通常都需要与名词交换位置。后来,有研究者引入了"相对顺序"的概念,强调翻译器应学习两个单词是否应该互换位置,以保持相对顺序不变。这个模块就是机器翻译里的单词对齐模块。

基于单词的 SMT 是统计机器翻译研究者的初步尝试,取得了一定成功。虽然它已被基于短语的 SMT 取代,但基于单词的 SMT 中较成熟的单词对齐模块被保留了下来。

(2) 基于短语的 SMT

基于单词的 SMT 的"目光"太过狭窄,未考虑上下文信息,所以译文的质量仍不高。相比之下,基于短语的 SMT 以短语为基本单元,通过对句子 N 元文法的翻译进行统计,将机器翻译的精度提升到了商业可用的标准。因此,2006 年后的十年中,各大最先进商业翻译器均采用基于短语的 SMT。

(3) 基于语法的 SMT

语言结构千变万化,一些句子进行简单的语法结构变换就能让这些"先进"的翻译器输出逻辑不通的译文,基于语法的 SMT 被研究者提出。

基于语法的 SMT 融合了基于规则的机器翻译思想,认为翻译时需要对输入进行精确地语法分析,构建语法树,以此来解决单词对齐问题。然而,构建语法树也是自然语言处理的一个难题,在研究者还未找到可通用的构建方法时,神经机器翻译横空出世并吸引了大多数研究者。

统计机器翻译在学术界和商业界占据了近 10 年的主导地位,基于短语的 SMT 最终被神经机器翻译拉下神坛。

若读者想详细了解机器翻译现有进展,请扫描书右侧的二维码。

机器翻译研究
进展与趋势

8.4　神经机器翻译研究现状

自然语言的历史悠久带来了机器翻译任务的复杂性,而随着大规模
(平行)语料的出现和机器计算能力的提升,神经机器翻译(Neural Machine Translation,
NMT)的巨大潜力逐步被挖掘。与统计机器翻译一样,神经机器翻译的核心也是寻找源语
言单词翻译的概率分布。不同的是,神经机器翻译完全用神经网络完成这一任务。

8.4.1　编码器-解码器模型

编码器-解码器模型是神经机器翻译的主流架构,编码器和解码器均是神经网络。因为
通常输入和输出都是序列,所以编码器-解码器模型也被称为 Seq2Seq 模型(Sequence to
Sequence 模型)。

(1) 模型结构

编码器-解码器模型图如图 8-7 所示。编码器负责读取源语言文本$(x_1,x_2,\cdots,x_I)$,将
其依据上下文进行语义编码。编码器生成的序列语义特征向量 c 被输入解码器,解码器将
其还原成另一种自然语言文本$(y_1,y_2,\cdots,y_T)$。从图中可以发现,源文本的序列语义特征向
量 c 指导生成文本的语义,目标是提升翻译器的忠实度;解码器生成的单词会输入到预测下
一个单词的网络中,从而保证译文有较高的流利度。

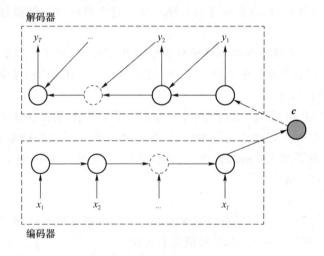

图 8-7　编码器-解码器模型

通常,编码器和解码器进行联合训练,训练的损失函数如下:

$$L(\theta) = \max_{\theta} \frac{\sum \log p_{\theta}(Y_n \mid X_n)}{N} \tag{8-1}$$

其中,θ 是编码器-解码器模型的参数,利用反向传播算法进行更新[①]。(X_n, Y_n) 是平行语对,$p_\theta(Y_n|X_n)$ 是在 X_n 输入的条件下,翻译器生成 Y_n 的概率。N 是平行语料库的语对总数。需要特别注意的是,虽然式(8-1)中没有出现 c,但对 $p_\theta(Y_n|X_n)$ 进行条件概率转换可以得到 $p_\theta(Y_n|X_n) = p_\theta(Y_n|c, X_n) \cdot p_\theta(c|X_n)$,转换结果说明 c 也是影响损失函数大小的主要因素之一。

（2）中间语言重现

神经网络模型的可解释性一直备受争议,通常,我们无法得知编码器与解码器的具体操作以及协作原理,但我们也许可以从其他角度来获得一些启示。

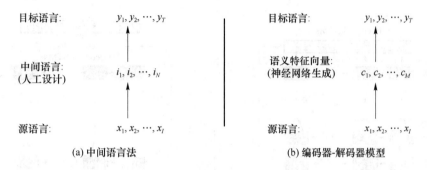

图 8-8　中间语言法与编码器-解码器输入输出对比

中间语言法与编码器-解码器的对照如图 8-8 所示。为了更清晰地观察两者的关系,图 8-8 仅画出两者的输入与(中间)输出。可以看到,编码器-解码器的语义特征向量在整个机器翻译器中扮演的角色与中间语言非常相似,如果编码器和解码器在序列语义特征 c 下完全独立,那么 c 就可以被看作 8.3.1 小节的中间语言。实际上,很多神经机器翻译模型满足此条件独立性,即在生成目标语言文本$(y_1, y_2, \cdots, y_T)$时,仅使用语言特征向量 c,而不再需要源语言文本$(x_1, x_2, \cdots, x_I)$。同时,很多研究者都声称一种语言对的编码器与解码器均可以较低成本移指到有一种相同语言的语言对翻译器中。

回顾 8.3.1 小节,中间语言法没有得到广泛应用的原因是其设计难度太高,语言学家没有找到一种合理的中间语言。然而,编码器-解码器的语义特征向量完全是计算机依据语料库自动生成的,即将中间语言的制定规则也交给神经网络去搜索。由于现在计算能力已远超过人类,所以神经网络在搜索时遍历的规则组合数可以基本保证其能找到一种较合理的"中间语言",克服了当时中间语言法面对的难题。

基于以上分析,从中间语言角度来理解编码器-解码器模型,编码器-解码器模型的学习过程就是一门中间语言的设计过程。理论上,语言学家可以参考这些计算机生成的"中间语言"特征去设计一个国际通用语言[②]。

8.4.2　三大范式

在编码器-解码器这个基本架构下,具体每个神经机器翻译器的编码器、解码器结构各

[①]　虽然不断有新的参数更新算法被提出,但反向传播算法仍然是目前最有效的更新算法。

[②]　但由于人类对数字远没有对视觉等感官敏感,"中间语言"的设计还是交给计算机完成吧。

不相同。当前编码器/解码器的神经网络结构有三个主流范式,分别是循环神经网络、卷积神经网络和注意力网络。

(1)循环神经网络

基于循环神经网络的神经机器翻译是指编码器和解码器的基本单元为循环神经元的机器翻译方法。循环神经元在多个任务中被证明可以有效建模序列信息,是大多数编码器-解码器模型的基本单元。最具代表性的基于循环神经网络的神经机器翻译模型是 Google-NMT,如图 8-9 所示。

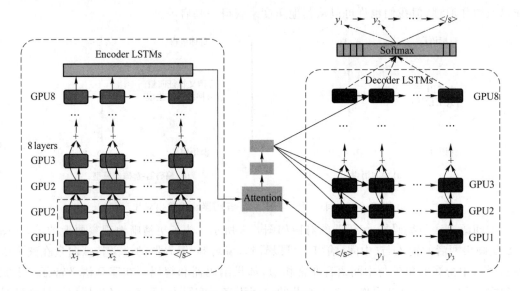

图 8-9　Google-NMT

Google-NMT 的基本单元为长短期记忆神经网络 LSTM,编码器和解码器都是利用多层 LSTM 进行堆叠搭配残差的跨层连接结构。特殊的是,编码器底层为一个双向 LSTM 层,实验证明融合双向信息流能生成更有效的序列编码。利用注意力机制处理编码器生成的序列特征,输入到解码器的每层中。

需要注意的是,为了更好地处理低词频的词,Google-NMT 在输入和输出中使用了 sub-word units(常被称为 token)也叫 wordpieces(关于翻译器的文本单元粒度详见 8.4.3 小节)。同时,图中注意力机制负责的是统计机器翻译的单词对齐(单词对齐的概念见 8.3.3 小节),该模块可独立于编码器和解码器结构,被广泛应用于各种神经机器翻译模型。

为了解决翻译速度较慢的问题,Google-NMT 在实际翻译过程中使用低精度的算法(将模型中的部分参数限制为 8bit)并采用 TPU 作为运算部件。

(2)卷积神经网络

卷积编码了局部信息(类似 N 元文法),通过多层卷积扩大感受野就可以建模整个序列信息。因此,Gehring 等人提出基于卷积神经网络的神经机器翻译模型 ConvS2S,模型结构如图 8-10 所示。

从图 8-10 可以发现,ConvS2S 的编码器和解码器均采用多层卷积层以及门控线性单元进行建模。不同于常规的二维卷积神经网络,ConvS2S 的卷积核步长均为 1,这是因为语言不具备图像的可伸缩性,图像经过下采样可以保持图片的特征,而一个句子如果间隔着单词分析,很可能遗漏重要信息。同时,笔者在每一层仅设置一个卷积核,导致 ConvS2S 每层仅能拟合一种模式(pattern)。

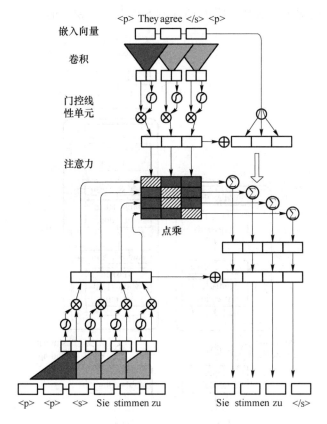

图 8-10　ConvS2S

与 Google-NMT 一样,注意力机制的作用仍是单词对齐。在解码器端,当前解码层的输出同编码器最后一层的各单词输出进行点乘运算(图中 Dot products 矩形,▨表示当前时间步输出的单词应与被激活位置的输入单词存在对齐关系),得到 attention 值。

与循环神经网络不同,卷积具有平移不变性,所以笔者在编码器端的输出显式添加了位置编码信息,以此来建模时序信息[①]。同时,利用卷积神经元取代 LSTM,可以提高并行计算效率,进一步提高神经机器翻译器的实用性。

(3) 注意力网络

注意力机制建模了人类的注意力分配方案,通常认为,越重要的信息应被分配越多的注意力。而上面两种范式均使用了注意力机制进行单词对齐,表明注意力机制本身就可以建模序列信息。因此,Vaswani 等人提出了完全由自注意力机制(Self-Attention)构成的 Transformer 模型[②],性能显著超过了当时其他神经机器翻译模型。

Transformer 模型的结构如图 8-11 所示。编码器的基本模块包含了多头注意力网络、层归一化和残差连接(实现时,每层还增加了随机失活机制),若干个基本模块的叠加组成了

---

① 论文中位置编码向量长度与词向量长度相等,但这种设置实际并没有带来显著的性能提升。

② 现在被广泛使用的预训练深层语言模型 GPT、BERT 等均以 Transformer 及其变种作为基本单元。

整个编码器。而解码器额外包含了一个掩码多头注意力网络和跨注意力层，前者负责指示当前翻译到第几个单词，后者负责接收编码器的输出信息。需要特别注意的是，多头注意力网络在编码器和解码器上的成功证明了 ConvS2S 的单个卷积核的缺陷。

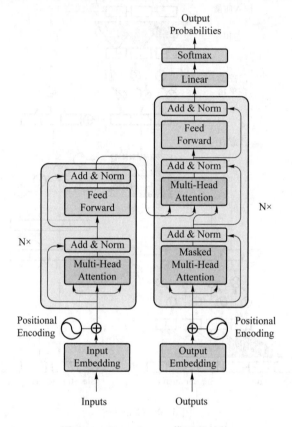

图 8-11 Transformer 模型的结构

注意力机制最大的问题是顺序无关性（也称置换等价性），所以作者引入了位置信息编码，编码方式为正弦函数和余弦函数，使得神经网络可以通过绝对位置编码推导相对位置编码。

注意力机制在机器翻译任务上获得成功的原因是其具备极大的"灵活性"。正如前文分析，机器翻译任务具有极高的复杂度，高复杂度导致大多数神经网络结构不能找到一套"完美的"中间语言规则。而注意力机制的核心在于注意力得分（Attention Score）的计算，具体指 query 向量和 key 向量的点积。不同于卷积核或全连接等结构，注意力机制的运算符两边的向量均随输入变化而变化，即对于每个文本均需要重新计算这两个向量。正如 Hinton 教授在 43 届 AAAI 上的演讲，"注意力机制实际上在发掘两个输入单元的巧合"，机器翻译里输入单元就是输入单词。

8.4.3 信息控制

除编码器和解码器的单元结构外，神经机器翻译的另一个研究方向是控制模型的信息流，研究者将不同的信息输入到神经机器翻译模型，作为先验知识来改变模型的建模方向。

（1）翻译单元粒度

众所周知，不同自然语言的基本构成单元不同，同一自然语言也可以有多种基本单元。例如，英语等拼音文字的基本构成单元可以是字符，也可以是单词；中文的基本构成单元可以是单字，也可以是词组。在编码器或解码器端采用不同的翻译单元粒度可以使神经机器模型建模不同的信息，关注不同的问题。

为了解决输入或输出存在未登录词（Out-of-Vocabulary，OOV）的问题，字符级神经机器翻译方法被提出。例如，对于源语言为英语，目标语言为德语的情况，Chung 等人提出字符级解码方法，即编码器接收的源语言基本单位为亚词（通常被称为 token），解码器输出目标语言的字符表示。字符级的输出方式使得翻译模型可以输出所有词表外的单词。Chung 等人的方法在 WMT 2015 语料库上实现了较好的翻译结果。类似地，为解决输入单词溢出词表问题，Lee 等人将源语言的字符向量作为输入，并经过卷积神经网络来建模单词信息。

可以看出，神经机器翻译器中编码器/解码器的翻译单元信息粒度取决于源语言/目标语言的语言特征，没有一个统一的粒度可以适用于所有语言对翻译。因此，构造某种特定语言对的机器翻译器的第一步就是分析源语言和目标语言的语言特征，选取合适的单元粒度。

（2）引入统计信息

虽然统计机器翻译已经被神经机器翻译所取代，但统计机器翻译的一些成果仍可以被神经机器翻译研究者所利用。

正如 8.4.2 小节指出的，当前大多数编码器-解码器模型均使用注意力机制来进行单词对齐。与传统统计机器翻译的硬对齐方法相比，注意力机制通常被称为单词"软对齐"机制，因为它对目标语言词语和源语言词语对齐长度不作限制。分析注意力网络结构可以发现，注意力得分的生成是无监督学习，得分表示两个随输入变化而变化的向量的余弦相似度。这种无监督机制使得注意力机制足够灵活，可以处理千变万化的输入，但也可能导致它对齐信息不准确。

单词对齐的好坏显著影响译文的流利度，因此，有必要引入可信的单词对齐信息，指导翻译器在翻译时合适地转换译文单词位置。统计机器翻译的词对齐信息较准确。因此，文献[17]提出有监督的注意力机制，采用统计机器翻译的词对齐信息作为监督信息。此方法在 NIST 2008 语料库上比起采用常规注意力机制的神经机器翻译模型，提升了 2.2 个BLEU。

既然统计机器翻译与神经机器翻译各有所长，各取所长应该能提升翻译器的性能。例如，Zhou 等人采用集成学习思想来利用神经机器翻译和统计机器翻译各自的优点。具体实现为，在解码时使用多个注意力机制分别处理不同机器翻译系统，方法十分简单但有效。

（3）无监督学习

前面介绍的所有神经机器翻译模型都采用了有监督学习，模型的高性能严重依赖大量高质量的平行语料库。然而，获取大量高质量的平行语料库的成本极高。另一方面，互联网上存在每种语言丰富的非平行语料，这些语料已经被证明可用于提升语言模型的建模能力。

展开式（8-1）分子的单个求和元素，我们可以得到如下公式：

$$\log p_\theta(Y_n \mid X_n) = \log p_\theta(y_1, y_2, \cdots, y_n \mid X_n)$$

$$= \log \prod_{i=1}^{n} p_\theta(y_i \mid X_n, y_1, y_2, \cdots, y_{i-1}) \tag{8-2}$$

再回顾语言模型计算一个句子概率的公式(或对比神经机器翻译的解码器与标准语言模型的输入与输出)可以发现,神经机器翻译的解码器可被看作有源语言编码信息(式(8-2)条件中的 X_n)引导的语言模型,即在常规语言模型中引入了源文本先验知识。所以,部分研究者探究利用语言模型来达到无监督学习的方法。

Zheng 等人提出集成双向翻译模型和各语种语言模型的 MGNMT 架构,如图 8-11 所示。MGNMT 架构的核心思想分为两部分:①采用回译法进行无监督学习。MGNMT 会将已有的非平行语料作为源语言输入翻译模型,获得目标语言输出,再将目标语言输出作为源语言输入反向的翻译模型,对比反向翻译模型的输出与原始非平行语料进行翻译模型的参数更新。②引入隐变量将各个模型关联起来(如图 8-12 所示)。利用对称性分解条件联合概率 $p(x,y|z)$:

$$\log p(x,y|z) = \log p(x|z) + \log p(y|x,z) = \log p(y|z) + \log p(x|y,z)$$

$$= \frac{1}{2}[\log p(x|z) + \log p(y|x,z) + \log p(y|z) + \log p(x|y,z)] \quad (8-3)$$

其中,$\log p(x|z)$ 和 $\log p(y|z)$ 分别是源语言和目标语言的语言模型(source LM 和 target LM)的概率分布,$\log p(y|x,z)$ 和 $\log p(x|y,z)$ 是双语翻译模型(src2tgt 和 tgt2src)的概率分布。

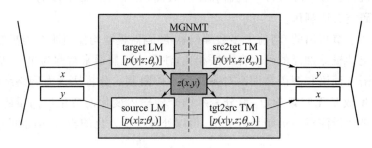

图 8-12　MGNMT 的镜像性质

显然,MGNMT 仅对建模架构进行了修改,而未强调编码器和解码器的内部结构,具体内部可使用 8.4.2 小节提到的循环神经网络、Transformer 等。在实验中,MGNMT 架构在各种场景和语言中始终优于现有方法。

若读者想详细了解 MGNMT 模型,请扫描书右侧的二维码。

(4) 小结

本节介绍了现阶段信息控制的几个研究方向,分别是翻译单元粒度、引入统计信息和无监督学习。

MGNMT

其中,翻译单元粒度研究已经基本成熟,研究者总结了结论:神经机器翻译器中编码器/解码器的翻译单元信息粒度取决于源语言/目标语言的语言特征,没有一个统一的粒度可以适用于所有语言对翻译。

引入统计信息的研究也有一些初步成果。究其原因是当前神经网络仍不能精确保留所有有效信息,在前向过程中被随机噪声干扰,发生了信息损失。所以,引入统计信息实质上是显式补充神经网络丢失的信息。因此,能够引入的信息不应局限于统计信息,任何在翻译中应该被强调的信息都可以显式嵌入神经网络中。例如,当下十分活跃的知识图谱信息可能作为常识知识引入模型中辅助翻译任务。

无监督神经机器翻译研究仍处于起步阶段。当前方法均以回译法为主要流程,引入语言模型辅助机器翻译,不同模型的差别主要存在于语言模型与翻译模型的结合方式。由于当前模型普遍参数较多、优化缓慢,无监督学习流程和语言模型与翻译模型的结合方式仍是研究者的主要研究方向。

若读者想全面了解机器翻译的发展,请扫描书右侧的二维码。

神经机器翻译
综述

8.4.4　对神经机器翻译的再思考

自然语言处理领域能一直保持快速发展,离不开领域中的质疑者,这些质疑者总是在思考当前被普遍遵循的方法是否真的是最有效的。

从 8.4.2 小节的描述可以发现,现有的三大范式基本都遵循"编码器与解码器的基本单元相同"的原则。然而,这个原则就一定是正确,或者是最优的吗?虽然大部分研究者往往默认编码器与解码器应该是对称的,但考虑到编码器和解码器功能的区别,这个原则也应该被突破。

编码器生成源语言文本的语义编码,核心是融合更多的上下文信息,属于自然语言理解领域研究。循环神经网络、卷积神经网络和注意力机制都有大量的尝试,其中以 Transformer 为代表的深层注意力网络达到了当前最好的效果①。

解码器依据编码器输出的特征生成另一种自然语言文本,属于自然语言生成领域研究,循环神经网络在这方面要略胜于其他神经网络结构。虽然当前深层预训练语言模型几乎席卷了整个自然语言理解任务,但在机器翻译等自然语言生成任务上未见显著提升,可能原因有二:①实验中机器翻译语料规模已经足够,这点需要在小语料库上进行实验来验证;②大多数预训练使用双向信息,不适用于解码器。对于第②点有一个现象可以佐证:虽然使用双向信息流的 BERT[21] 比使用单向信息流的 GPT[20] 更多地提升了各个自然语言理解任务的最优性能,但在自然语言生成任务中,GPT 往往要优于 BERT。

对于上述假设,Chen 等人[23]做了初步尝试,对比了编码器和解码器分别使用各种神经网络结构的模型性能。对比发现,编码器选择 Transformer 结构,解码器选择循环神经网络要优于其他组合方式。此论文实验初步验证了上述猜想,但还需要进一步探索。

8.5　前沿技术与发展趋势

由于深度学习具有极强的自动生成文本特征能力,近年来,绝大多数研究者都转入神经机器翻译的研究。

8.5.1　前沿技术

(1)质量评估算法

一方面,如 8.2 节分析,现有的质量评估算法仍未在深层语义上评估参考译文与翻译器

---

① 自然语言理解领域的最新论文中均采用深层预训练语言模型达到了最优的效果。

的输出译文。另一方面,质量评估算法代表翻译器的优化方向,严重影响翻译器在实际使用时的效果,是机器翻译的核心问题之一。

Fan 等人[24]对质量评估算法进行了初步尝试,他们设计的 Bilingual Expert 除了常规的特征抽取模型,还额外包含了一个质量评估模型,用于:①在句子层面,评估翻译质量;②在单词层面,判断翻译对错。

Bilingual Expert 的质量评估模型基于双向 LSTM(bidirectional LSTM,BiLSTM),编码特征抽取模型输出的特征向量,并用①BiLSTM 编码的前向的最后一个时间步与反向的最后一个时间步的隐藏特征联合计算一个[0, 1]区间的实数值,表示句子的翻译质量;②BiLSTM 编码对应的目标端词的每一个时间步的前后向量隐藏特征联合计算一个概率值以将单词翻译分类为 OK 或 BAD。从建模方向上,句子评估被建模成回归问题,单词判断被建模成序列标注问题。

Fan 等人的这次尝试取得了一定的成功,并取得 2018 年 WMT 国际机器翻译大赛的数个冠军。但该方向仍处于起步阶段,并有较大的发展潜力。

(2)无监督神经机器翻译

随着易获取的平行语料被发掘完,扩大平行语料库的成本显著增大,以垂直领域为代表的机器翻译面临缺少平行语料库的问题。为解决这个问题,一方面,研究者探索自动生成平行语料的方法。另一方面,以 8.4.3 小节介绍的 MGNMT 为代表的无监督神经机器翻译逐渐吸引学术界和工业界的关注。设计无监督神经机器翻译的工作流程将成为一个主要研究方向。

(3)即时翻译

即时翻译,也被称为同声传译,目标是在读取源语言输入的同时完成翻译的输出,翻译过程仅有几个单词的延迟。其不足是当前的主流模型参数庞大,运算复杂,译文输出有较严重的延迟。同时,该领域研究者还未提出一套较完备的读写策略。

即时翻译的商业价值巨大,是各大商业机构的重点发展方向之一。百度开发了同声传译和预期与可控延迟(STACL)系统,能够在演讲者讲话后几秒钟开始翻译,并在句子结束后几秒钟内完成翻译。它与连续解释相反,后者是翻译器等待,直到说话者暂停开始翻译。2020 年的自然语言处理领域国际顶级会议 ACL 上,百度领衔,联合 Google、Facebook、Upenn、清华大学等海内外顶尖企业及高校专家们共同申办首届同声传译研讨会(The 1st Workshop on Automatic Simultaneous Translation),这表明即时翻译的需求愈发强烈,未来可能有越来越多的研究者投入此领域。

8.5.2 发展趋势

(1)融合外部知识

无论是 8.4.1 小节中"中间语言再现",还是 8.4.3 小节"引入统计信息"都在向我们传递一个信息——"利用过去的研究成果是一个提升神经机器翻译模型效果的捷径"。读者可以从 Ilya Pestov 的《机器翻译简史》[28]了解机器翻译更详细的发展历程,可能会获得新建模方法的启发。

除此之外,自然语言处理的其他领域也有很多先验知识可以作为提升机器翻译的潜在方案。例如,清华大学的刘洋教授团队尝试提供一种通用的框架,使得所有的知识(如双语词典)都能加入其中。刘洋教授团队把人类的知识表示成符号空间,把深度学习表示成数值空间,然后把两个空间关联起来,并将基于符号表示的知识都压缩到数值空间,从而令其指导深度学习过程,如图 8-13 所示。

$$双语词典 \quad \phi_{BD_{<x,y>}}(x,y)=\begin{cases} 1, & x \in x \wedge y \in y \\ 0, & 其他 \end{cases}$$

$$习惯用语表 \quad \phi_{PT}(x,y)=\begin{cases} 1, & \tilde{x} \in x \wedge \tilde{y} \in y \\ 0, & 其他 \end{cases}$$

$$覆盖性约束 \quad \phi_{CP}(x,y)=\sum_{i=1}^{|x|} \log(\min(\sum_{j=1}^{|y|} a_{i,j},1.0))$$

$$长度比率 \quad \phi_{LR}(x,y)=\begin{cases} \dfrac{\beta|x|}{|y|}, & \beta|x| < |y| \\ \dfrac{|y|}{\beta|x|}, & 其他 \end{cases}$$

图 8-13　将基于符号表示的知识压缩到数值空间

此外,知识图谱也包含很多高质量的先验知识,这些知识可以弥补当前机器翻译以短文本为核心带来的缺乏背景知识的问题。

(2)多模态机器翻译

在本章节中,机器翻译以文本翻译为例进行了详细描述,但实际上语音(8.5.1 小节的即时翻译)、图像[29]、视频等都是良好的数据源。当然,为分析这些信息,研究者需要重新设计机器翻译的编码器与解码器结构和翻译单元粒度。

一直以来,多模态机器翻译的瓶颈都在于训练需要大量双语-额外引入模态的标注数据,研究成本也因此被大大提高了。为解决视觉-机器翻译领域中标注成本高的问题,Zhang 等人尝试提出了一种通用的视觉表征,将图片信息融合到机器翻译模型中。使用这种视觉知识融合方法,不需要额外的双语-图片标注数据,模型就能够在多个数据集上取得显著的效果提升。

但当前这种方法尚未扩展到视频、语音等领域,所以数据标注问题仍然是挡在多模态机器翻译前的一座大山。

(3)多语言翻译

多语言翻译指输入端有多种自然语言描述文本且其语义等价,或输出端将输出与源语言文本语义等价的多种语言描述文本。

例如,Bapna 等人使用超过 500 亿个参数针对超过 250 亿个句对(100 多种语言与英语的双向语言对)进行单个神经机器翻译模型训练,从而挑战多语言神经机器翻译的极限。最终,笔者得出一种海量多语言大规模神经机器翻译方法。无论语料稀少还是丰富,此方法均可大幅提升语言的翻译质量,并很容易适应各个领域/语言,同时在下游的跨语言迁移任务中也能表现出色。

正如前文分析,当前神经机器翻译属于中间语言法的再发展。中间语言的核心特点是任何语言对在中间语言已知时均是独立的,这个特点为多语言翻译提供了前提。同时,无监督神经机器翻译的发展必然会带来各种语言的非平行语料成为神经机器翻译学习的基石,语言对的依赖性将逐渐减弱,使得多语言翻译有潜力成为热点研究方向。

本 章 小 结

　　机器翻译是指利用计算机将一段文本从一种自然语言无语义损失地转换为另一种自然语言的过程。在过去 70 年里,机器翻译一直是自然语言处理中非常活跃的研究领域,推出了诸多实用的商业系统,如 Google 翻译等。在经过了几次技术革新后,现在以神经网络为核心的神经机器翻译主导了机器翻译领域的发展。在过去的研究中,研究者从评估算法、模型结构、学习方案等不同角度出发提出了不计其数的解决方案。但由于机器翻译任务的复杂性,现有方案仍存在一定问题,使得未来会有越来越多的研究者投入该领域的研究。

思 考 题

(1) 详述机器翻译的定义。
(2) 描述评估机器翻译的难点。
(3) 分析现有机器翻译评估标准的优缺点。
(4) 简述机器翻译的发展历程。
(5) 简述神经机器翻译的研究现状。
(6) 简述"单词对齐"的意义和几种方法。
(7) 简述机器翻译的发展趋势。
(8) 试用现有机器翻译系统,分析其优缺点和实现方法。

本章参考文献

[1] Tian L, Wong D F, Chao L S, et al. UM-Corpus: A Large English-Chinese Parallel Corpus for Statistical Machine Translation[C]//LREC. 2014: 1837-1842.

[2] Tiedemann J. Parallel Data, Tools and Interfaces in OPUS[C]//LREC. 2012: 2214-2218.

[3] Papineni K, Roukos S, Ward T, et al. BLEU: a method for automatic evaluation of machine translation[C]//Proceedings of the 40th annual meeting of the Association for Computational Linguistics. 2002: 311-318.

[4] Doddington G. Automatic evaluation of machine translation quality using n-gram co-occurrence statistics[C]//Proceedings of the second international conference on Human Language Technology Research. 2002: 138-145.

[5] Banerjee S, Lavie A. METEOR: An automatic metric for MT evaluation with improved correlation with human judgments[C]//Proceedings of the acl workshop

on intrinsic and extrinsic evaluation measures for machine translation and/or summarization. 2005：65-72.

［6］　王厚峰. 基于实例的机器翻译方法和问题［J］. 术语标准化与信息技术，2003（2）：33-36.

［7］　Brown P F，Della Pietra S A，Della Pietra V J，et al. The mathematics of statistical machine translation：Parameter estimation［J］. Computational linguistics，1993，19（2）：263-311.

［8］　Koehn P，Hoang H，Birch A，et al. Moses：Open source toolkit for statistical machine translation［C］//Proceedings of the 45th annual meeting of the ACL on interactive poster and demonstration sessions. Association for Computational Linguistics，2007：177-180.

［9］　Chiang D，Knight K，Wang W. 11，001 new features for statistical machine translation［C］//Proceedings of human language technologies：The 2009 annual conference of the north american chapter of the association for computational linguistics. 2009：218-226.

［10］　Sutskever I，Vinyals O，Le Q V. Sequence to sequence learning with neural networks［J］. Advances in neural information processing systems，2014，27：3104-3112.

［11］　李亚超，熊德意，张民. 神经机器翻译综述［J］. 计算机学报，2018，41（12）：100-121.

［12］　Wu Y，Schuster M，Chen Z，et al. Google's neural machine translation system：Bridging the gap between human and machine translation［J］. arXiv preprint arXiv：1609.08144，2016.

［13］　Gehring J，Auli M，Grangier D，et al. Convolutional sequence to sequence learning［C］//Proceedings of the 34th International Conference on Machine Learning-Volume 70. 2017：1243-1252.

［14］　Vaswani A，Shazeer N，Parmar N，et al. Attention is all you need［J］. Advances in neural information processing systems，2017，30：5998-6008.

［15］　Chung J，Cho K，Bengio Y. A Character-level Decoder without Explicit Segmentation for Neural Machine Translation［C］//Proceedings of the 54th Annual Meeting of the Association for Computational Linguistics（Volume 1：Long Papers）. 2016：1693-1703.

［16］　Lee J，Cho K，Hofmann T. Fully character-level neural machine translation without explicit segmentation［J］. Transactions of the Association for Computational Linguistics，2017，5：365-378.

［17］　Liu L，Utiyama M，Finch A，et al. Neural Machine Translation with Supervised Attention［C］//Proceedings of COLING 2016，the 26th International Conference on Computational Linguistics：Technical Papers. 2016：3093-3102.

［18］　Zhou L，Hu W，Zhang J，et al. Neural System Combination for Machine Translation［C］//Proceedings of the 55th Annual Meeting of the Association for Computational Linguistics（Volume 2：Short Papers）. 2017：378-384.

[19] Peters M，Neumann M，Iyyer M，et al. Deep Contextualized Word Representations [C]//Proceedings of the 2018 Conference of the North American Chapter of the Association for Computational Linguistics：Human Language Technologies， Volume 1 (Long Papers). 2018：2227-2237.

[20] Radford A，Narasimhan K，Salimans T，et al. Improving language understanding with unsupervised learning[J]. Technical report，OpenAI, 2018.

[21] Devlin J，Chang M W，Lee K，et al. BERT：Pre-training of Deep Bidirectional Transformers for Language Understanding [C]//Proceedings of the 2019 Conference of the North American Chapter of the Association for Computational Linguistics：Human Language Technologies，Volume 1 (Long and Short Papers). 2019：4171-4186.

[22] Zheng Z，Zhou H，Huang S，et al. Mirror-Generative Neural Machine Translation [C]//International Conference on Learning Representations. 2019.

[23] Chen M X，Firat O，Bapna A，et al. The Best of Both Worlds：Combining Recent Advances in Neural Machine Translation[C]//Proceedings of the 56th Annual Meeting of the Association for Computational Linguistics (Volume 1：Long Papers). 2018：76-86.

[24] Fan K，Wang J，Li B，et al. "Bilingual Expert" Can Find Translation Errors[C]// Proceedings of the AAAI Conference on Artificial Intelligence. 2019，33： 6367-6374.

[25] Lample G，Ott M，Conneau A，et al. Phrase-Based & Neural Unsupervised Machine Translation [C]//Proceedings of the 2018 Conference on Empirical Methods in Natural Language Processing. 2018：5039-5049.

[26] Ren S，Zhang Z，Liu S，et al. Unsupervised neural machine translation with smt as posterior regularization[C]//Proceedings of the AAAI Conference on Artificial Intelligence. 2019，33：241-248.

[27] Ma M，Huang L，Xiong H，et al. STACL：Simultaneous Translation with Implicit Anticipation and Controllable Latency using Prefix-to-Prefix Framework[C]// Proceedings of the 57th Annual Meeting of the Association for Computational Linguistics. 2019：3025-3036.

[28] Pestov I. A History of Machine Translation from the Cold War to Deep Learning [J]. URL https：//medium. freecodecamp. org/a-history-of-machine-translation- from-the-cold-war-to-deep-learning-f1d335ce8b5 as downloaded on，2018：06-11.

[29] Zhang Z，Chen K，Wang R，et al. Neural machine translation with universal visual representation[C]//International Conference on Learning Representations. 2019.

[30] Arivazhagan N，Bapna A，Firat O，et al. Massively multilingual neural machine translation in the wild：Findings and challenges[J]. arXiv：1907. 05019，2019.

第 9 章
摘要生成

本章思维导图

随着互联网技术的不断发展,网络上的文本数据也呈现出爆炸的趋势,面对如此庞大量级的数据,人工对文本信息进行总结以及摘要提取是非常难实现的。互联网中蕴含着大量信息,通常远远大于我们需要的数量。因此,我们在使用这些信息的过程中经常会出现以下两个问题:

① 在大量现有的信息之中寻找与我们的目标相契合的信息片段;

② 从大量相关的信息片段中总结出结论或者关键点。

在这种背景情况下,对于数据的自动"降维"技术的需求就显得尤为迫切。文本摘要技术旨在利用计算机将大量文本信息简化为包含原文本信息的简短摘要,并保证信息的核心意思不发生缺失或者改变。一个好的摘要系统应该反映不同信息的不同主题,同时尽量减少冗余以极大的提高信息的使用效率,将人们从信息的海洋中解救出来。

文本摘要按照输出的类型分类可以分为抽取式摘要(Extract Summarization)和生成式摘要(Abstract Summarization)。顾名思义,抽取式摘要是指从源文档中抽取关键句或者关键词组成文本的摘要,其特点则是摘要的全部内容均来源于原文。生成式摘要则更接近于人工提取摘要的过程,这种方法允许计算机自行识别文本的特征,然后自行总结出文本的摘要内容,其特点为摘要中可能包含原文中未出现过的词句。

本章将就抽取式与生成式两种摘要抽取方法进行讨论,以时间为主线分别梳理两种方法的历史发展进程与实现方法,最后评析文本摘要领域现有的前沿技术以及该领域的发展趋势与挑战。

图 9-1 为本章的思维导图,是对本章的知识脉络的总结。

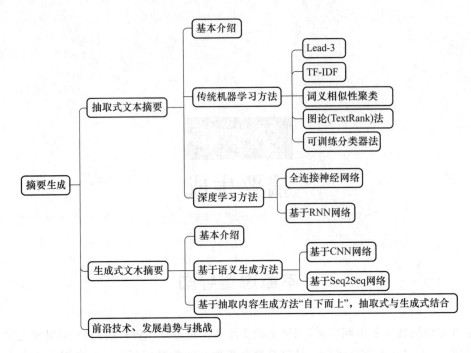

图 9-1　摘要生成思维导图

9.1　抽取式文本摘要

9.1.1　抽取式文本摘要的基本介绍

1. 技术原理

　　抽取式文本摘要系统的基本原理是对原始文本中不同的句子或段落进行评估,选择出重要的句子、段落等,组成文本的摘要信息。大多数情况下文本片段重要性的评估是基于对单个或多个混合的表层特征(如单词/短语频率、位置或提示词)来进行的,系统依据这些特征以及相应的规则对文本片段进行打分,从而确定要提取的句子的位置。

　　在这套体系之下,出现得"最为频繁"的内容或者"位置更加有利"(例如,位于段首的句子或者文章的首段)的内容通常会被系统认为是"最重要"的内容。计算机在搜寻重要的文本片段时,无论是所谓"最频繁"还是"位置更加有利",都从来没有尝试过去理解这些文本实际表述的语义内容,即使文本的选择需要非常复杂的统计计算或者非常巧妙的参数配置,这也仅仅只是文本的表层特征。因此,抽取式摘要系统所做的工作是通过某种形式的统计分析绕过了对文本内含特征的深入理解。所以这种方式的文本摘要方法往往概念上更加简单、可解释性更好,并且易于实现,但相对的,最终生成的文本摘要在语义上的连贯性就不那么尽如人意。

　　一般的抽取式文本摘要大致可以分为两步:

① 数据预处理。在这一步骤中通常需要对原文本进行结构化的表示。例如,需要进行句子边界识别、停用词消除、词干提取等工作。

② 语句重要性评估。在这一步骤中系统会对影响句子相关性的特征进行确定和计算,采用权值学习的方法对这些特征赋权;然后使用 Feature-weight 方程计算出每个句子的最终得分,并选择排在最前面的句子作为最后的总结。

抽取式文本摘要主要面临以下几个难点:

- 系统抽取出的"重要"的句子往往在长度上要大于原文本的平均句子长度。因此对于摘要来说不重要的部分也会包括进来,占用空间。
- 抽取式文本摘要系统原理上是从源文本中抽取一句话作为文本的摘要。但客观事实上,重要或相关的信息通常并非集中于一个中心句中,而是分布在各个句子中。所以提取性的摘要很难捕捉到这些信息(除非摘要足够长,能够容纳所有的句子)。
- 如果文本当中存在相互矛盾的信息,例如,涉及事物的两面性时,抽取式的文本摘要将会很难处理这种信息。

单纯的提取式文本摘要系统还会经常导致提取出的摘要整体连贯性差。也就是说系统抽取出来的摘要在我们人类看来不符合基本语法、不通顺或者不能表达出源文本的含义。例如,句子中通常含有代词,但脱离了上下文,代词就失去了指代对象。更糟糕的是,将脱离了文章语境的提取信息拼接在一起可能会导致对后语的误解(导致源信息的不准确表示,即低保真度)。在具有时态差异的语言中(如英语等),时态表达式也存在类似的问题,并且这些问题在多文档摘要提取任务中会变得更加严重,因为摘要来自不同的来源,很容易造成时态的混乱。解决这些问题的一般方法包括后处理摘要,例如,用先行词代替代词,明确相对关系。

2. 数据集

常见的抽取式文本摘要数据集为 DUC 数据集和 NYT 数据集。

DUC 数据集为单句摘要数据集,将长文本生成一句摘要,分为 DUC2003 和 DUC2004。DUC2003 包含 624 文档-摘要对。DUC2004 包含 500 文档-摘要对,DUC2004 文档平均35.6 个词,摘要平均 10.4 个词。由于 DUC 数据集规模较小,因此神经网络模型往往在其他数据集上进行训练,再在 DUC 数据集上进行测试。

NYT 数据集包含了发表于 1996 年至 2007 年期间的文章,摘要由专家编写而成。该数据集的摘要有时候不是完整的句子,并且长度较短,大约平均为 40 个词语。

3. 评价指标

在生成了一个文本摘要之后,紧接着需要处理的问题就是如何评价一个文本摘要的好坏,因为有了准确的评价体系才能明确系统优化的方向。文本摘要的评价大体上可以分为内部评价和外部评价两种。内部评价是一种尝试模拟人对于摘要的评价方式的方案,这种方法关注的是文本本身的意思能否被摘要准确地表述,对于抽取式摘要生成系统来讲,由于摘要内容一定在原文中,因此可以通过文本选择的准确率对系统进行性能评估;外部评价则往往是引入一个外部任务,基于外部任务的表现对摘要的质量进行评价,例如基于信息检索任务来评价摘要的质量。

9.1.2 基于传统机器学习的抽取式文本摘要生成方法

1. 基于首句的摘要生成方法

一般来说,好的作者常常会在标题和文章开始就表达主题,因此最简单的方法就是抽取文章中的前几句作为摘要。常用的方法为 Lead-3,即抽取文章的前三句作为文章的摘要。Lead-3 方法虽然简单直接,但却是非常有效的方法。

2. 基于关键词 TF-IDF 的方法

当文章围绕某一主题进行陈述时,这个与主题相关的关键词可能就会被反复提及,因此句子的"意义"是可以通过对组成句子的词语分析得出的,文章中词语出现的频率(Term Frequency,TF)可以视作对词语意义的一种有效衡量。这种重复使用某些词的强调方式可以被认为是"意义"的标志,在一个句子中,一些词在语境中出现的频率越高,这些词的"意义"就会越大。这些词虽然必须通过其他词来把它们连在一起组成一句话,但这里所寻求的"意义"并不存在于这些连接词中,因此这种关于"意义"的相当简单的论证绕过了对于语法等复杂语言现象的关注,将关注点聚焦于文本表层的统计学特征中。一般来说,词频统计不打算区分词形,也不关注文章作者的逻辑结构,仅仅只是按照频率降序排列一个清单和一个单词列表。

一般在计算中,TF 通常会被归一化(一般是词频除以文章总词数),以防止它偏向长的文件。另外需要注意的是,从文章整体来看,一些出现频率很高的通用词语对于主题并没有太大的作用(比如代词、冠词等),反倒是一些出现频率较低的词才能够表达文章的主题,所以单纯使用 TF 是不合适的。考虑以上情况,可以设计一个词频权重来约束词频的统计结果,权重的设计必须满足:一个词预测主题的能力越强,权重越大;反之,权重越小。在抽取式摘要生成任务中,一些词只是在其中很少的几个句子(段落)中出现,这样的词对文章的主题的作用可能很大,这些词的权重应该设计得大些;而一些代词可能每句话都有,那么这些词的词频或许很高,但是其权重应该很小。这样的权重被称作"逆向文件频率"(Inverse Document Frequency,IDF),具体概念和计算公式在第 2 章已给出,感兴趣的读者可以回顾第 2 章的内容。

TF-IDF 是一种成熟的词频统计方法,可以用来评估字词对于一个文本的重要程度。字词的重要性随着它在句子、段落中出现的次数呈正比增加,但同时会随着它在整个语料库中出现的频率呈反比下降。也就是说,一个词语在一篇文章中出现的次数越多,同时在所有文档中出现的次数越少,越能够代表该文章。基于关键词 TF-IDF 的抽取式摘要生成方法首先统计得出文本的关键词以及其对应的 TF-IDF 分数,研究并实现一种评分算法,根据每一个句子所含关键词的数量以及对应分数,对句子进行评分,选择评分高的句子作为摘要的一部分。

基于关键词 TF-IDF 的抽取式摘要生成方法仅关注文本表层的词语分布统计特征,绕过了对文本内含特征的深入理解。虽然没有涉及文本内容、作者意图等自然语言理解要素,但是从当时软件发展以及硬件算力来看,此方法仍具有较高的研究价值。它是一套完全基于计算机自动计算进行的自然语言处理程序,使程序对语言的理解不再受限于语言的繁杂变化,而只关注其数学统计特征,为后续多种摘要提取方法提出了新的思路。

3. 基于语义相似性聚类的方法

基于关键词 TF-IDF 抽取式文本摘要方法采用简单的统计特征来绕过对于文本的理解,而没有根据句子的语义内容以及句子在文本中的逻辑重要性来选择句子。基于语义相似性聚类的算法则是在词频的基础上,将词的特征转化为句子特征,加强了句子之间的联系,引入了"语义相似度"等概念,基于识别句子之间的语义关系实现对摘要语句的选择。

基于语义相似性聚类方法首先定义了以下三种相似性维度:

① 词汇相似度。词汇相似度主要用来描述两个句子之间的形式相似度,是通过两个句子中相同单词的数量来衡量的。例如,S_1,S_2 是两个句子,则词汇相似度使用如下公式计算:

$$\text{Sim}_1(S_1,S_2)=\frac{\text{SameWord}(S_1,S_2)}{\text{Len}(S_1)+\text{Len}(S_2)} \tag{9-1}$$

其中,$\text{SameWord}(S_1,S_2)$ 代表两句话中相同词的个数,$\text{Len}(S_n)$ 代表句子 S_n 的长度。

② 词序相似度。词序相似度主要用来描述两个句子之间的序列相似性。句子往往有很多种表达方式,不同的排列顺序代表不同的意思。假设使用三个向量来表示一个句子 S_1:

$$\boldsymbol{V}_{11}=\{d_{11},d_{12},\cdots,d_{1n}\} \tag{9-2}$$
$$\boldsymbol{V}_{12}=\{d_{21},d_{22},\cdots,d_{2n}\} \tag{9-3}$$
$$\boldsymbol{V}_{13}=\{d_{31},d_{32},\cdots,d_{3n}\} \tag{9-4}$$

此时句子 S_1 可以被三个向量表示:向量 $\boldsymbol{V}_{11}$ 为 S_1 的 TF-IDF 向量,其中的权重 d_{1i} 为单词 ω_i 的 TF-IDF 分数;向量 $\boldsymbol{V}_{12}$ 为 S_1 的 bi-gram 向量,其中的权重 d_{2i} 为单词 ω_i 是否出现 bi-gram(0 表示没有出现,1 表示出现);向量 $\boldsymbol{V}_{13}$ 为 S_1 的 tri-gram 向量,其中的权重 d_{3i} 为单词 ω_i 是否出现 tri-gram(0 表示没有出现,1 表示出现)。此时 S_1 和 S_2 的语序相似度为:

$$\text{Sim}_2(S_1,S_2)=\lambda_1*\cos(\boldsymbol{V}_{11},\boldsymbol{V}_{21})+\lambda_2*\cos(\boldsymbol{V}_{12},\boldsymbol{V}_{22})+\lambda_3*\cos(\boldsymbol{V}_{13},\boldsymbol{V}_{23}) \tag{9-5}$$
$$\lambda_1+\lambda_2+\lambda_3=1 \tag{9-6}$$

可以人为调整不同向量的权重 $\lambda_1,\lambda_2,\lambda_3$。

③ 语义相似度。语义相似度主要用来描述两个句子之间的语义相似度。句子之间的相似度由单词与句子相似度(WSSim)推导得出。计算如下:

$$\text{WSSim}(w,S)=\max\{\text{WordNet}(w,W_i)\,|\,W_i\in S,\text{ where } w \text{ and } W_i \text{ are words}\} \tag{9-7}$$
$$\text{Sim}_3(S_1,S_2)=\frac{\sum\limits_{W_i\in S_1}\text{WSSim}(w_i,S_2)+\sum\limits_{W_j\in S_2}\text{WSSim}(w_j,S_1)}{\text{Len}(S_1)+\text{Len}(S_2)} \tag{9-8}$$

其中,$\text{WordNet}(w,W_i)$ 是两个词利用 WordNet 计算得出的相似度,感兴趣的读者可以自行查阅相关文献资料,这里不再展开赘述。

若想详细了解 WordNet 相关资料,请扫描书右侧的二维码。

至此,我们可以使用以上三个维度的线性组合计算出两个句子的相似度,句子相似度通常描述为(0,1]之间的一个数字,0 代表不相似,1 代表完全相似。数字越大,句子越相似。S_1 和 S_2 之间的句子相似度定义如下:

$$\text{Sim}(S_1,S_2)=\lambda_1*\text{Sim}_1(S_1,S_2)+\lambda_2*\text{Sim}_2(S_1,S_2)+\lambda_3*\text{Sim}_3(S_1,S_2)$$
$$\tag{9-9}$$

WordNet

基于语义相似性聚类抽取式摘要生成的第二步需要确定文档中簇的个数。每一个簇由若干相似的句子组成,即将文本划分为若干组句子,每一组句子之间具有一定的相似性,组与组之间不具有明显的相似性,这些组就被称为"簇"。确定文本文档中句子簇的最优数量是一个困难的问题,它依赖于摘要的压缩比例以及文档主题,通常情况下,可以根据句子中单词的分布情况来确定这个值。确定簇的个数后,使用 K-Means 算法对句子进行聚类,假设句子簇为 $D = \{C_1, C_2, \cdots, C_k\}$。完成簇的划分后,摘要提取的过程如下:首先,在每个簇中根据句子 S_i 与其他句子的累计相似度,确定每个簇的中心句及中心句相关度 u_k。然后,针对每个句子 S_i,计算 S_i 与中心句的相似度 v_{ik}。最后,根据相似度以及中心句相关度权重,对句子进行评分,选择分数高的句子作为摘要:

$$\text{score}(S_i) = \sum_{k \in K} v_{ik} u_k \tag{9-10}$$

基于语义相似性聚类抽取式摘要生成方法首次将"语义"信息引入计算之中,受制于硬件算力的约束,此处的"语义"仍然是基于统计学的表示,而非文本真实的自然语言语义。

4. 基于图论(TextRank)的方法

以人类的角度来看待摘要抽取任务,第一步往往是识别文本中讨论的问题或主题,基于图论的抽取式摘要生成便提供了一种识别这些主题的方法。如果将文档看成一个无向图,文档中的句子表示为无向图中的节点,那么给定文档 D,可以用无向图 $G = (V, E)$ 来表示这个文档,其中 $V = \{S_1, S_2, S_3, \cdots, S_m\}$ 是该文档中的一组句子,句子 S_i 被认为是由一组单词 $\{w_{S_i,1}, w_{S_i,2}, \cdots, w_{S_i,n}\}$ 组成,对于任意两个句子 (S_i, S_j) 在 E 中有一条边 e_{ij} 当且仅当句子 S_i 和 S_j 的余弦相似度超过某一阈值,即 S_i 和 S_j 相似。两个句子之间的余弦相似度可以用如下公式计算:

$$\text{sim}(S_i, S_j) = \frac{\sum w_{S_i,k} w_{S_j,k}}{\sqrt{\sum w_{S_i,k}^2 \sum w_{S_j,k}^2}} \tag{9-11}$$

也就是说如果两个句子有一些共同的词,或者换句话说,它们的相似度(余弦)超过了某个阈值,则用一条边连接两个句子。至此,文档被划分为了若干连通子图,连通度越高的图,说明其句子关联性越强,对文本主题的体现越强;而连通度越低的图(或是一些孤立节点),则说明其更多启承接作用,与主题内容关联较弱。而在连通度高的图中,节点的度数越大,说明其相似的句子越多,体现其"中心句"的地位。

事实上,著名的 TextRank 算法便是以上述思想为基础的文本处理排序方法。将上述思想进行适当延伸,给两个句子的边增加一个权重,对相似度计算公式进行适当修改,就得到了边权重的计算公式:

$$\text{Similarity}(S_i, S_j) = \frac{|\{w_k \mid w_k \in S_i \& w_k \in S_j\}|}{\log(|S_i|) + \log(|S_j|)} \tag{9-12}$$

TextRank 得到的图是高度连接的,每条边都有一个权重,表示文本中不同句子对之间建立的连接的强度,结果类似于图 9-2。根据 TextRank 结果,对句子进行连通度评分,按分数倒序排列,选择排名最靠前的句子纳入摘要。

基于图论的抽取式摘要生成方法不需要深入的语言知识,也不需要特定领域或语言的注释语料库,这使得它可以高度移植到其他领域或者其他语言体系。其构建带权重无向图的思想在其他自然语言处理任务也有广泛应用。

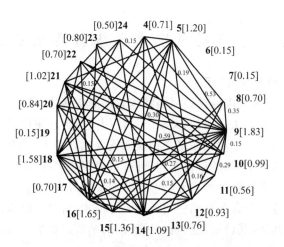

图 9-2　TextRank 得到的无向图

若想详细了解 TextRank 相关资料,请扫描书右侧的二维码。

5. 基于可训练分类器的方法

传统的机器学习方法的原理主要将摘要提取问题转化成一个二分类问题。例如,给定一组训练文档及其提取摘要,将摘要抽取过程建模为:根据句子所具有的特征,将句子划分为总结句和非总结句。

TextRank

使用可训练分类器进行摘要抽取主要分为 3 个步骤:数据预处理、向量转化、可训练算法选取与训练。首先对文本进行标准的文本预处理操作,如去停用词、去不合法词;之后通过 One-Hot、TF-IDF 等方法将文本数据转化为向量数据,选择合适的可训练分类器,如可训练贝叶斯网络、随机森林等,进行训练和分类预测。

6. 更多统计特征的方法

除上述方法外,还可以使用以下三种方法来确定句子权重:

① 线索法。这种方法是基于一个假设,即句子的相关性是通过线索词典中某些线索词来计算的。在线索法中,机器可识别的线索由线索词典提供,句子的权重会受到诸如"重要""不可能"和"几乎"等线索词的影响。线索方法使用了语料库中预先存储的线索词典。线索词典包括三个子词典:附加词词典,即积极相关的词;负面词词典,即负相关的词;空词词典,即与线索不相关的空词。每个句子的最终线索权重是它的组成词的线索权重之和。

② 标题法。在这种方法中,句子的权重被计算为出现在标题和子标题中的所有内容词的总和。标题往往是作者从文章中提炼出来的最能代表本篇文章的短句。一个正文句子和文章的标题越相近,它能表达本篇文章中心思想的可能性就越大。相应地这个句子的重要程度也就越高。

③ 位置法。这种方法是基于这样的假设,即出现在文本和个别段落开头位置的句子具有较高的关联度。位置法除赋予标题正权重外,还根据句子在文本中的序号位置,即在第一段和最后一段,以及作为段落的第一和最后两句,为句子赋予正权重。每个句子的最终位置权重为其标题权重和序数权重之和。

9.1.3 基于深度学习的抽取式文本摘要生成方法

1. 基于全连接的神经网络模型

近年来,以深度学习为代表的神经网络技术发展非常迅速,基于神经网络的抽取式摘要生成方法成为一种流行的方法。例如,文献[12]使用递归自动编码器总结文档,在 Opinosis 数据集上产生最佳性能。文献[15]在多文档提取摘要的任务上,应用卷积神经网络(CNN)将句子投射到连续的向量空间,然后根据句子的"威望"和"多样性"最小化代价来选择句子。

神经网络方法包括训练神经网络来学习摘要中应该包含的句子类型。经典算法模型的主要设计思想是学习应该包含在总结中句子的固有模式,将摘要抽取问题转化为分类问题。它采用三层前馈神经网络,其已被证明是一种通用的函数逼近器,其结构如图 9-3 所示。

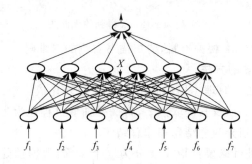

图 9-3　经典抽取式摘要深度模型

算法第一个阶段为让神经网络学习摘要中应该包含的句子类型,训练集中的每个句子都要被标注出来,由此确定它是否应该被包含在摘要中,供模型进行学习。

基于全连接的神经网络模型仍然割裂了文本间句子之间的关系,但深度学习的引入替代了传统的机器学习方法,使得语义理解成为可能。而随着计算机算力以及神经网络研究的深入,深度神经网络再次给研究人员带来了新的方向。

2. 基于循环神经网络的端到端神经网络模型

近年来,循环神经网络及其变形网络(如 LSTM、GRU 等)被证实在自然语言处理任务中具有较好的表现能力,摘要生成任务也不例外。RNN 网络时序信息的加入,使得模型在捕捉文本语义信息的同时,还能够学习文本的结构特征,对于摘要生成任务来说,句子间的架构关系同样对句子的重要程度有引导意义,因此基于 RNN 网络的深度学习模型在抽取式摘要生成任务中具有重要地位。

在诸多 RNN 抽取式摘要生成模式中,以 Nallapati 等人于 2017 年提出的模型 "SummaRuNNer"表现最为优异,本节将以此模型为例,介绍此类模型的设计思路与训练方法。

若想详细了解 SummaRuNNer 论文原文及相关资料,请扫描书右侧的二维码。

SummaRuNNer 模型将摘要抽取视为一个顺序分类问题:每个句子按原始文档顺序访问,模型对该句子是否包含在摘要中做出决策。本质上,模型在每一句话的决策上仍属于二分类任务,但此时模型的决策不仅受当前语句的影响,还受之前所有决策过的语句的影响。时序信息的加入使得文本间的

SummaRuNNer

行文架构及关联关系能够影响模型的判断,提高模型对文章整体的理解能力,从而对单句是否包含在摘要中可以做出更加准确的决策。

为实现上述思想,SummaRuNNer 模型使用双向 GRU 作为构建神经网络的单元,在引入时序信息的同时,减少因序列过长带来的梯度消失影响(GRU 原理可以参考第 3 章,此处不再赘述)。另外,为了正确表征句内关系(词序)和句间关系,模型设计了一个双层双向 GRU 结构(如图 9-4 所示):词级别 GRU(Word Level GRU)和句级别 GRU(Sentence Level GRU)。词级别 GRU 接收每句话的词向量作为输入,最后通过池化等方式生成当前句子的句向量表示,各句直接相互独立;句级别 GRU 则将词 GRU 生成的句向量组成一个有序序列作为输入,这样模型可以捕捉句子之间的内在联系,整个文档被建模为双向句级别 GRU 隐藏状态。之后将每一个句级别 GRU 隐藏状态送入分类器中进行分类。

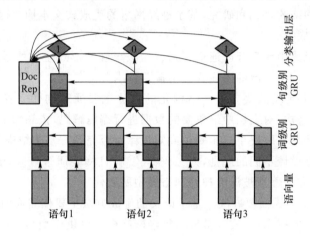

图 9-4　SummaRuNNer 模型架构

类似词向量生成句向量的过程,SummaRuNNer 模型还将句级别 GRU 的状态通过池化等汇集方式,生成了一个整体向量来代表文本。在每个句子进行分类时,使用适当的方法将文本向量加入其中(如拼接或注意力机制等),在分类时引入动态全局信息,从全局角度对每个句子是否加入摘要进行决策。

SummaRuNNer 模型是一种解释性非常强的神经网络模型,在当时达到了最优表现。其将文本分层表示并在预测时加入全局信息的思想具有较强的指导意义,在此之后涌现出的许多优秀的模型都是在此思想的基础上不断进行优化创新。

9.2　生成式文本摘要

9.2.1　生成式文本摘要的基本介绍

1. 技术原理

前文所描述的抽取式文本摘要系统无论采取何种方式,都是从原始文档中提取重要的句子或短语,并将其分组,在不修改原始文本的情况下生成文本摘要。通常情况下,抽取式文本摘要选择的句子顺序与原始文本文档一样。而生成式摘要则是通过对原文的理解,借助语言学的方法对原文进行理解和考察。生成式摘要的目的是首先让计算机理解一篇文章,然后计算机自动生成一个概括的摘要,这个摘要可能完全没有出现在原文当中,但是准确地表达了原文想要表达的意思。这种精确传递信息的方式,通常需要更高级的语言理解、生成和压缩技术。

与抽取式文本摘要相比,生成式文本摘要是一种更有效的摘要生成方式,原理上更接近人进行文本摘要的过程。生成式文本摘要能够自动生成新的句子来表示从文本文档中识别出来的重要信息,无论是从摘要的概括性还是文本流畅度,抑或是其他方面,生成式摘要都要优于抽取式摘要,因此这种方法也更受欢迎。但是历史上,受限于计算机智能发展水平,生成式摘要系统的表现往往不尽如人意,在很长的一段时间里抽取式摘要的效果优于生成式。伴随深度神经网络的兴起和研究,基于神经网络的生成式文本摘要得到快速发展,后来居上,取得了不错的成绩。

理想情况下生成式摘要系统以连贯、易读、语法正确的形式生成所系统总结的信息,根据原理的不同可以将目前主流的生成式文本摘要技术分为三类:

① 基于结构的生成式摘要方法。结构化的方法主要通过构建完善的先验知识,如模板、提取规则和其他结构,对文档中最重要的数据进行编码解码,依靠知识库生成文本摘要,摘要生成质量的高低主要取决于先验知识或知识库是否完备。基于结构的生成式摘要方法需要根据不同的数据设计不同的规则,人工成本较高,且摘要质量较差,随着神经网络的发展,基于结构的生成方法逐渐被深度神经网络模型所取代。

② 基于语义的生成式摘要方法。基于语义的生成方法主要依靠成熟的 NLP 技术与神经网络。在基于语义的技术中,文献被输入神经网络模型中供模型学习语言学特征,依靠生成模型实现文本的编码和译码,根据学习的文本信息进行摘要生成。

③ 基于抽取内容的生成式摘要方法。随着近年来深度学习的不断发展,神经网络模型对于文本信息的理解与处理能力逐渐增强,研究人员提出一种新的摘要抽取思想——"先抽取,再改写"。基于抽取内容的生成式摘要方法即先对文本内容进行抽取,选出关键内容信息,再在关键内容的基础上进行内容改写,使生成的摘要更具概括性和可读性。

对于生成式文本摘要来说,其面临的问题也是所有自然语言生成任务的通病:"未登录词"问题(OOV)。解码器每一步的输出实际上是在一个确定的词表中进行多分类决策,决定当前时刻输出哪一个单词。词表的个数总是有限的,当某一时刻,摘要的真实单词不在当前词表中时,解码器便无法进行正确预测,同时在训练时也无法正确学习。OOV 问题是所有生成任务都要面临的难题,在其他生产任务(如机器翻译)中,由于目标语言和源语言不同,解码器只能依靠自身解决 OOV 问题;但是在摘要生成任务中,源文本提供了大量与主题相关的词汇,解码器建立与原文本之间的联系或许是解决 OOV 问题的有效途径之一。

重复生成问题。生成任务另一个常见的问题就是词语重复生成问题,由于解码器每一步预测是独立的,解码器总会不可避免的对某一个词语重复生成多次,降低生成文本的质量与可读性。目前重复生成问题还没有好的解决办法,可以通过一些强制性规则限制模型重复次数。

2. 数据集

目前生成式文本摘要系统广泛使用的是 CNN/Daily Mail 数据集,属于多句摘要数据集。该数据集从问答任务的数据集修改得到,训练集包括 286 817 对,开发集包括 13 368 对,测试集包括 11 487 对。其中训练数据集文章平均 766 个词,29.74 句话,摘要平均 53 个词,3.72 句话。该数据集一共有两个版本,匿名(Anonymized)版本和未匿名(Non-anonymized)版本,未匿名版本包括了真实的实体名(Entity names),匿名版本将实体使用特定的索引进行替换。

3. 评价指标

生成式摘要任务采用生成任务常用的一种基于召回率的相似性度量方法 ROUGE (Recall-Oriented Understudy for Gisting Evaluation),对生成文本的质量进行评估。这种方法最常见于机器翻译中对翻译文本的评估,考察翻译的充分性和忠实性。在摘要任务中,它通过将自动生成的摘要与一组参考摘要(通常是人工生成的)进行比较计算,得出相应的分值,以衡量自动生成的摘要与参考摘要之间的"相似度"。用于文本摘要的评价指标主要有 ROUGE-1、ROUGE-2、ROUGE-L 三个指标,其计算分别涉及 Uni-gram、Bi-gram 和 Longest common sub-sequence。

9.2.2　基于语义的生成式文本摘要方法

伴随着深度学习的研究,生成式摘要的质量和流畅度都有很大的提升。因此依靠自然语言处理技术来生成文本摘要是近几年来重要的研究方向之一。2014 年由谷歌大脑 (Google Brain)团队提出了"序列到序列"(Sequence-to-Sequence,Seq2Seq)模型,开启了利用端到端网络来研究 NLP 生成任务的先河。Seq2Seq 模型在很多文本处理中有很好的效果,从序列角度看,自动摘要为从原始文本序列到摘要文本序列的映射,使用 Seq2Seq 建模来处理具有一定的可行性。目前主流的生成式文本摘要模型是由 Seq2Seq 架构-编码器和解码器组成:编码器负责将输入文本编码成一个向量,作为原文本的表征,该向量包含了文本的上下文信息;而解码器从该向量提取重要信息,并进行剪辑加工,生成文本摘要。本节将介绍几种不同的模型,它们分别在编码器和解码器进行了优化和创新,本节将简要介绍其算法原理和模型架构,分析模型特点和异同,为读者在方法创新上打开思路。

1. 基于卷积门单元的编码器创新

通常情况下,编码器使用一个双向 RNN(或 LSTM、GRU)网络接收整个文本作为输入,并将 RNN 最后一个单元的状态作为该文本的表征。对模型来说,文本的每一个词是平等的,不会因为某些片段是文章的中心思想而"重点关照"。但事实上,这与人类进行摘要总结思路相违背,在人对一篇文章进行摘要总结时,往往先提取一些表达文章主题的重点关键词和关键语句,然后对文章进行汇总描述。因此,Lin 等人于 2018 年提出"CGU"模型,加强了模型对重点内容的关注度。

CGU 模型引入了 CNN 结构实现对文章重点区域的捕捉。多种实验和结论已经证明,CNN 可以有效地学习到图像的局部细节特征,在 NLP 领域也不例外。CGU 是 "Convolutional Gated Unit"的简称,该模型将所有 RNN 的状态聚合成一个矩阵,并在此矩阵上输入到一个多层 CNN 架构(如图 9-5 所示)中,通过不同尺寸的卷积核捕捉文章重点信息,并将最终生成的向量输入到解码器中进行摘要生成。

CGU 模型是典型的对编码器进行优化的摘要生成模型,强化了编码器对文本信息重点

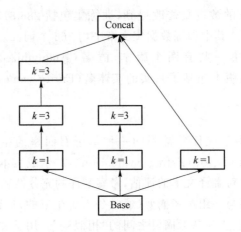

图 9-5　CGU 模型架构图

信息的关注程度,使编码器能够根据文章主题的不同动态变化模型的关注重点,增强模型对文章主题内容的理解能力,从而解码时能够更准确地生成摘要信息。

若想详细了解 CGU 论文原文及相关资料,请扫描书右侧的二维码。

CGU

2. 带指针的解码器优化

在 Seq2Seq 模型中,解码器接收编码器生成的向量,并开始逐步生成当前时刻的摘要文本单词。如果将解码器的每一步分解来看,每一时刻解码器都是在做一个多分类的决策,分类维度即输出词库的大小。在常见的序列生成任务(如机器翻译)中,模型只需要理解原文信息,然后在规定的词库中进行选择输出即可。但是在摘要生成任务中,往往文本中的单词可以更加准确地刻画文章的主题;另外,如果文章在某一领域足够深入,文章内容的领域专业性较强,那么输出词库可能会遇见"未登录词"问题(Out of Vocabulary,OOV):即没有一个准确的词来描述当前的状态。因此,如果解码器可以在每一步生成单词的时对原文内容进行参考,适当引入原文,则可以很大程度的提高摘要的生成质量,并解决 OOV 问题。

Abigail 等人于 2018 年设计的带指针的解码器模型(Pointer-Generator Network,PGN)解决了上述问题。为了增强编码器与解码器之间的联系,使得每一步解码时可以对编码器内容进行参考,PGN 模型加入了一个"指针"(Pointer)。Pointer 指针本质上是一个使用 Sigmoid 作为激活函数的可训练门,模型的设计思路是:Pointer 指针接收当前时刻解码器的状态和过去编码器的状态作为输入,计算出一个 Sigmoid 值,由于 Sigmoid 的取值范围位于(0,1)区间,所以可以把 Pointer 门看作一个权重,模型将原编码器每个词的分布以及解码器得出预测词的分布以 Pointer 权重的方式结合,获得一个新的单词预测分布,这样模型便实现了在原文和词库中同时预测。

PGN 的模型结构如图 9-6 所示,对于某一时刻 t 其解码器状态为 s_t,将此时的解码器状态与所有编码器状态进行注意力运算(Attention),得到的注意力权重分布 a^t 可以看作是每一个输入单词的选择概率,同时还可以得到整个上下文的注意力特征 h_t^*:

$$e_i^t = v^{\mathrm{T}} \tanh(W_h h_i + W_s s_t + b_{\mathrm{attn}}) \tag{9-13}$$

$$a^t = \mathrm{softmax}(e^t) \tag{9-14}$$

$$h_t^* = \sum_i a_i^t h_i \tag{9-15}$$

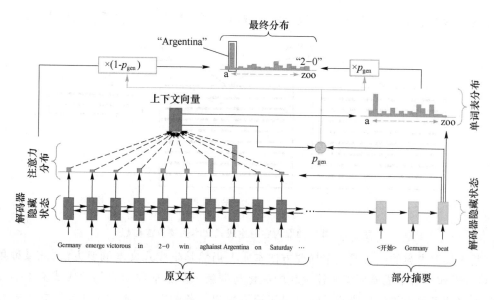

图 9-6　PGN 模型架构图

将上下文特征 h_t^*、解码器状态 s_t 以及解码器当前输入 x_t 共同输入"指针"门中,将原预测概率 $P_{\mathrm{vocab}}(w)$ 与原文词语权重分布 a^t 相结合,这样解码器就可以实现在原文和词库中同时进行预测:

$$p_{\mathrm{gen}} = \sigma(w_h^{\mathrm{T}} * h_t^* + w_s^{\mathrm{T}} s_t + w_x^{\mathrm{T}} x_t + b_{\mathrm{ptr}}) \tag{9-16}$$

$$P(w) = p_{\mathrm{gen}} P_{\mathrm{vocab}}(w) + (1 - p_{\mathrm{gen}}) \sum_{i : w_i = w} a_i^t \tag{9-17}$$

PGN 模型具有较强的解释性,可训练的"指针"引入使得模型可以学习到解码器援引原文内容的时机:当某一时刻 p_{gen} 偏向于 1 时,则解码器需要自己总结一个单词;而当 p_{gen} 偏向于 0 时,解码器需要在原文中挑选一个单词。带可训练权重的"指针"赋予了模型动态学习参考原文的能力,有效解决了模型 OOV 的问题,提高了摘要的生成质量。另外,解码器与编码器之间的注意力运算也加强了解码器与编码器之间的动态联系,帮助模型实时调整关注重点,不断变化的上下文特征有助于模型更好地理解文本语义。

若想详细了解 PGN 论文原文及相关资料,请扫描书右侧的二维码。

3. 其他方向的优化方法

上述的例子选取的是最典型的优化方式,这些模型在当时也都取得了最优的表现。除上述的思路外,还有许多有效的创新方法供读者参考借鉴。例如,SummaRuNNer 模型的作者将抽取式模型的文本表征方式应用于生成模

PGN

型的编码器中,通过分层的方式提高编码器对长文本的理解能力;文献[21]提出一种强化学习方式,通过强化学习激励机制来帮助模型学习摘要生成;文献[22]在编码器-解码器训练时,加了真实摘要的编码器实现一种"对抗"思想,帮助模型更精准地进行摘要生成。

9.2.3　基于抽取内容的生成式文本摘要方法

基于抽取内容的生成式文本摘要方法最初由 Gehrmann 等人于 2018 年提出。该方法提出一种"自下而上"的文本摘要生成方法:首先应用抽取式文本摘要方法对关键语句进行

抽取,精简文本内容信息;随后对抽取出的关键内容进行改写,生成高质量的摘要文本。

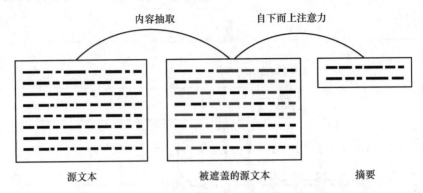

图 9-7　基于抽取内容的生成式文本摘要方法思想

基于抽取内容的生成式文本摘要方法本质上仍然是生成式文本摘要方法,从某种角度上,可以看作是对生成模型编码器模块的优化与创新。基于抽取内容的生成式文本摘要方法重点强调了关键语句片段或关键词对于摘要生成任务的影响,通过显式或隐式方式加入关键语句特征,使解码器在摘要生成时重点关注模型的关键语句部分,提高模型对主题相关文本的关注度,强化模型主题理解能力,从而更准确的生成摘要。

基于抽取内容的生成式文本摘要方法的模型通常分为两个部分:选取模块与生成模块。如文献[23]提出的模型将内容选取模块建模为词语级别的序列标注任务,将训练数据通过摘要对齐到文档,得到每个词语的标签(是否在摘要中),通过内容选择来决定生成模块关注的部分,然后使用 PGN 网络进行文本生成;文献[24]提出了 TextRank 算法生成关键词,将其与 PGN 网络相结合生成文本摘要;文献[25]提出使用门控机制,从编码得到的向量表示中选择有用的信息用于之后的摘要生成。在使用层次化编码器得到句子级别的向量表示之后,使用一种门控机制,得到新的句子级别向量,表示从中选择有用信息;文献[26]将抽取式模型的输出概率作为句子级别的注意力权重,用该权重来调整生成式模型中的词语级别的注意力权重,当词语级别的注意力权重高时,句子级别的注意力权重也高。基于此想法提出了"矛盾性损失函数"(Inconsistency Loss),使得模型输出的句子级别的权重和词语级别的权重尽量一致。在最终训练时,首先分别预训练选取模块和生成模块,之后将选取模块抽取的关键语句直接作为生成模块的输入。

基于抽取内容的生成式文本摘要思想较为新颖,逐渐成为一个热门的研究分支,感兴趣的读者可以对其深入研究。

若想详细了解基于抽取内容的生成式文本摘要相关资料,请扫描书右侧的二维码。

生成式文本摘要

9.3　前沿技术、发展趋势与挑战

自动文摘是自然语言处理领域的一个重要研究方向,近 60 年持续性的研究已经在部分自动文摘任务上取得了明显进展,特别是 BERT 模型的问世,打破了多项自然语言理解任

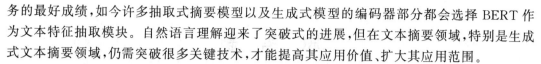

务的最好成绩,如今许多抽取式摘要模型以及生成式模型的编码器部分都会选择 BERT 作为文本特征抽取模块。自然语言理解迎来了突破式的进展,但在文本摘要领域,特别是生成式文本摘要领域,仍需突破很多关键技术,才能提高其应用价值、扩大其应用范围。

展望未来,以下研究方向或问题值得关注:

① 多语言自动文摘资源建设。目前的自动文摘资源总体上偏少,无论是数据还是工具与系统都偏少。这一方面会影响评测结果的准确性,另一方面也无法为有监督学习方法尤其是深度学习方法提供充足的训练数据。业界需要投入更多的人力物力来建设多语言自动文摘资源。

② 基于自然语言生成的自动文摘。生成式摘要方法更符合人类撰写摘要的习惯,但自然语言生成技术的复杂性和不成熟阻碍了生成式摘要方法的研究进展。深度学习技术在自然语言生成问题上的逐步应用给生成式摘要带来了希望和机遇,未来几年将会有越来越多的研究者基于深度学习技术从事生成式摘要方法的研究,也有望取得重要进展。

③ 面向复杂问题回答的自动摘要。基于关键词检索的搜索引擎正在逐步向基于自然语言检索的问答引擎过渡。而对于很多种类的问题,并不适合使用简单的一两个短语作答。比如搜索引擎用户时常需要进行对定义("是什么")、原因("为什么")、步骤("怎么做")、观点("怎么样")等方面的查询。与只需少量简单实体作答的事实型问题相对,这一类问题被称为非事实型问题或复杂问题。相对完整地回答非事实型问题需要对单个文档甚至多个相关文档中的部分内容进行提取、聚合与总结。由于非事实型问答固有的困难性,相关研究在学术圈进展缓慢,期待未来有更多的研究者敢于迎接此项挑战。

最后,我们有理由相信,随着语义分析、篇章理解、深度学习等技术的快速发展,自动文摘这一重要且有挑战性的自然语言处理问题,在可预见的未来一定能够取得显著的研究进展,并且更多地应用于互联网产品与服务,从而体现自身的价值。

本 章 小 结

文本摘要技术旨在对信息系进行自动"降维",将大量文本信息简化为包含原文本信息的简短摘要,而保证信息的核心意思不发生缺失或者改变。文本摘要按照输出的类型分类可以分为抽取式摘要和生成式摘要。抽取式摘要以从原文本中选取句子为主要思路,主要有基于传统机器学习方法和基于深度学习方法;生成式摘要则注重算法对文本内容的理解,根据理解的文本语义自己生成文本摘要,主要方法分为基于语义文本摘要和基于抽取内容的文本摘要。

近年来文本摘要技术取得了突破性的进展,但仍需突破很多关键技术,才能提高其应用价值、扩大其应用范围,相信在未来一定会涌现出更多关于文本摘要技术的相关研究,应用于互联网产品与服务之中。

思 考 题

（1）抽取式文本摘要和生成式文本摘要有什么异同？

（2）抽取式文本摘要为什么不能只使用"TF"确定文本关键词？

（3）生成式文本摘要主要面临哪些问题？有哪些解决方案？

本章参考文献

［1］ Gupta V，Lehal G S．A Survey of Text Summarization Extractive Techniques［J］. Journal of Emerging Technologies in Web Intelligence，2010，2(3):258-268.

［2］ Luhn H P．The Automatic Creation of Literature Abstracts［J］．IBM Journal of Research and Development，1958，2(2):P.159-165.

［3］ Edmundson H P．New methods in automatic extracting［J］．Journal of the ACM (JACM)，1969，16(2)：264-285.

［4］ Kupiec J，Pedersen J，Chen F．A trainable document summarizer［C］//Proceedings of the 18th annual international ACM SIGIR conference on Research and development in information retrieval. 1995：68-73.

［5］ Zhang P，Li C．Automatic text summarization based on sentences clustering and extraction［C］//2009 2nd IEEE international conference on computer science and information technology．IEEE，2009：167-170.

［6］ Jiang M，Xiao S，Wang H W，et al．An improved word similarity computing method based on HowNet［J］．Journal of Chinese information processing，2008，22(5)：84-88.

［7］ Kruengkrai C，Jaruskulchai C．Generic text summarization using local and global properties of sentences［C］//Proceedings IEEE/WIC International Conference on Web Intelligence (WI 2003)．IEEE，2003：201-206.

［8］ Mihalcea R，Tarau P．Textrank：Bringing order into text［C］//Proceedings of the 2004 conference on empirical methods in natural language processing．2004：404-411.

［9］ Neto J L，Freitas A A，Kaestner C A A．Automatic text summarization using a machine learning approach［C］//Brazilian symposium on artificial intelligence. Springer，Berlin，Heidelberg，2002：205-215.

［10］ Porter M F．An algorithm for suffix stripping［J］．Program，1980，14(3)：130-137.

［11］ Salton G，Buckley C．Term-weighting approaches in automatic text retrieval［J］. Information processing & management，1988，24(5)：513-523.

［12］ Kågebäck M，Mogren O，Tahmasebi N，et al．Extractive summarization using continuous vector space models［C］//Proceedings of the 2nd Workshop on Continuous Vector Space Models and their Compositionality (CVSC). 2014：31-39.

[13] Socher R, Huang E H, Pennin J, et al. Dynamic pooling and unfolding recursive autoencoders for paraphrase detection［C］//Advances in neural information processing systems. 2011：801-809.

[14] Ganesan K, Zhai C X, Han J. Opinosis: A Graph Based Approach to Abstractive Summarization of Highly Redundant Opinions［C］//Proceedings of the 23rd International Conference on Computational Linguistics (Coling 2010). 2010：340-348.

[15] Yin W, Pei Y. Optimizing sentence modeling and selection for document summarization［C］//Twenty-Fourth International Joint Conference on Artificial Intelligence. 2015.

[16] Nallapati R, Zhai F, Zhou B. SummaRuNNer: a recurrent neural network based sequence model for extractive summarization of documents［C］//Proceedings of the Thirty-First AAAI Conference on Artificial Intelligence. 2017：3075-3081.

[17] Kaikhah K. Automatic text summarization with neural networks［C］//2004 2nd International IEEE Conference on ʹIntelligent Systemsʹ. Proceedings (IEEE Cat. No. 04EX791). IEEE, 2004, 1：40-44.

[18] Moratanch N, Chitrakala S. A survey on abstractive text summarization［C］//2016 International Conference on Circuit, power and computing technologies (ICCPCT). IEEE, 2016：1-7.

[19] Barzilay R, McKeown K R. Sentence fusion for multidocument news summarization［J］. Computational Linguistics, 2005, 31(3)：297-328.

[20] Lee C S, Jian Z W, Huang L K. A fuzzy ontology and its application to news summarization［J］. IEEE Transactions on Systems, Man, and Cybernetics, Part B (Cybernetics), 2005, 35(5)：859-880.

[21] Liu Y, Zhong S, Li W. Query-oriented multi-document summarization via unsupervised deep learning［C］//Twenty-Sixth AAAI Conference on Artificial Intelligence. 2012.

[22] Ma S, Sun X, Lin J, et al. Autoencoder as Assistant Supervisor: Improving Text Representation for Chinese Social Media Text Summarization［C］//Proceedings of the 56th Annual Meeting of the Association for Computational Linguistics (Volume 2: Short Papers). 2018：725-731.

[23] Gehrmann S, Deng Y, Rush A M. Bottom-Up Abstractive Summarization［C］//Proceedings of the 2018 Conference on Empirical Methods in Natural Language Processing. 2018：4098-4109.

[24] Li C, Xu W, Li S, et al. Guiding generation for abstractive text summarization based on key information guide network［C］//Proceedings of the 2018 Conference of the North American Chapter of the Association for Computational Linguistics: Human Language Technologies, Volume 2 (Short Papers). 2018：55-60.

[25] Li W, Xiao X, Lyu Y, et al. Improving neural abstractive document summarization

with explicit information selection modeling [C]//Proceedings of the 2018 Conference on Empirical Methods in Natural Language Processing. 2018: 1787-1796.

[26]　Hsu W T, Lin C K, Lee M Y, et al. A Unified Model for Extractive and Abstractive Summarization using Inconsistency Loss[C]//Proceedings of the 56th Annual Meeting of the Association for Computational Linguistics (Volume 1: Long Papers). 2018: 132-141.

[27]　王玮. 基于 CR 神经网络的生成式自动摘要方法[J]. 计算机与数字工程, 2020, 48 (1): 112-118.

第 10 章
语言分析

本章思维导图

　　语言分析是自然语言处理中的一项底层技术，目前对自然语言的分析主要涉及两个方面：语法分析（Syntactic Paring）和语义分析（Semantic Parsing）。

　　语法分析过程是指对输入的文本句子进行分析以得到句子的语法结构的处理过程。对语法结构进行分析，一方面是语言理解的自身需求，语法分析是语言理解的重要一环；另一方面，语法分析也为其他自然语言处理任务提供支持，例如很多信息抽取任务中，如关系抽取、观点抽取等，都出现了尝试通过引入语法分析信息，以提高信息抽取准确性的方法。但是受限于语法分析自身的效果，也受限于其引入方式的效果，在绝大多数任务中，在引入语言信息、辅助模型分析方面，使用语法分析的方法，还未能表现出相比于使用语义分析、预训练的方法的优势。

　　语言学家 L. Tesnière 认为，一切结构语法现象可以概括为关联、组合和转位这三大核心。句法关联建立起词与词之间的从属关系，这种从属关系由支配词和从属词联结而成，谓语中的动词是句子的中心并支配其他相关的单词成分，且一般不受其他任何成分支配；组合表现为句子中单个单词组合为短语结构，再由短语结构组合为更高层的句子成分结构的分层结构；而转位指可以改变语句中单词的相对位置，而不改变语句原本含义的现象。在此我们不过多地关注转位现象[①]。

　　对应于 L. Tesnière 对关联和组合的阐释，在自然语言处理领域，学术界将语法分析任务划分为了两个子任务：依存句法分析（Dependency Parsing）和成分句法分析（Constituence Parsing）。依存句法分析旨在分析句子中词之间的依赖关系，而成分句法分析则尝试将句子组成为短语（成分）形式。两项语法分析子任务都是以树结构作为输出的逻辑表达形式，依存句法分析的输出为依存句法树，而成分句法分析的输出为成分句法树。基于一定的语法规则，依存句法树可以通过推导转化为成分句法树，而成分句法树无法转化为依存句法树。根据不同的语义分析需求，依存句法分析和成分句法分析被用于不同的下游

---

　　① 　如想详细了解可以参考学习 L. Tesnière 的《结构句法基础》。

任务中。

语义分析是一种相对于语法分析更为高层的语言分析过程,它是指将自然语言转换成为机器可以理解的意义表示。这种机器可以理解的意义表示,通常指类似:图 10-1 所示的经典形式(Canonical Form)、逻辑表达(Logic Form)等形式。

```
NL (natural language) : article published in 1950
CF (canonical form) : article whose publication date is 1950
LF (logic form) : get[[lambda,s,[filter,s,pubDate,=,1950]],article]
DT (derivation tree) : s0(np0 (np1 (typenp0), cp0 (relnp0, entitynp0))
DS (derivation seqs) : s0 np0 np1 typenp0 cp0 relnp0 entitynp0
```

图 10-1 对句子"article published in 1950"的不同逻辑表示

相较于语法分析主要关注于语句的结构分析,语义分析任务要求生成的逻辑表示能够更加完整地还原自然语言的意义。也因此,语义分析常被用于涉及语义表征的自然语言处理任务。在论文"Semantic Neural Machine Translation using AMR"中,Linfeng Song、Daniel Gildea 等人就尝试引入语义分析得到的抽象语义表示(Abstract Meaning Representation,AMR)作为一种语义增强方法,以辅助神经网络模型完成机器翻译任务。

本章内容结构如图 10-2 所示,本章前三节将分别介绍依存句法分析、成分句法分析、语义分析三项主要语言分析任务的发展概况、任务定义及任务评价标准。最后一节罗列了近年来学术界在三项任务上的最新研究,旨在帮助读者更好地理解语言分析任务的重点和难点,在掌握基础知识的同时能够产生进一步的思考。

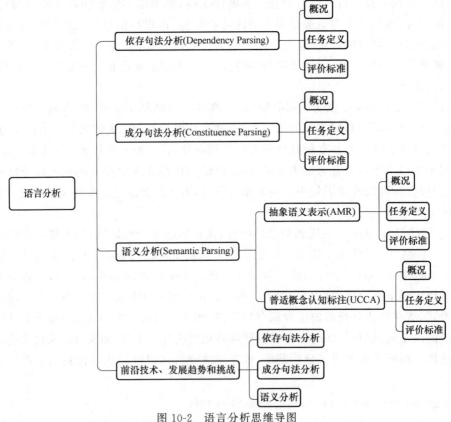

图 10-2 语言分析思维导图

10.1　依存句法分析

10.1.1　概况

在自然语言处理中,我们有时需要知道句子中词与词之间的依赖关系,通过这种依赖关系来建模句子的语法结构。例如,在关系抽取任务领域,存在一种利用依存句法树,查找关系实体单词之间的公共父节点单词,并使用此单词作为关系分类的重要特征的方法。经过实验发现,通过这种方法从句子中找到的单词往往可以作为关系的指示词,对关系预测具有决定性作用。这种用词与词之间的依存关系来描述语法结构的框架称为依存语法,又称为从属关系语法。

依存语法的本质是一种结构语法,它主要研究以谓词为中心构句时,由深层语义结构映现为表层语法结构的状况及条件。结合到具体的语言中,就是谓词与体词之间的关系,名词与动词间的主谓关系、动宾关系,形容词与名词间的补语关系等。常用的依存句法结构图如图 10-3 所示。

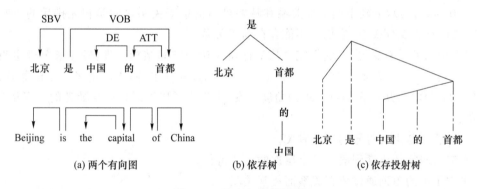

图 10-3　依存句法结构图

如图 10-3 所示,(a)为北京是中国的首都及其英语翻译的有向图句法结构表示,这种方法采用一条有向边来表示单词间的依赖,(b)和(c)为其等价的两种依存树的句法结构表示形式,依存句法树采用由下至上的方式描述单词间的依赖关系,即树的子节点依赖于父节点。图(a)中边上标注的 SBV(Subject-Verb)及 VOB(Verb-Object)为依赖类型,实际应用中三种结构图均会标注,为便于清晰地展示三种结构图的等价性,在此我们仅选择性地标注出了有向图的依赖关系类型。

若想详细了解中文、英文中常用的依赖关系,请扫描书右侧的二维码。

在具体学习依存句法的分析方法前,我们需要先了解一些背景知识,以加深对于依存句法的理解。1970 年,计算机语言学家 J. Robinson 提出了依存句法的 4 条公理:

常用依赖关系

① 一个句子只有一个独立的成分。

② 句子的其他成分都从属于某一成分。

③ 任何一个成分都不能依存于两个或两个以上的成分。

④ 如果成分 A 直接从属于成分 B,而成分 C 在句子中位于 A 和 B 之间,那么成分 C 或者属于成分 A,或者从属于 B,或者从属于 A 和 B 之间的某一成分。

这 4 条公理相当于对依存图和依存树的形式约束:单一父节点、连通、无环和可投射性,由此来保证句子的依存分析结果是一棵有根的树结构。可投射性,是指如果单词之间的依存弧画出来没有任何的交叉,就是可投射的(参考上面的两个有向图)。可投射性约束并非源自语言本身的规则限制,但若没有可投射性约束,很多类似动态规划这样的依赖特定分析序列的方法将很难处理句子,因此处理不可投射的语法,至今仍是依存句法分析领域的热点问题。

若想详细了解可投射问题,请扫描书右侧的二维码。

为了便于理解,我国学者总结上述公理,提出了依存句法树应满足的 5 个条件:

① 单纯节点条件:只有终节点,没有非终节点。

② 单一父节点条件:除根节点没有父节点外,所有的节点都只有一个父节点。

可投影问题

③ 独根节点条件:一个依存树只能有一个根节点,它支配其他节点。

④ 非交条件:依存树的树枝不能彼此相交。

⑤ 互斥条件:从上到下的支配关系和从左到右的前于关系之间是相互排斥的,如果两个节点之间存在支配关系,它们就不能存在前于关系。

这 5 个条件是有交集的,它们完全从依存树表达的空间结构出发,较 4 条公理更直观、更贴近于实际运用。除此之外,1987 年,K. Schubert(舒贝尔特)在研制多语言机器翻译系统 DLT 的工作中,从语言信息处理的角度出发,也提出了用于语言信息处理的依存语法 12 条原则:

① 句法只与语言符号的形式有关。

② 句法研究从语素到语篇各个层次的形式特征。

③ 句子中的单词通过依存关系而相互关联。

④ 依存关系是一种有向的同现关系。

⑤ 单词的句法形式通过词法、构词法和词序来体现。

⑥ 一个单词对于其他单词的句法功能通过依存关系来描述。

⑦ 词组是作为一个整体与其他词和词组产生聚合关系的语言单位,而词组内部的各个单词之间存在句法关系,形成语言组合体。

⑧ 一个语言组合体内部只有一个支配词,这个支配词代表该语言组合体与句子中的其他成分发生联系。

⑨ 句子的主支配词支配着句子中的其他词而不受任何词的支配,除主支配词外,句子中的其他词只能有一个直接支配它的词。

⑩ 句子中的每一个词只在依存关系结构中出现一次。

⑪ 依存关系结构是一种真正的树结构。

⑫ 在依存关系结构中应该避免出现空节点。

不难看出,舒贝尔特的这 12 条原则包含了 J. Robinson 的 4 条公理,并且把依存关系扩展到了语素和语篇的领域,可计算性和可操作性更好,更加适合于自然语言处理的要求。

Gaifman 1965 年给出了依存语法的形式化表示[①],证明了依存语法与上下文无关文法没有什么不同。类似于上下文无关文法的语言形式对被分析的语言的投射性进行了限制,很难直接处理包含不可投射现象的自由语序的语言。20 世纪 90 年代发展起来了约束语法和相应的基于约束满足的依存分析方法,可以处理此类不可投射性语言问题。基于约束满足的分析方法建立在约束依存语法之上,将依存句法分析看作可以用约束满足问题来描述的有限构造问题。约束依存语法用一系列形式化、描述性的约束将不符合约束的依存分析去掉,直到留下一棵合法的依存树。

在了解了以上关于依存句法的背景知识后,相信我们已经对依存句法及其构成原则有了初步的了解,在本章之后的内容中,将依次介绍 3 种依存句法分析方法:生成式依存分析方法、判别式依存分析方法和确定性依存分析方法。

(1) 生成式依存分析方法

生成式依存分析方法采用联合概率模型生成一系列依存语法树,并赋予其概率分值,然后采用相关算法找到概率打分最高的分析结果作为最后输出。以 Paskin 等人的方法为例,生成式依存分析方法首先随机地选择图 G,如图 10-4 所示,然后向 G 中填充单词:

图 10-4   未填充单词的依存句法树

该树相应的概率模型是:

$$
\begin{aligned}
P(D) &= P(s,G) \\
&= P(G)P(s \mid G) \\
&= P(G) \prod_{(i,j,\mathrm{dir}) \in G} P(_{i-1}s_i \mid {}_{j-1}s_j, \mathrm{dir})
\end{aligned}
\tag{10-1}
$$

其中,s 为待分析句子,G 为选择的依存图,模型根据概率值选择最可能的依存句法树。

生成式依存分析模型使用起来比较方便,它的参数训练时只在训练集中寻找相关成分的计数,计算出先验概率。但是,生成式方法采用联合概率模型,在进行概率乘积分解时做了近似性假设和估计,而且由于采用全局搜索,算法的复杂度较高,因此效率较低,但此类算法在准确率上有一定优势。

(2) 判别式依存分析方法

判别式依存分析方法采用条件概率模型,避开了联合概率模型所要求的独立性假设(考虑判别模型 CRF 舍弃了生成模型 HMM 的独立性假设),训练过程即寻找使目标函数(训练样本生成概率)最大的参数 Θ(类似 Logistic 回归和 CRF)。

判别式方法不仅在推理时进行穷尽搜索,而且在训练算法上也具有全局最优性,需要在训练实例上重复句法分析过程来迭代参数,训练过程也是推理过程,训练和分析的时间复杂度一致。基于图依赖分析方法即属于此类。基于图依赖分析方法的模型原理很简单,对每

---

① 出自 Gaifman 的"Dependency Systems and Phrase-Structure Systems"一文。

个单词,我们通过机器学习方法计算每个可能的依存得分,然后对每个单词选择得分最高的依存。如图 10-5 所示,在"big"所有可能的依存中,"cat"得分最高,所以认为"big"依存于"cat"。

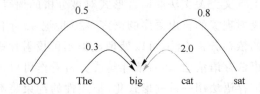

图 10-5　基于图的依存分析方法示例

（3）确定性依存分析方法

确定性依存分析方法以特定的方向逐次取一个待分析的词,为每次输入的词产生一个单一的分析结果,直至序列的最后一个词。这类算法在每一步的分析中都要根据当前分析状态做出决策(如判断其是否与前一个词发生依存关系),所以这种方法又被称为决策式分析方法。而在确定性分析方法中,又以基于转移的分析方法最为常用,因此近年来的依存分析方法又可以被划分为基于图的和基于转移的两类。

2003 年,Yamada 和 Matsumoto 最先提出了使用 SVM(Support Vector Machine)来训练基于转换的依存分析算法。他们根据 3 种分析行为(shift, right, left)对输入的句子按从左到右的顺序构建一颗依存树,他们的算法属于自底向上的分析算法。分析器算法分为两步:

① 使用目标节点周围上下文信息估计合适的分析行为。

② 依据所执行的行为构建一个依存树。

一个具体的例子如图 10-6 所示,如果分析"I ate fish"这句话,开始状态栈(实线框)中只有 root,缓存(虚线框)中则是整个句子。首先进行 shift 操作,将"I"加入栈中,然后再将

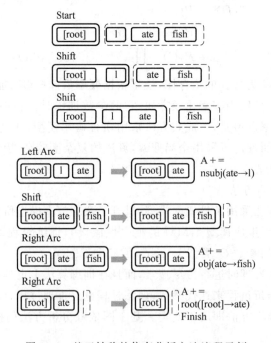

图 10-6　基于转移的依存分析方法流程示例

"ate"加入栈中。这时候由于"I"是"ate"的主语,所以我们可以进行 reduce 操作,向 A 中加入由"ate"指向"I"的 left arc,而栈中只保存核心词也就是"ate"。之后再将"fish"移入栈,此时缓存为空。这时我们发现"fish"是"ate"的宾语,因此可以向 A 中加入由"ate"指向"fish"的 right arc。这时栈中就只剩下"root"和"ate",只需再加入一个 right arc 就完成了对这句话的分析。

这种分析算法的核心就是提取目标节点的上下文信息,并依据模型估计最可能的分析行为(在训练模型时是由标注的依存树给出分析行为,在预测的时候是学习的模型给出)。近年来,随着神经网络技术的成熟,诸多学者开始使用神经网络完成基于转换的依存方法中每步分析的分析过程。2016 年,Chen 和 Manning 提出了基于转换的神经网络依存分析方法,其使用少量的密集特征取代传统方法的稀疏特征,在提升性能的同时有效降低了计算成本。

10.1.2 任务定义

在自然语言处理领域,依存句法分析任务可以看作是给定输入句子 $S = \omega_0 \omega_1 \omega_2 \cdots \omega_n$,使得句子中每一个词 ω_i 都依赖于另一个词 ω_j,并分辨依赖关系的类型,以构建对应于整个句子的依赖树的任务。

图 10-7 所示是使用 Stanford NLP[1] 针对句子"I think Miramar was a famous goat trainer or something."构建出的依存句法树,可以看到除根节点谓语动词"think"外,每个单词均有其依赖的节点,依赖边上标注的是相应的英文依赖类型。

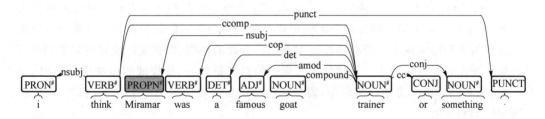

图 10-7　依存句法树构建图例

10.1.3 评价方法

针对一个依存句法分析的模型,学术界目前采用两种评价指标对其进行评价。一个是 LAS(Labeled Attachment Score),即只有 arc 的箭头方向以及依赖关系均正确时才算正确;另一个是 UAS(Unlabeled Attachment Score),即只要 arc 的箭头方向正确即可。一个具体的例子如图 10-8 所示。

---

① 由斯坦福大学开发的较为常用的自然语言处理工具包。

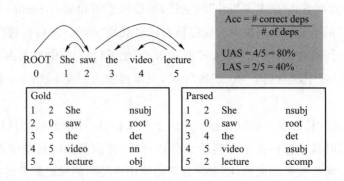

图 10-8　UAS 及 LAS 评价方法示例

　　如图 10-8 所示，我们用一张表格来描述一棵依存句法树，表格的四列分别为支配词位置、依赖词位置、依赖词、依赖关系类型，这样可以便于我们清晰地进行 LAS 及 UAS 的计算。图中上半部分为标签依赖树，需要注意的是，图中的依赖树采用的是以支配词-依赖词这样的方式，即"saw"和"she"之间有一条有向边，代表的是"saw"支配"she"，或是"she"依赖"saw"。图中左下角是它的表格形式，右下角为模型分析得出的依存句法树。对比两个表格，不考虑依赖关系，正确率为 80%，即模型的 UAS 值为 0.8，而如果考虑依赖关系，正确率仅为 40%，即模型的 LAS 值。

　　其他不常用的，但是也有一定参考价值的评价指标还有依存正确率、根正确率、完全匹配率等。

- 依存正确率（DA）：测试集中找到正确支配词非根节点词占所有非根节点词总数的百分比。
- 根正确率（RA）：根正确率有两种定义。一种是测试集中正确根节点的个数与句子个数的百分比。另一种是测试集中找到正确根节点的句子数占句子总数的百分比。
- 完全匹配率（CM）：测试集中无标记依存结构完全正确的句子占句子总数的百分比。

　　这些指标都侧重说明了依存分析模型在某一方面的性能，根据实际应用的需要，我们可以采取一种或多种指标用于衡量模型的效果。但目前最普遍、最权威的做法仍是采用 LAS 及 UAS 两种指标以综合地评价模型，因为它们将每条依赖边视为一个样本，相对于其他指标更加精细和全面。

10.2　成分句法分析

10.2.1　概况

　　成分句法分析的研究基于上下文无关文法（Context Free Grammer，CFG）。上下文无关文法可以定义为四元组 $<T, N, S, R>$，其中 T 表示终结符的集合（即词的集合），N 表示非终结符的集合（即文法标注和词性标记的集合），S 表示充当句法树根节点的特殊非终结符，R 表示文法规则的集合，其中每条文法规则可以表示为 $N_i \rightarrow \gamma$，这里的 γ 表示由非终结符与终结符组成的一个序列。

根据文法规则来源的不同,句法分析器的构建方法总体来说可以分为两大类:人工书写规则和从数据中自动学习规则。人工书写规则受限于规则集合的规模:随着书写规则数量的增多,规则与规则之间的冲突加剧,从而导致继续添加规则变得困难。与人工书写规则相比,自动学习规则的方法由于开发周期短和系统健壮性强等特点,加上大规模人工标注数据,比如宾州大学的多语种树库 PTB[①] 的推动作用,已经成为句法分析中的主流方法。而这种数据驱动的方法又推动了统计方法在句法分析领域中的大量应用。

为了在句法分析中引入统计信息,需要将上下文无关文法扩展成为概率上下文无关文法(Probability Context Free Grammer,PCFG),即为每条文法规则指定概率值。概率上下文无关文法与非概率化的上下文无关文法相同,仍然表示为四元组$<T,N,S,R>$,区别在于概率上下文无关文法中的文法规则必须带有概率值。获得概率上下文无关文法的最简单的方法是直接从树库中读取规则,利用最大似然估计(Maximum Likelihood Estimation,MLE)计算得到每条规则的概率值。使用该方法得到的文法称为简单概率上下文无关文法。在解码阶段,CKY 等解码算法就可以利用学习得到的概率上下文无关文法搜索最优句法树。虽然基于简单概率上下文无关文法的句法分析器的实现比较简单,但是这类分析器的性能并不能让人满意。性能不佳的主要原因在于上下文无关文法采取的独立性假设过强;一条文法规则的选择只与该规则左侧的非终结符有关,而与其他任何上下文信息无关。文法中缺乏其他信息用于规则选择的消歧。因此后继研究工作的出发点大都基于如何弱化上下文无关文法中的隐含独立性假设。

针对这个问题,研究人员提出了两种截然不同的改进思路:一是词汇化(Lexicalization)方法,在上下文无关文法规则中引入词汇的信息;二是符号重标记(Symbol Refinement)方法,通过对非终结符的改写(细化或者泛化)而引入更多的上下文信息。词汇化方法首先由 Magerman 在 1995 年取得较大进展,但是该方法真正突破性的工作是 Collins 句法分析器,它第一次将英语句法分析的性能提高到接近 90% 的性能。后续工作包括 Charniak 句法分析器以及两阶段的重排序句法分析器。符号重标记方法的动机在于人工标注的树库中的非终结符可能过于粗粒或者过于细粒,这两种情况都不利于统计学习,因此有必要对树库中的非终结符标记进行标注。最简单的重标注方法是将任意节点的父节点的文法标记挂载到子节点的非终结符标记上以便扩大上下文的范围,如 Johnson 的工作。在 Klein 和 Manning 的工作中,通过人工方法对非终结符进行细分类,获得了性能上的提升,但是他们的方法需要语言学知识的支持。Matsuzaki 等人首次使用了自动方法对非终结符进行重标记,将树库中出现的每个非终结符标记固定地分为八类。上述所述的符号重标记方法相对于简单概率上下文无关文法都获得了性能上的提升,但是与基于词汇化的句法分析器相比并不具有性能上的优势。直到 2006 年,Petrov 和 Klein 使用期望最大化方法对树库中的类别标记进行自动切分-合并,这样得到的文法所对应的句法分析器获得了优于词汇化句法分析器的性能。其后,Petrov 等人对上述模型做出了进一步的改进,并且提出了基于隐含标记文法的由粗到精解码算法。在研究了单系统后,Petrov 等人进一步研究了用于系统的融合的 Product 模型。其出发点是期望最大化方法的参数初始化过程对最终得到的句法分析器的

---

① PTB(Penn Treebank Dataset),目前语言模型学习中最为广泛使用的数据集。

性能有较大的影响。Product 模型随机选择多组不同的初始化参数,每组参数对应一个模型,最终得到的句法分析器由这些模型组合得到。

近年来,成分句法分析取得了飞速的发展,特别是深度学习兴起之后,神经句法分析器的效果得到了巨大的提升。现代的句法分析器一般分为编码模型和解码模型两个部分。编码模型用来获取句子中每个单词的上下文表示,随着表示学习的快速发展,编码模型也由最初的 LSTM 逐渐进化为表示能力更强的 Transformer。而解码模型方面,也诞生了许多不同类型的解码算法:基于转移系统(Transition-Based)的句法分析解码算法、基于动态规划(Chart-Based)的句法分析解码算法和基于序列到序列(Sequence-to-Sequence)的句法分析解码算法等。

(1) 基于转移系统的句法分析解码算法

基于转移系统的句法分析解码算法主要通过预测生成句法树的动作序列来还原出一棵句法树。按照遍历树的顺序,具体还可以分为自底向上(bottom-up)的转移系统、自顶向下(top-down)的转移系统和基于中序遍历(in-order)的转移系统。基于转移系统的句法分析模型优点是速度快,因为它解码的时间复杂度是线性的;缺点是在解码时无法考虑短语的边界信息,这会导致解码的精度相比于基于动态规划的模型稍微差一点。自底向上的转移系统动作定义如表 10-1 所示。

表 10-1　自底向上的转移系统动作定义

SHIFT	$\dfrac{[\sigma, i, \text{false}]}{[\sigma \mid w_i, i+1, \text{false}]}$
REDUCE-L/R-X	$\dfrac{[\sigma \mid s_1 \mid s_0, i, \text{false}]}{[\sigma \mid X_{s_1 s_0}, i, \text{false}]}$
Unary-X	$\dfrac{[\sigma \mid s_0, i, \text{false}]}{[\sigma \mid X_{s_0}, i, \text{false}]}$
FINISH	$\dfrac{[\sigma, i, \text{false}]}{[\sigma, i, \text{true}]}$

自底向上转移系统的动作形式化定义如图 10-9 所示,其中移进(SHIFT)动作就是将缓存里面的第一个单词移进栈里。归约(REDUCE-L/R-X)动作就是将栈顶的两个元素出栈,并且归约为它们的父节点 X,然后再将父节点入栈,而 L 和 R 就是用来区分左儿子和右儿子谁是头节点。一元(Unary-X)动作就是将栈顶元素出栈,并且归约为父节点 X,这个动作是用来预测一元产生式的。最后完成(FINISH)动作用来判断句法分析是否结束。

对于图 10-13 中的句法树,用自底向上转移系统分析的过程如图 10-9 所示。

stack	buffer	action	node
[]	[The little …]	SHIFT	③
[The]	[little boy …]	SHIFT	④
[The little]	[boy likes …]	SHIFT	⑤
[… little boy]	[likes red …]	REDUCE-R-NP	②
…	…	…	…

图 10-9　自底向上系统的分析过程

自底向上转移系统的优点就是可以充分利用已经生成的子树信息来帮助父节点的非终

结符预测。但是缺点也很显然,因为无法知道父节点以及再上层的父节点信息,所以丢失了许多有用的全局信息。另一个缺点就是需要提前进行二叉化,虽然二叉化加入了头节点(head)信息,事实证明是很有用的,但是头节点的标注需要许多语义学知识,非常耗时耗力。一个较为简洁的做法就是,用空节点来作为句法分析中临时结合两个子节点而产生出的、但是在正确句法树中不存在的节点。在还原树结构时忽略这种空节点,这样就可以隐式地进行二叉化操作了。

(2)基于动态规划的句法分析解码算法

基于动态规划的句法分析模型主要通过递归地预测每个得分最高的成分句法子树,最后回溯还原出最优句法树。图 10-10 所示是一个使用神经网络作为解码器计算成分句法子树得分的模型。这种方法的优点是可以枚举出搜索空间中的所有句法树,解码效果比较好。但是动态规划算法时间消耗较大,复杂度是句子长度的平方级别的。

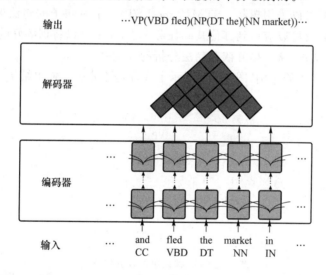

图 10-10　基于动态规划解码算法的句法分析模型

一些研究者针对这个缺点,又提出了近似的自顶向下的贪心解码算法,按照句法树的前序遍历顺序进行搜索,在不损失太多性能的前提下,能大大加快解码的速度。

(3)基于序列到序列的句法分析解码算法

基于序列到序列(end-to-end)的句法分析模型的主要思想是将句法树映射为一个唯一对应的序列表示,然后通过序列标注或者序列生成的方式来预测出这个序列。根据句法树序列化的不同定义方式,模型也有许多不同的变体。

括号表达式是最常见的一种序列化方法,图 10-11 展示了句子"John has a dog."对应的括号表达式。可以证明,括号表达式和句法树是一一对应的,所以只要预测出了括号表达式,就可以唯一映射到一棵句法树。这样,句法分析任务就转化为了输入一个句子,输出一个括号表达式序列,这可以用常见的序列到序列模型来解决。类比到机器翻译任务,可以把输入句子当作源语言,把输出的括号表达式当作目标语言,这就转化为了一个翻译任务。

这一类模型的优点是速度极快,因为时间复杂度也是线性的,并且模型参数量比基于转移系统的模型少了很多。其缺点也是显而易见的,由于预测出的序列需要有很强的约束,以保证可以还原出一棵完整的句法树,所以最终的效果也没有前面两种模型理想。

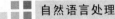
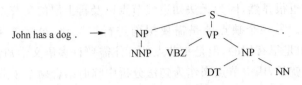

John has a dog . ⟶ (S (NP NNP)_Np (VP VBZ (NPDTNN)_NP .)S

图 10-11　使用括号表达式序列化句子

此外还有许多其他类型的解码算法,比如直接利用神经网络来预测语法产生式的概率,模拟上下文无关文法,最后再利用传统的 CKY 算法来进行解码。该模型最终也取得了非常不错的效果,在单模型上的结果超过了之前的几种模型。

随着成分句法分析技术的日益成熟,成分句法分析已可以应用到许多下游任务中去,比如情感分析任务中,可以采用树状 LSTM(Tree-LSTM)来对句子的句法树进行建模,从而分析出句子的情感;也可以应用到其他基础任务中去,比如可以将训练好的成分句法树根据规则转化为依存句法树,从而提升依存句法分析的准确率。

最后再看一个具体的实例,图 10-12 展示了成分句法分析的输出结果——成分句法树。

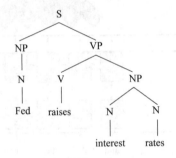

图 10-12　一棵简单的成分句法树

我们可以看到其与上节中的依存句法树有一定的相似之处,主要的不同点在于所有的单词,在此也称为终结符,仅出现在树的叶节点,而非叶节点处为短语成分,或者说非终结符。

若想详细了解中文和英文中的一些常用的短语成分,请扫描书右侧的二维码。

常用短语成分

10.2.2　任务定义

作为自然语言处理中的一项基础任务,成分句法分析的目标是在给定一个长度为 n 的句子$(w_0, w_1, \cdots, w_{n-1})$的情况下,分析出句子的成分句法树 T。例如,给定句子"The little boy likes red tomatoes",它的成分句法树如图 10-13 所示。

对于句法树 T,有多种方式来对它进行表示。目前比较常用的是基于跨度(span)的表示,也就是将句法树表示成组成它的所有短语的集合,每个包含若干个单词的短语为一个跨度。而对于每个短语,可以用三元组(i, j, l)来表示它,其中 i 和 j 表示这个短语的范围是从单词 w_i 到 w_j,而 l 表示这个短语的非终结符标签。这样句法树 T 就可以表示为三元

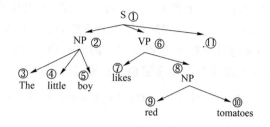

图 10-13　句子"The little boy likes red tomatoes"的成分句法树

组 (i,j,l) 的集合 L：

$$L=\{(i,j,l)\,|\,(i,j,l)\,\text{in}\,T\} \tag{10-2}$$

这样，预测句法树的任务就可以转化为预测三元组 (i,j,l) 集合了。

当然一般还存在两个小问题。一是可能存在一元产生式。解决方法是将一元产生式上面的所有非终结符全部拼接成一个新的非终结符，这样整个一元产生式就可以看成一个非终结符了。二是句法树不一定是二叉树，那么解码的时候就会增加搜索的复杂度。解决方法是新增一个空的非终结符 nothing，将非二叉产生式全部转化为多个二叉产生式，其中新增加的临时结点的非终结符全部定义为这个空的非终结符 nothing，在还原句法树的时候可以直接忽略它。

10.2.3　评价标准

成分句法分析的评价需综合考量跨度范围预测（Labeling）的效果以及单词成分预测（Tagging）的效果。在跨度范围预测中，考量的对象为跨度的区间范围，因此主要的评价指标为调和均值（Labeled F1），其具体的计算流程及公式如下：

$$\text{Labeled Precision}=\frac{\text{Labeled}_{\text{TP}}}{\text{Labeled}_{\text{TP}}+\text{Labeled}_{\text{FN}}}$$

$$\text{Labeled Recall}=\frac{\text{Labeled}_{\text{TP}}}{\text{Labeled}_{\text{TP}}+\text{Labeled}_{\text{FP}}}$$

$$\text{Labeled F1}=\frac{2\times(\text{Labeled Precision}\times\text{Labeled Recall})}{\text{Labeled Precision}+\text{Labeled Recall}} \tag{10-3}$$

其中，Labeled Precision 为跨度范围预测精确率，Labeled Recall 为跨度范围预测召回率，通过这二者计算出跨度范围预测的调和均值 Labeled F1。

在单词成分预测中，考量的对象是每个单词的成分类型的预测准确性，因此主要的评价指标为标注准确率（Tagging Accuracy），计算公式如下：

$$\text{Tagging Accuracy}=\frac{\text{Tagging}_{\text{TP}}+\text{Tagging}_{\text{TN}}}{\text{Tagging}_{\text{TP}}+\text{Tagging}_{\text{TN}}+\text{Tagging}_{\text{FP}}+\text{Tagging}_{\text{FN}}} \tag{10-4}$$

关于精确率、准确率、召回率、调和均值以及式中 TP、FN、FP、TN 等符号的定义，可以参见第 5 章 5.1 节的内容。接下来我们结合一个具体例子看看成分句法分析评价指标的计算过程：

在图 10-14 展示的例子中，上半部分为标签成分句法分析树，即我们希望通过预测得到的结果；下半部分为实际通过预测得到的成分句法分析树。可以看到，预测成分句法分析树中给出了 7 个跨度范围的预测以及全部 11 个单词成分的预测,其中有 3 个跨度范围预测正确,因此跨度范围预测精确率为 3/7＝0.429;标签分析树有 8 个跨度范围,因此跨度范围预测召回率为 3/8＝0.375;通过计算精确率和召回率的调和均值,我们得到最终的跨度范围预测 F1 值为 0.4;11 个单词的成分类型全部预测正确,因此标注准确率为 11/11＝1.0。

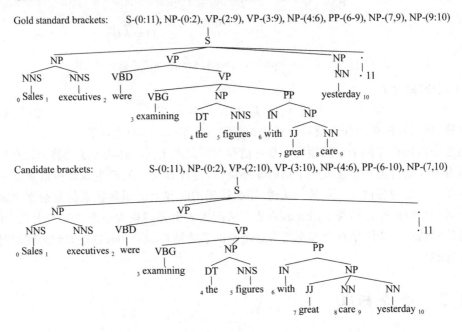

图 10-14　标签成分句法树与预测成分句法树

10.3　语义分析

语义是语言形式所要表达的内在含义,如何实现对自然语言句子的完整语义理解,是人工智能和自然语言处理研究领域的一个重要研究目标。从某种意义上来讲,自然语言处理研究的最终目标就是在语义理解的基础上实现各种类型的应用,但是由于语义的模糊性、多义性,实现自然语言的语义理解是一个巨大的挑战。

语义分析主要方法是将自然语言转换成机器可以理解的表示形式的任务。目前学术界主要使用的表示形式包括可执行语言 SQL 以及其他的抽象表示等,如抽象含义表示(AMR)以及普适概念认知标注(UCCA)。

10.3.1　抽象语义表示

1. 概况

近年来语义标注的相关研究有所进展,能够分别进行命名实体识别、词义消歧、语义角色关系和共指消解等各种单独语义的标注与分析任务,每一种语义任务都有各自的评测方法,而缺少一个针对整句进行逻辑语义表示的规范和语料库。为此,2013 年 Banarescu 等人提出了一种语义表示语言,即抽象语义表示(Abstract Meaning Representation,AMR),并开发了一个较大规模的标注语料库,它由自然语言句子和与其对应的用 AMR 形式表示的句子的逻辑语义图构成。AMR 建立了统一的标注规范,这些规范简单可读,既方便了人们对它的理解,也方便了计算机的处理(AMR 表示逻辑语义)。自此,对 AMR 解析与应用等相关问题的研究受到了国内外学者的高度关注,引发了一股 AMR 研究热潮。可以预见,今后数年里 AMR 一定会受到更多研究者的关注。

2. 任务定义

传统的句子语义解析任务一般是针对一个特定的领域(如地理数据库查询、航班信息查询等)设计一个相对简单的形式化的意义表示语言,然后再采用该意义表示语言对句子进行相应的逻辑意义标注。AMR 则是一种全新的、与领域无关的句子语义表示方法,将一个句子的语义抽象为一个单个有向无环图。

图 10-15 给出了一个英文句子的 AMR 图表示的示例。其中,句子中的实词抽象为概念节点,实词之间的关系抽象为带有语义关系标签的有向弧,且忽略虚词和形态变化体现较虚的语义(如单复数、时态等)。这种表示方法相比树结构拥有较大的优势:

① 单根结构保持了句子的树形主干;

② 图结构的使用可以较好地描述一个名词由多个谓词支配所形成的论元共享现象;

③ AMR 允许补充句中隐含或省略的成分,以还原出较为完整的句子语义,能够更加全面地描写语义,并有利于语义的自动生成。

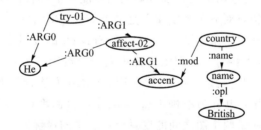

图 10-15　句子"He tries to affect a British accent"的 AMR 图表示

AMR 图中的每个节点表示一个语义概念,语义概念可以是单词(如"he""accent"等),也可以是 Prop-Bank 框架集中的框架(如"try-01""affect-02"等)或者特殊的关键词。其中特殊关键词包括实体类型(如"country""date-entity"等)、量词(如"monetary-quantity""distance-quantity"等)以及逻辑连词("and"等)。有向边的标注表示的是两个概念之间的关系。值得注意的是,有多个语义角色的词在有向图中只用一个节点来表示。所以当实体在句子中很重要时,允许给有向图中的节点设置多个父节点(如图 10-15 中的节点"He"有两个父节点"try-01"和"affect-02")。总体上,AMR 涵盖约一百种概念关系,表 10-2 给出了部分关系示例。

同时,AMR 还包括几乎所有关系的逆关系(如":arg0"对应的":arg0-of",":location"对应的":location-of"等)。每一个关系都有相关的具体化形式。例如,当想要具体化关系"location-of"时,它对应的具体化形式就是转化为概念为"be-located-at-91"的节点。所以

AMR 是一种可以扩展和修正的语义表示[①]。AMR 概念和概念关系的定义可以表示出任意形式的句子。AMR 把所有的词用一种既合理又统一的方式考虑进来,能辅助完成很多基于语义的任务,在解决实际问题时有很大的潜在应用价值。部分 AMR 关系如表 10-2 所示。

表 10-2 部分 AMR 关系

关系集合	:arg0, :arg1, :arg2…
一般语义关系	:age, :destination, :location, :name…
日期实体关系	:day, :month, :time…
列表关系	:op1, :op2, :op3…
数量关系	:quant, :unit, :scale…

在设计好 AMR 表示规范后,AMR 解析的任务就是对给定的输入句子,预测和输出一个相应的 AMR 图结构。接下来,我们简要介绍 AMR 解析模型的评价标准。

3. 评价标准

为评价一个 AMR 解析输出图结构的准确性,一种最简单的方法是整句准确性计算,即输出 AMR 图与人工标注 AMR 图(称为参考 AMR 图)完全一致时准确率为 1,否则为 0。显然这种评价方法粒度过粗,更合适的方法是评价一个输出 AMR 图结构的部分准确率,即准确率在[0,1]之间。然而,计算一个输出 AMR 图与一个参考 AMR 图之间部分匹配的程度是非常困难的问题,因为这两个图的节点集之间可能并不具有直接的匹配和映射关系,确定这两个图之间的最优顶点对齐关系实质上是一个 NP 完全问题。

针对 AMR 解析评测广泛采用的是一种称为 Smatch 的度量方法。它在对两个 AMR 图进行匹配度计算时,首先将每个 AMR 图转化成一个逻辑三元组(triple)的集合,其中每个三元组表示图中的一个顶点或一条边;然后用 Smatch 方法计算两个三元组集合之间的匹配或重叠程度,度量指标也分为准确率(precision)、召回率(recall)和 F1 值。更准确地说,Smatch 方法是通过搜索两个图之间的变量(节点)集的最优匹配而获取的最大的 F1 值。接下来给出一个使用 Smatch 度量 AMR 图之间匹配度的具体例子。在图 10-16 中,我们给出了"the boy wants to go"的 AMR 解析图。在此图中,存在三个概念:want-01,boy 和 go-01。want-01 和 go-01 都是 PropBank 框架集中的框架。instance 边指示实例与节点间的映射关系,本身无实义,可以看到,框架 want-01 有两个通过 ARG0 和 ARG1 连接的参数,而 go-01 有一个通过 ARG0 连接的参数(也是 boy 实例)。

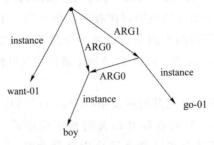

图 10-16 "the boy wants to go"的 AMR 解析图

[①] 详细的 AMR 规范可参见 http//amr.isi.edu。

为清晰地展示计算过程,我们将 AMR 图中编码的语义关系转化为了表 10-3 中的逻辑命题和三元组的结合。

表 10-3　图 10-16 中 AMR 解析图的三元组集合表示

instance $(a,\text{want-01})$
instance (b,boy)
instance $(c,\text{go-01})$
ARG0 (a,b)
ARG1 (a,c)
ARG2 (c,b)

每个 AMR 三元组采用以下形式之一:关系(变量,概念)(前三个三元组),或关系(变量 1,变量 2)(后三个三元组)。根据此规则,预测关于"the boy wants to go"的 AMR 图的三元组集合的形式如表 10-4 所示。

表 10-4　"the boy wants to go"的预测 AMR 图的三元组集合表示

instance $(x,\text{want-01})$
instance (y,boy)
instance $(z,\text{football})$
ARG0 (x,y)
ARG1 (x,z)

由于两个三元组集合内的变量命名(如 a,b,x,y 等)不一定是可共享的,针对不同的变量匹配,我们均计算了预测 AMR 图相对于真实 AMR 图的精确率、召回率及调和均值 F1。

表 10-5 中 M 列代表了两幅图中匹配变量代表的概念为同一概念的数量,P、R、F1 分别为精确率、召回率和 F1 值,Smatch 度量方法选择其中最大的 F1 值作为 AMR 图的匹配度指标,即 0.73。

表 10-5　预测 AMR 图与真实 AMR 图的匹配度计算表

	M	P	R	F1
$x=a,y=b,z=c$:	4	4/5	4/6	0.73
$x=a,y=c,z=b$:	1	1/5	1/6	0.18
$x=b,y=a,z=c$:	0	0/5	0/6	0.00
$x=b,y=c,z=a$:	0	0/5	0/6	0.00
$x=c,y=a,z=b$:	0	0/5	0/6	0.00
$x=c,y=b,z=a$:	2	2/5	2/5	0.36
Smatch Score:				0.73

但是如果变量数量很多,完全计算所有变量匹配的 F1 值几乎不可能实现,为给出多项式时间的 Smatch 值计算,一种方法是将计算问题转化为一个整数线性规划(Integer Linear Programming,ILP)问题,然后利用现有的 ILP 求解算法求解一个近似解;或者采用启发式

爬山算法①进行贪心式搜索以获取近似最优解。考虑到评测效率,目前的 Smatch 值计算主要采用爬山算法进行近似求解。

关于 Smatch 值的计算问题,在此我们不做过多探讨,实际运用中根据需要选择合适的算法即可,就目前来看,爬山算法已能满足大多数相关数据集的计算要求。如果对此问题感兴趣,可以参见 Smatch 的原论文"Smatch: an Evaluation Metric for Semantic Feature Structures"。

10.3.2　普适概念认知标注

1. 概况

普适概念认知标注(Universal Conceptual Cognitive Annotation,UCCA)是近年提出的一种多语言通用的语义表示形式。与其他语义表示形式(Abstract Meaning Representation,AMR)相比,UCCA 具有形式简洁(标签少)、易于理解的特点,不需要语言学专家参与就可以实现快速标注。Birch 等人发现,UCCA 语义结构可以有效地帮助机器翻译结果评价任务。

2. 任务定义

如图 10-17 所示,UCCA 采用有向无环图(Directed Acyclic Graph,DAG)来表示句子的语义结构。图中每个叶子节点依次对应句子中的所有单词,每个非叶子节点对应一个单独的语义实体。非叶子节点之间的边上都带有类别标签,代表孩子节点在父亲关系中扮演的角色。图 10-17 给出一个英文的 UCCA 示例,它的中文意思是"毕业后,John 放弃了一切",其中包含两个主要场景,分别为"John 毕业"和"John 放弃了一切",对应图中的节点 3 和节点 2。UCCA 图中的一个节点可能有多个父亲节点,例如图中的节点 8,其中一个父亲节点用主边(primary edge)连接,即实线 8←2,其他父亲节点都用远程边(remote edge)连接,即虚线边 8←3。所有的主边形成一个树状的结构,而远程边导致的重入性形成有向无环图。UCCA 的另一个特征是存在不连续节点,例如图中的节点 4,叶子节点 everything 在它的覆盖范围,但不是它的子孙节点。

考虑到 UCCA 的这种结构,Hershcovich 等人首先提出基于转移的 UCCA 分析模型 TUPA。在前人工作的基础上,TUPA 增加了 swap 动作来解决不连续结构,并区分主边与远程边。之后,Jiang 等人提出一种基于图的 UCCA 分析模型,他们将 UCCA 图通过规则转化为短语结构树,且在标签上添加额外的信息用于将来的还原,实验结果表明该模型比 TUPA 更加有效。随后,Hershcovich 等人又扩展了自己的工作,将 UCCA 与 AMR、SDP(Semantic Dependency Parsing)等语义分析联合进行多任务学习(Multi-Task Learning,MTL)。其中,UCCA 作为主任务而其他语义分析作为辅助任务,由此构建一个通用的基于转移的多任务学习模型,表明其他语义任务对于 UCCA 有着不可忽视的辅助作用。事实上,UCCA 与句法结构之间也有很强的联系,比如依存句法树的树根往往对应 UCCA 图中的一个场景谓词。

---

① 爬山算法是一种简单的贪心搜索算法,该算法每次从当前解的临近解空间中选择一个最优解作为当前解,直到达到一个局部最优解。

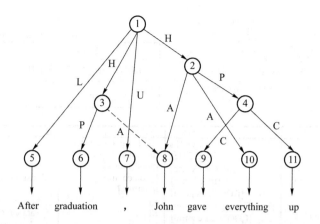

图 10-17　句子"After graduation，John gave everything up"的 UCCA 示例

3. 评价标准

UCCA 评估通过 F1 值和 MRP 指标完成，MRP 指标的原理与 Smatch 指标类似，区别在于其适用于 UCCA 有向无环图的形式。相对于 AMR、UCCA 格式的数据集较少，数据主要来自网络评论和维基百科的句子。目前学术界常用的两个数据集为 SemEval 2019 Task 1 和 CoNLL 2019。

10.4　前沿技术、发展趋势与挑战

10.4.1　依存句法分析

目前在依存句法分析任务上有两种主流的方法：基于转移的方法和基于图的方法。很多学者基于这两种方法理论，应用神经网络模型，在依存句法分析上取得了不错的效果。

2014 年，Danqi Chen 和 Chrsitopher 首次提出神经句法分析的方法，该方法使用基于转移的贪心模型，克服了传统依存句法分析特征向量稀疏，特征向量泛化能力差，特征计算消耗大的缺点。

在传统基于转移的依存分析模型中，每一个决策过程都是基于当前的状态（configuration）做的决策（transition），做好决策后更新状态进入下一步决策过程中，做决策时采用贪心算法，即每一步都选择当前认为最好的 transition，这样只损失了一点准确率，换来了速度的大幅度提升。

在此我们先描述一个标准的传统依存分析器，如图 10-18 所示，假设状态表示为 $c = (s, b, A)$，s 是一个栈（stack），b 为缓存队列（buffer），A 为当前已经画好的依赖弧线集合（dependency arcs），假设一个句子为 $w_1, w_1, \cdots, w_n, w_i$ 为句子中的单词，初始状态为 $s = [\text{ROOT}], b = [w_1, w_1, \cdots, w_n], A = \varnothing$，如果一个状态的缓存是空的，且 $s = [\text{ROOT}]$，则这是最后一个状态，即终点状态。假设决策有三种（LEFT-ARC、RIGHT-ARC、SHIFT），每个决策的含义如下：

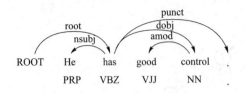

Correct transition: SHIFT

Stack	Buffer
ROOT has_VBZ good_JJ	control_NN ._.

He_PRP

Transition	Stack	Buffer	A
	[ROOT]	[He has good control .]	ϕ
SHIFT	[ROOT He]	[has good control .]	
SHIFT	[ROOT He has]	[good control .]	
LEFT-ARC (nsubj)	[ROOT has]	[good control .]	$A \cup$ nsubj(has,He)
SHIFT	[ROOT has good]	[control .]	
SHIFT	[ROOT has good control]	[.]	
LEFT-ARC (amod)	[ROOT has control]	[.]	$A \cup$ amod(control,good)
RIGHT-ARC (dobj)	[ROOT has]	[.]	$A \cup$ dobj(has,control)
...	...	...	...
RIGHT-ARC (root)	[ROOT]	[]	$A \cup$ root(ROOT,has)

图 10-18 传统依存分析模型

- LEFT-ARC(l)：当栈中元素个数大于或等于 2 时，添加一条依赖边 $S_1 -> S_2$，且该边对应的依赖关系为 l，然后将 S_2 从栈中移除。
- RIGHT-ARC(l)：当栈中元素个数大于或等于 2 时，添加一条依赖边 $S_2 -> S_1$，且该边对应的依赖关系为 l，然后将 S_1 从栈中移除。
- SHIFT：当缓存中元素个数大于或等于 1 时，将 b_1 从缓存队列中移除，添加到栈中。

其中，s_i 为栈顶第 i 个单词，b_i 为缓存队列中第 i 个单词。若 N_l 代表依赖关系 l 总的种类数，那么在一个状态对应的决策有 $2N_l + 1$ 种，也就是说每一步决策都是一个 $2N_l + 1$ 分类问题。将上述假设带入图 10-18，我们可以看到一个完整的传统依存句法分析模型的分析过程。

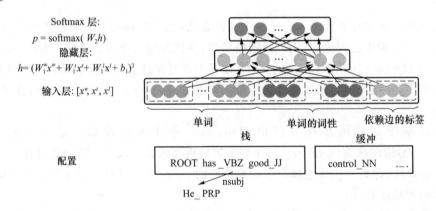

图 10-19 Danqi Chen 和 Chrsitopher 提出的神经句法分析模型

如图 10-19 所示，在 Danqi Chen 和 Chrsitopher 的方法中，使用单词、单词的词性以及已分析的依赖边的标签作为神经网络的输入，通过神经网络得到每一步决策的结果。相比于传统依存分析，神经依存分析使用了立方作为激活函数以提取特征组合的相关性，而不需要像传统激活函数一样人工组合计算，这样避免了特征的组合数量极大，而实际句子中只出现了少数几种稀疏特征情况。

而在 2016 年,Kiperwasser 及 Goldberg 首次提出基于图的神经依存分析模型,该方法采用如图 10-20 所示的 Tree-LSTM 描述依存分析树。

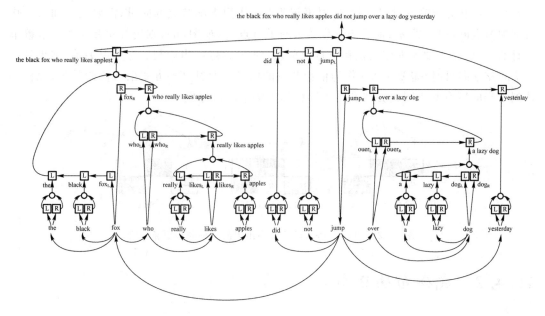

图 10-20　Kiperwasser 和 Goldberg 的方案中描述依赖树的 Tree-LSTM 结构

图 10-20 为句子"the black fox who really likes apples did not jump over a lazy dog yesterday"的正确解析,在 Kiperwasser 和 Goldberg 的方案的初始阶段,将所有解析的解空间视为一个有向完全图,将求解正确解析的过程视为求解该图的最大生成树的过程。

Tree-LSTM 的每个节点均为一个 LSTM 单元,输出一个衡量子树结构合理性的分数,在树的顶端则输出一个解析方案的分数,模型选择分数最高的解析方案作为最终的输出。

在近两年里,不可投射性问题(参见 10.1 可投射性的定义)及基于图的方法成为依存句法分析领域的热门问题,2019 年 Tao Ji 等人尝试将高阶特征,如父母、子孙节点等有效地结合到图神经网络(GNN)中,他们的模型包含编码器层和解码器层,其中编码器层由递归神经网络和图神经网络构成,输出为带权重图,解码器层根据图中的权重计算最大生成树,如图 10-21 所示。

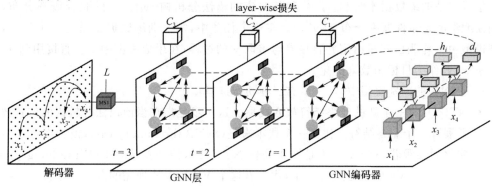

图 10-21　基于图神经网络的依存句法分析

方案主要的创新在于解析器层的图神经网络部分,在此作者采用了如下的更新规则:对于祖父母/子孙间的更新,如图 10-22 所示,h_i 为节点 i 作为某条依赖边的支配节点时的隐层表示,d_i 为节点 i 作为某条依赖边依赖节点时的隐层表示,假设我们需要抽取 k 的特征,当 k 与 i 成祖父母关系时,如图(a),要更新节点 j 作为支配节点的向量,需要同时加入 k 作为支配节点的信息,即 h_k;而若当 k 作为 i 的子节点时,如图(b),则当要更新 i 作为依赖节点时的信息,需要加入 k 作为依赖节点的信息,即 d_k;最后,当 k 与 i 为兄弟关系,则更新节点 j 的支配向量时,需要包含 i 作为依赖节点的信息。通过这种方式引入高阶特征,该模型达到了当时所有基于图的方法和基于转移的方法中的最好效果。

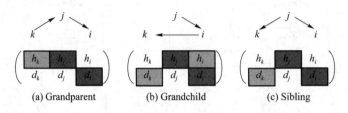

(a) Grandparent (b) Grandchild (c) Sibling

图 10-22 Tao Ji 等人的论文中出现的三种同步更新方式

10.4.2 成分句法分析

与依存句法分析相同,得益于神经网络的引入,成分句法分析的效果得到了显著提升。最先基于神经网络设计成分句法分析模型的是 Dyer、Cross 等人的 RNNG(Recurrent Neural Network Grammars),他们的模型中包含编码器-解码器两部分:编码器读取输入的句子并将其汇总为一个动作向量集,然后解码器使用这些动作向量可逐步构建标记的分析树。这种模型设计很长一段时间都是此领域内模型设计的标准,模型的编码器主要使用循环神经网络(RNN),尤其是长短期记忆网络(LSTM)。

RNNG 的形式化定义为一个三元组 (N, Σ, Θ),前两个分别是终结符和非终结符的集合。与传统 CFG 的定义不同,RNNG 的最后一个 Θ 只是一个参数,而非显式规定的规则集。模型对人工定义的规则是通过对训练数据的学习获取的。RNNG 有一个栈,用来存储当前正在处理的非终结符和终结符;一个缓存区,用来存放未处理输入。RNNG 可以通过两种方式来进行学习:判别模型(discriminative)和生成模型(generative)。具体来说,生成模型学习的是训练数据本身 $\{x_i\}_{i=1}^m$ 和其对应的语法分析树 $\{y_i\}_{i=1}^m$ 的联合概率分布,而判别模型学的是条件概率分布 $p(y|x)$。在这个任务中,每个训练数据 x 就是一个句子,在判别模型中 x 作为已知量给定并直接参与求取 y 的过程;在生成模型中不会直接用到 x,而是以 $p(x, y)$ 作为目标函数来优化。

在 RNNG 的判别模型中,每一步有三种动作选择:

- NT(X):将一个新的非终结符放入栈顶。这一步是指在当前语法分析树的位置放置并展开一个非终结符。比如一个栈本来是(S(NP the hungry cat),模型在这一步决定之后会跟着一个 VP,于是产生动作 NT(VP),栈顶变成(S(NP the hungry cat)(VP,这个 VP 的括号只有一半,代表着这个 VP 是未处理完的。
- SHIFT:将一个终结符从输入 buffer 中拿出来放到栈内。比如输入 buffer 的前面是终结符 it,执行 SHIFT 放在栈里 VP 之后,作为 VP 的第一个子节点。

- REDUCE:代表一个非终结符处理完毕,添加右括号,完成对其处理。比如在 SHIFT 之后,VP 处理完成,执行 REDUCE 栈顶就变成(S(NP the hungry cat)(VP it)。注意当前栈的"工作节点"就从 VP 变成了 S,即下一个 NT 动作产生的非终结符会放在 S 的子节点处。

生成模型与判别模型的区别在于 buffer 里存的不再是未处理的输入,SHIFT 这个操作也不会使用。取而代之的是 GEN(x)操作,它产生一个终结符,并同时放入栈里和输出缓存里。而在栈里的操作和之前一样。

模型中有三处可以使用 RNN 进行状态跟踪。第一处是缓存。对于判别模型而言,当前输入字符 x 是给定的,直接用即可;对于生成模型而言,输出缓存是线性增长的,所以可以用 RNN 对它进行编码。第二处是历史信息。用 $a(x,y)$ 表示这一个训练样本解析完毕所经过的所有动作。合法的动作序列可能有多个,挑选一个即可。由于 a_t(t 时间点已进行的 action)也是线性增长的,也可以直接用 RNN 进行编码。最后是栈的表示。这个处理较为巧妙,考虑栈是怎么变化的:NT 加入非终结符、GEN(SHIFT)加入终结符、REDUCE 将整个子树变成单一的根结点,比如(VP meows 变成(VP meows),即 VP。前两个操作也是线性增长,最后一个操作较为复杂,使用 Bi-LSTM 编码整个子树,最后得到单一向量的表示,如图 10-23 所示。

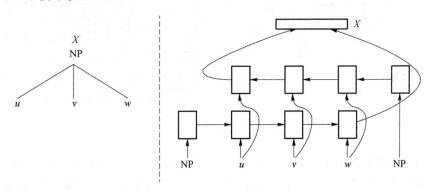

图 10-23　使用 Bi-LSTM 编码一个子树

RNNG 的关键技术在于将基于转移的模型的每一步决策经过神经网络编码。2017 年,Mitchell Stern、Jacob Andreas 等人设计了一种基于表的成分句法分析方法。在这种方法中,编码模型将一棵句法分析树看作是(label,span)的组合,即句法树中的每一个节点的短语类别为 label,该节点对应的短语在句子中的下标范围为 span。编码模型使用 Bi-LSTM 计算出所有(label,span)的分数 Score(label,span),在解码模型中,使用动态规划、贪心等算法寻找最佳的(label,span)组合,这种方法可以通过在解码模型中使用动态规划提升速度,而且解决了测试集中的动作训练在训练集中没有出现的问题。

2018 年,随着注意力模型及预训练词向量的出现,Mitchell Stern 等人的方法由 Nikita Kitaev 和 Dan Klein 再次改进,新的模型在编码模型处使用自注意力模型取代 Bi-LSTM,使得模型捕捉上下文信息能力提升,同时在引入 ELMo 预训练词向量的情况下,使得模型达到了当时各个数据集上的最好效果。

在 2019 年的最新成果中,Mrini、Dernoncourt 等人指出了传统自注意力模型由于注意力头较多,学习的特征基本是黑箱形式的——即其与自然语言的关系难以被人理解。据此,Mrini 等人改进自注意力模型,提出了 Label Attention Layer。他们认为这种方法在依存句法分析和成分句法这两个任务中能够充分利用成分和支配词的标签信息,更好地解释模型结果。

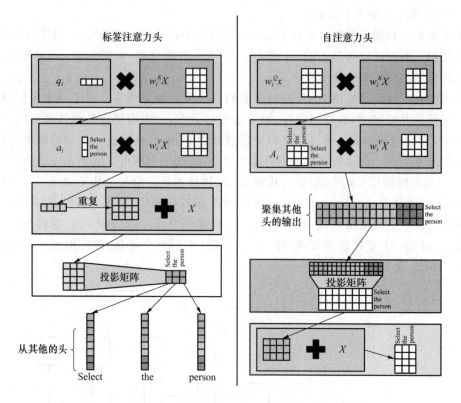

图 10-24　标签注意力头和传统自注意力头的比较

在传统自注意力模型中,如图 10-24 的右半部分,每个单词先用自己的 query 向量与其他单词的 key 向量计算注意力权重,然后再用这个注意力权重与其他单词的 value 向量做加权求和,最后加到自己原来的词隐层表示上,所以每个词的隐层表示都包括了整个句子相对于它的上下文信息,最后把每一个注意力头得到的词隐层表示堆叠,经过一个投影矩阵得到最后的词隐层表示。由于在依存句法分析和成分句法分析这两个任务中,神经网络被期望学到一些关于句法的信息,因此 Mrini 等人认为,如果我们不用黑箱性质的多头注意力,每一个头直接用各个句法标签的注意力权重来丰富单词隐层表示,这样会比纯粹的黑箱多头注意力更具有解释性,最后学习得到的单词隐层表示在这两个领域中的表现也就更好。因此,对于每个句法标签,都将有一个对应的 query 向量,如图 10-24 左半部分,这样就得到第三行的向量,然后将其与每一个单词表示相加,再经过一个投影矩阵,得到这个句法标签在这一个注意力头对应的隐层表示,最后再把所有隐层表示堆叠得到最终的隐层表示。最终的结果也证明,Mrini 等人提出的方法比普通的多头注意力结果要好,达到了依存句法分析、成分句法分析两个领域在各个数据集上的最好结果。

10.4.3　语义分析

语义分析任务旨在将自然语言转化为机器可理解的逻辑形式,而抽象语义表示(AMR)目前已经成为自然语言处理领域中使用最为广泛的语义表示方式。从大方向看,现在基于AMR 的语义分析又被分为了两类:一是以增量更新解析图的一步解析方式;二是将概念识别步骤优先于关系预测步骤的两步解析方式。其中,一步解析方式又被分为了三类:

① 基于转移的方式:从左至右处理句子,通过添加新节点或者增加依赖边的方式增量更新解析图。

② 基于序列到序列的方式:通过一些线性化处理,将它的解析过程转化为序列到序列的解析过程,通过共享词汇表以同时进行概念预测和关系预测任务。

③ 基于图的方式:类似于基于转移的方式,在每一步,添加一个新的节点和一条它与解析图中已存在节点的边。

AMR 与句子的依存关系结构不同。依存句法树中每个单词标记是依赖树中的节点,并且在句子中的单词标记和依赖树中的节点之间存在固有的对齐,AMR 是抽象表示,有些词语成为抽象概念或关系,而其他词语只是被删除,因为它们没有对语义做出贡献。所以单词和概念之间的对齐是很重要的,为了学习从依赖树到 AMR 图的转换,我们必须首先建立句子中的单词和 AMR 中的概念之间的对齐。

2016 年,Chuan Wang 从依存句法分析领域的成果得到灵感,提出了基于转移的语义分析方法 CAMR,该方法使用 JAMR 附带的对准器来产生这种对齐。JAMR 对齐器试图将AMR 图中的每个概念或图片片段与句子中的连续单词标记序列进行贪婪对齐。与之前的方法不同,此方法使用了一种称为跨度图的数据结构来表示与句子中的单词标记对齐的AMR 图。对于每个句子,$w=w_0,w_1,\cdots,w_n$,其中标记 w_0 是特殊的根符号,跨度图是有向的标记图 $G=(V,A)$,其中 $V=\{s_{i,j}\,|\,i,j\in(0,n)\,\text{and}\,j>i\}$ 是一组节点,$A\subseteq V\times V$ 是一组弧。G 的每个节点 $s_{i,j}$ 对应于句子 w 中的连续跨度$(w_i,\cdots,w_j)$并且由起始位置 i 索引。从概念标签的集合为每个节点分配概念标签,并且每个弧分别从关系标签的集合分配关系标签。方法的主要思想是通过一系列动作将一棵依存句法分析树转化为语义分析图,CAMR 一共设计了三种类型的动作:访问边时执行的动作,访问节点时执行的动作以及用于推断解析出与句子中的任何单词或单词序列都不对应的 AMR 图中的抽象概念的动作。每一步的动作通过传统基于转移算法中的贪心策略进行选择,即选择使得当前解析图得分最高的动作。

同样,在 2016 年 Guntis Barzdins 和 Didzis Gosko 在研究对评价指标 Smatch 改进的同时提出了基于序列到序列的语义分析模型。方法使用复制共指节点方式解环,使得 AMR图能被转化为树的形式,Guntis Barzdins 等人证明了在再次使用共解消指方法将这些共指节点重新合并时,之前的改动几乎不会对最终模型的效果产生影响。在证明这种树形式是简化版的 AMR 图后,Guntis Barzdins 等人使用神经机器翻译领域的 Seq2Seq 模型将简单的句子编码为这种树形式的 AMR。最终结果显示由于未像 CAMR 一样引入外部数据帮助 Seq2Seq 模型的训练,该方法在短句子的处理效果上与 CAMR 相近,而在处理长句子时效果显著下降。但是当使用 Ensemble 的方式融合 CAMR 和该模型时,取得了相对于CAMR 更好的效果。

在基于图的分析方法上,2019 年 Deng Cai 等人在他们的论文中介绍了一种基于图跨度的分析(Graph Spanning Based Parsing,GSP)的方法。GSP 的一个新颖特征是它以自上而下的方式递增地构造了一个解析图。从根开始,在每个步骤中,将共同预测一个新节点及其与现有节点的连接。方法的输出图将节点按到根的距离分区,因为他们认为应该首先捕捉句子的主要含义,然后挖掘更多细节,而相对来说更加靠近根节点的单词会是句子更加重要的成分。

图 10-25 为 GSP 的主要架构,在每一轮迭代,模型首先读入由焦点选择模块从经过句子编码器编码得到的句子隐层表示和经过图编码器编码的图隐层表示,得到一个状态 h_t,随后进行关系识别,给待接入节点寻找一个接入点,确定它和图中相连的节点;下一步进行概念识别,即给接入的节点和文本中的单词做对齐;最后进行关系分类,预测接入节点与图中其他节点的关系。至此,一个节点或概念的接入就完成了,整个方案通过这种增量更新的方式完成 AMR 图的构建。

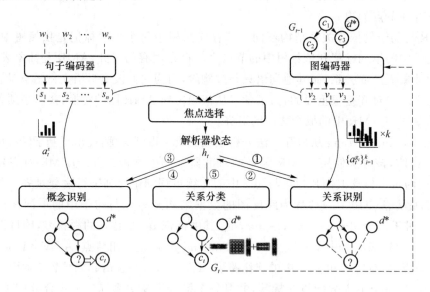

图 10-25　GSP 模型的主要架构

之后在 Deng Cai 等人最新的论文中,他们对 GSP 进行了改进。新的模型将 AMR 解析视为对输入序列和 AMR 图的一系列双重决策。在每个时间步骤中,模型都会进行多轮的关注、推理和组合,以解决两个关键问题:(1)输入序列的哪一部分要抽象化;(2)在输出图中的何处构造新概念。Deng Cai 等人通过实验证明这两个问题的答案是相互因果的,因此他们基于迭代推理设计了此模型,该模型有助于从两个角度获得更好的答案,从而大大提高了解析精度。

如图 10-26 所示,模型有四个主要组成部分:(1)句子编码器,用于逐单词生成文本表示并存储于文本内存,为概念对齐和抽象化提供基础;(2)图编码器,用于逐节点生成图表示并存储于图内存以提供用于关系推理的基础;(3)概念分析器,将先前的图分析器生成的假设新图用于概念预测;(4)图分析器,将先前概念分析器输出的假设概念对齐结果用于关系预测。图 10-26 中最后两个组件分别对应于推理函数 $g(\cdot)$ 和 $f(\cdot)$。在迭代推理过程中,使用当前状态的语义表示补充图内存和文本内存(←→和•→箭头),以便定位新概念并获得其与现有图的关系,随后两者相互完善。直观上看,在模型第一次看到了输入语句和当前图之后,将重新获取语句子和图的特定子区域,以更好地了解当前分析状态。随后以特定的学习目标来详细读取文本,以确认或推翻先前的假设。最后,在推理步骤进行了几次迭代之后,将经过改进的语句/图的输出用于图的更新。该模型的效果远远超过了近年的其他模型,在不引入预训练词向量的情况下,就已超过其他使用预训练词向量的模型,在引入预训练词向量后,该模型的 F1 值更是在 AMR1.0 数据集上比之前最好的模型的 F1 值高了 4%,而在 AMR2.0 数据集上超出了 3%。

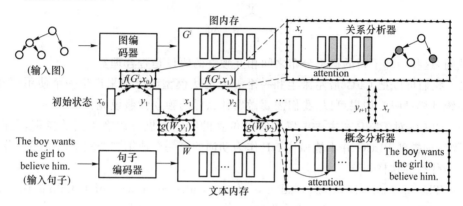

图 10-26　迭代构建关系和概念的过程

若想详细了解更多关于语言分析的最新研究进展,请扫描书右侧的二维码。

语言分析近年
研究进展

本 章 小 结

本章主要介绍自然语言处理中的语言分析任务,包括依存句法分析、成分句法分析、语义分析三项子任务。10.1～10.3 节介绍了三项子任务的发展历史、基本概念以及几种主流解决方案,随后我们根据学术界的定义给出了各子任务更加公式化的表示和评价方法。10.4 节主要介绍了语言分析任务近年来的最新解决方案,在阅读本节的过程中,读者可以明显发现神经网络技术对语言分析任务产生的影响。事实上,从目前的情况来看,神经网络已成为绝大多数语言模型相关任务的主流方法,并仍在通过模型和训练方法的迭代改进提高其在不同任务上的性能。特别是近年来预训练方法的出现,推动神经网络方法在很多任务上的性能达到了饱和。但是,这样的效果也仅是局限在单一语种数据集范围内,随着数据集的扩大,数据集中的语种数目增多,语言结构更加复杂,神经网络方法如何达到现在的效果,成为很多自然语言工作者需要着重考虑的问题。

思 考 题

(1) 考虑给定部分句子结构的语法分析树的概率:

$$P\left(\begin{array}{c} NP \\ Det \quad N' \\ Adj \quad N \end{array}\right)$$

一般来说,随着树不断增大,我们无法从任何现有的数据集中精确估计这些树的概率,而 PCFG 从局部子树的联合概率中估计树的概率,如下所示:

$$P\left(\begin{array}{cc} NP & N' \\ Det \quad N' & , \quad Adj \quad N \end{array}\right)$$

试问,这些局部子树的概率分布之间相互独立的假设是否合理?

(2) 我们可以把 CFG 最左派生和一个 n 元语法模型结合起来产生一个使用短语结构的概率统计模型吗? 如果可以,我们需要做出什么样的独立性假设呢?

(3) PLCG 对于 NP 在主语位置和宾语位置的特定扩展可以有不同的概率,我们注意到,在脚注中提到 PLCG 并不能抓住 NP 作为动词的第一个或第二个宾语时的不同分布,解释一下为什么会这样。

(4) The agent sees widespread use of the codes as a way of handling the rapidly growing mail volumn and controlling labor costs.

在这个句子中找出至少五个完整的句法结构。

(5) 写出一个有重写规则的上下文无关文法的句法分析器,并且使用它来找到句子的所有分析。使用这个句法分析器来分析习题(4)中的句子。

(6) PCFG 对使用较少的非终结符有坏的偏置,假设我们有下面给定的树库作为训练集,其中"nx"表明一个特定的树在训练集中的出现次数。我们可以从树库中得到怎么样的 PCFG 呢? 如果使用这个语法,那么字符串"aa"最可能的分析是什么呢? 这是一个合理的结果吗?

$$\left\{\begin{array}{ccccc} S & S & S & S & S \\ 10\times B \quad B, & 95\times A \quad A, & 325\times A \quad A, & 8\times A \quad A, & 428\times A \quad A \\ a \quad a & a \quad a & f \quad g & f \quad a & g \quad f \end{array}\right\}$$

(7) Demers 等人发现,左角句法分析器、自上而下的句法分析器、自下而上的句法分析器都适合于一个广义左角句法分析器系列,它们的行为依赖于在进行各种动作之前查看了多少输入元素。这就表明其他可能的概率句法分析模型实现了这个空间的其他一些点,在这个空间中还有其他可用点吗? 对于这些点来说什么是合适的概率模型?

(8) 一个非词汇化句法分析器总是在同样的结构配置中选择相同的附着。但是,考虑到 PP 附着问题,并不意味着它必须总是为 PP 选择一个名词附着或者动词附着。这是为什么呢? 在语料库中调查是否有可利用的东西能够区别 PCFG 能区别的情况。

(9) 此题的目标是让我们意识到为什么不能为 DOP 句法分析构造一个 Viterbi 算法。对于 PCFG 句法分析,如果我们已经构造了分析树(a)和分析树(b)中展示的两个成分派生,而且分析树(a)中的 $P(N')$ 比分析树(b)中的大,就可以丢弃分析树(b),因为用分析树

（b）构造的比较大的树比同样的树由分析树（a）构造的概率更低，但是我们不能在 DOP 模型中这么做，为什么不能呢？

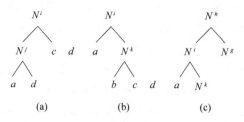

(a)　　　　　(b)　　　　　(c)

（10）使用 Penn 树库构造、训练和测试自己的统计句法分析器。

本章参考文献

［1］　Zhang Y，Clark S. Joint word segmentation and POS tagging using a single perceptron［C］//Proceedings of ACL-08：HLT. 2008：888-896.

［2］　Song L，Gildea D，Zhang Y，et al. Semantic neural machine translation using AMR ［J］. Transactions of the Association for Computational Linguistics，2019，7：19-31.

［3］　Miwa M，Bansal M. End-to-End Relation Extraction using LSTMs on Sequences and Tree Structures［C］//Proceedings of the 54th Annual Meeting of the Association for Computational Linguistics（Volume 1：Long Papers）. 2016：1105-1116.

［4］　Yamada H，Matsumoto Y. Statistical dependency analysis with support vector machines［C］//Proceedings of the Eighth International Conference on Parsing Technologies. 2003：195-206.

［5］　Chen D，Manning C D. A fast and accurate dependency parser using neural networks ［C］//Proceedings of the 2014 conference on empirical methods in natural language processing（EMNLP）. 2014：740-750.

［6］　Magerman D M. Statistical Decision-Tree Models for Parsing［C］//33rd Annual Meeting of the Association for Computational Linguistics. 1995：276-283.

［7］　Collins M. Head-Driven Models for Natural Language Parsing［J］. Ph. D. Thesis，Dept. of Computer and Information Science，University of Pennsylvania，1999.

［8］　Charniak E. A maximum-entropy-inspired parser［C］//Proceedings of the 1st North American chapter of the Association for Computational Linguistics conference. 2000：132-139.

［9］　Charniak E，Johnson M. Coarse-to-fine n-best parsing and MaxEnt discriminative reranking［C］//Proceedings of the 43rd Annual Meeting of the Association for Computational Linguistics（ACL'05）. 2005：173-180.

［10］　Johnson M. PCFG models of linguistic tree representations［J］. Computational Linguistics，1998，24（4）：613-632.

[11] Klein D, Manning C D. Accurate unlexicalized parsing[C]//Proceedings of the 41st annual meeting of the association for computational linguistics. 2003: 423-430.

[12] Matsuzaki T, Miyao Y, Tsujii J. Probabilistic CFG with latent annotations[C]// Proceedings of the 43rd Annual Meeting of the Association for Computational Linguistics (ACL'05). 2005: 75-82.

[13] Petrov S, Barrett L, Thibaux R, et al. Learning accurate, compact, and interpretable tree annotation[C]//Proceedings of the 21st International Conference on Computational Linguistics and 44th Annual Meeting of the Association for Computational Linguistics. 2006: 433-440.

[14] Petrov S, Klein D. Improved inference for unlexicalized parsing[C]//Human Language Technologies 2007: The Conference of the North American Chapter of the Association for Computational Linguistics; Proceedings of the Main Conference. 2007: 404-411.

[15] Petrov S. Products of Random Latent Variable Grammars[C]//Human Language Technologies: The 2010 Annual Conference of the North American Chapter of the Association for Computational Linguistics. 2010: 19-27.

[16] Kingsbury P, Palmer M. From TreeBank to PropBank[C]//Proceedings of the Third International Conference on Language Resources and Evaluation (LREC' 02). 2002: 1989-1993.

[17] Banarescu L, Bonial C, Cai S, et al. Abstract meaning representation for sembanking [C]//Proceedings of the 7th linguistic annotation workshop and interoperability with discourse. 2013: 178-186.

[18] Cai S, Knight K. Smatch: an evaluation metric for semantic feature structures [C]//Proceedings of the 51st Annual Meeting of the Association for Computational Linguistics (Volume 2: Short Papers). 2013: 748-752.

[19] Birch A, Abend O, Bojar O, et al. HUME: Human UCCA-Based Evaluation of Machine Translation [C]//Proceedings of the 2016 Conference on Empirical Methods in Natural Language Processing. 2016: 1264-1274.

[20] Hershcovich D, Abend O, Rappoport A. A Transition-Based Directed Acyclic Graph Parser for UCCA[C]//Proceedings of the 55th Annual Meeting of the Association for Computational Linguistics (Volume 1: Long Papers). 2017: 1127-1138.

[21] Hershcovich D, Abend O, Rappoport A. Multitask Parsing Across Semantic Representations[C]//Proceedings of the 56th Annual Meeting of the Association for Computational Linguistics (Volume 1: Long Papers). 2018: 373-385.

[22] Jiang W, Li Z, Zhang Y, et al. HLT@ SUDA at SemEval-2019 Task 1: UCCA Graph Parsing as Constituent Tree Parsing [C]//Proceedings of the 13th International Workshop on Semantic Evaluation. 2019: 11-15.

[23] Kiperwasser E, Goldberg Y. Simple and Accurate Dependency Parsing Using

Bidirectional LSTM Feature Representations[J]. Transactions of the Association for Computational Linguistics, 2016, 4: 313-327.

[24] Ji T, Wu Y, Lan M. Graph-based dependency parsing with graph neural networks [C]//Proceedings of the 57th Annual Meeting of the Association for Computational Linguistics. 2019: 2475-2485.

[25] Dyer C, Kuncoro A, Ballesteros M, et al. Recurrent Neural Network Grammars [C]//Proceedings of the 2016 Conference of the North American Chapter of the Association for Computational Linguistics: Human Language Technologies. 2016: 199-209.

[26] Gaddy D, Stern M, Klein D. What's Going On in Neural Constituency Parsers? An Analysis[C]//Proceedings of the 2018 Conference of the North American Chapter of the Association for Computational Linguistics: Human Language Technologies, Volume 1 (Long Papers). 2018: 999-1010.

[27] Kitaev N, Klein D. Constituency Parsing with a Self-Attentive Encoder[C]// Proceedings of the 56th Annual Meeting of the Association for Computational Linguistics (Volume 1: Long Papers). 2018: 2676-2686.

[28] Mrini K, Dernoncourt F, Bui T, et al. Rethinking self-attention: An interpretable self-attentive encoder-decoder parser[J]. arXiv preprint arXiv:1911.03875, 2019.

[29] Peng X, Wang C, Gildea D, et al. Addressing the Data Sparsity Issue in Neural AMR Parsing[C]//Proceedings of the 15th Conference of the European Chapter of the Association for Computational Linguistics: Volume 1, Long Papers. 2017: 366-375.

[30] Flanigan J, Thomson S, Carbonell J G, et al. A discriminative graph-based parser for the abstract meaning representation[C]//Proceedings of the 52nd Annual Meeting of the Association for Computational Linguistics (Volume 1: Long Papers). 2014: 1426-1436.

[31] Barzdins G, Gosko D. RIGA at SemEval-2016 Task 8: Impact of Smatch Extensions and Character-Level Neural Translation on AMR Parsing Accuracy [C]//Proceedings of the 10th International Workshop on Semantic Evaluation (SemEval-2016). 2016: 1143-1147.

[32] Cai D, Lam W. Core Semantic First: A Top-down Approach for AMR Parsing [C]//Proceedings of the 2019 Conference on Empirical Methods in Natural Language Processing and the 9th International Joint Conference on Natural Language Processing (EMNLP-IJCNLP). 2019: 3790-3800.

[33] Cai D, Lam W. AMR Parsing via Graph-Sequence Iterative Inference. [C]// Proceedings of the 58th Annual Meeting of the Association for Computational Linguistics, Online, Association for Computational Linguistics.

第 11 章

其他研究热点与发展趋势展望

本章思维导图

随着近年来人工智能技术的飞速发展，对于自然语言处理而言，发展趋势可谓"激流勇进"。虽然整个人工智能界的研究情绪高涨，推动了人工智能技术的迅猛发展，但是迅猛发展的背后，技术的局限性也日益凸显，研究者们正针对这些局限性在积极探索，并各显身手地提出了不计其数的新方法和研究方向。本章将汇总自然语言处理领域近年来热门的研究方向与任务，对本书前面章节未提到的其他热点进行补充，并针对每个热点，从基本原理、研究现状及趋势展望等方面进行介绍。

图 11-1 为本章的思维导图，是对本章的知识脉络的总结。

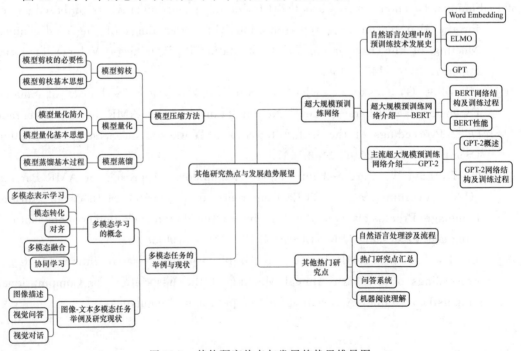

图 11-1　其他研究热点与发展趋势思维导图

本章将首先介绍超大规模预训练网络的基本原理及典型网络代表,之后将从模型剪枝、模型量化及模型蒸馏三个方面讲解主流模型压缩方法,然后从理解与生成两个方面,汇总介绍其他自然语言处理热门研究点并介绍问答系统及机器阅读理解等研究方向,最后在多模态学习概念的基础之上,介绍图像-文本多模态任务的任务定义及网络架构。

11.1　超大规模预训练网络

预训练是通过设计好一个网络结构来做语言模型任务,然后把大量甚至是无穷尽的无标注自然语言文本利用起来,预训练任务把大量语言学知识抽取出来编码到网络结构中,在当前任务带有标注信息的数据有限时,这些先验的语言学特征会对当前任务有极大的特征补充作用,随着计算能力的快速提升,以 BERT、GPT-2 为代表的超大规模预训练网络成为当下热门的研究方向,本节将从预训练技术发展史及典型网络两个方面进行介绍。

11.1.1　自然语言处理中的预训练技术发展史

本节主题是自然语言处理中的预训练技术发展史,大致介绍自然语言处理(NLP)中的预训练技术是如何一步一步发展到今天的。要介绍 NLP 的预训练,需要先从词嵌入(Word Embedding)说起。Word Embedding 其实就是 NLP 中的早期预训练技术,最初将其应用到下游任务中,均能有一定的性能提升。

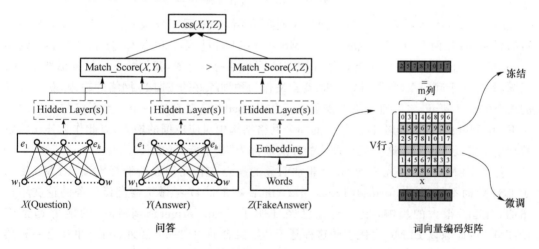

图 11-2　QA 网络结构

假设有一个 NLP 的下游任务 QA,即问答问题,指的是给定一个问题 X,给定另外一个句子 Y,要判断句子 Y 是否是问题 X 的正确答案。设计的 QA 网络结构如图 11-2 所示,句子中每个单词以 One-Hot 形式作为输入,然后乘以学好的词向量矩阵 Q,就取出了单词对应的 Word Embedding。其中 Word Embedding 矩阵 Q 其实就是网络 One-Hot 层到embedding 层映射的网络参数矩阵。因此使用 Word Embedding 等价于把 One-Hot 层到embedding 层的网络用预训练好的参数矩阵 Q 进行了初始化,这即为一个预训练过程。下游 NLP 任务在使用 Word Embedding 的时候有两种做法:一种是冻结,即 Word

Embedding 那层网络参数固定不动；另一种是微调，就是 Word Embedding 这层参数使用新的训练，集合训练也跟着训练更新。

上面这种做法就是 2018 年之前 NLP 领域里采用预训练的典型做法，但为什么使用 Word Embedding 的效果没有期待的效果好呢？原因是无法解决多义词问题。比如，多义词 bank，有"河岸"和"银行"两个常用含义，但 Word Embedding 在对 bank 进行编码时是无法区分这两个含义的，尽管上下文环境中出现的单词不同，但是在用语言模型训练的时候，不论什么上下文的句子经过 Word2Vec，都是预测相同的单词 bank，而同一个单词占的是同一行的参数空间，这就导致两种不同的上下文信息都会编码到相同的 Word Embedding 空间中。而 ELMo 提供了一种优秀的解决方案，其网络结构如图 11-3 所示。

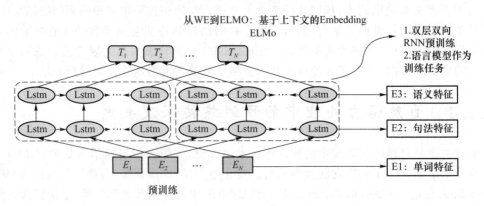

图 11-3　ELMo 网络结构

ELMo 的网络结构已经在本书前文中有所介绍，它采用了双层双向 LSTM，每个编码器的深度都是两层 LSTM 叠加。ELMo 的预训练过程不仅仅学会了单词的 Word Embedding，还学会了一个双层双向的 LSTM 网络结构。比如，我们的下游任务仍然是 QA 问题，此时对于问句 X，我们可以先将句子 X 作为预训练好的 ELMo 网络的输入，获得对应的三个 Embedding，之后通过给予权重将三个 Embedding 整合成一个。然后将整合后的这个 Embedding 作为 X 句在自己任务的那个网络结构中对应单词的输入，以此作为补充的新特征给下游任务使用。这一类预训练的方法被称为"基于特征的预训练"。

然而 ELMo 并不是完美的，一个非常明显的缺点在特征抽取器选择方面，ELMo 使用了 LSTM 而不是 Transformer，Transformer 是谷歌在 2017 年做机器翻译任务的论文中提出的，引起了很大的反响，很多研究已经证明了 Transformer 提取特征的能力远强于 LSTM。因此除以 ELMo 为代表的这种基于特征融合的预训练方法外，NLP 里还有一种典型做法，即"基于微调的模式"，而 GPT 就是这一模式的典型开创者。

GPT 是"Generative Pre-Training"的简称，其采用两阶段过程，第一个阶段是利用语言模型进行预训练，第二阶段通过微调的模式解决下游任务。图 11-4 展示了 GPT 的预训练过程。在预训练好网络模型后，把下游任务的网络结构改造成和 GPT 的网络结构相同的形式，然后利用第一步预训练好的参数初始化 GPT 的网络结构，这样通过预训练学到的语言学知识就被引入到了下游任务中。

以上就是 NLP 中预训练技术的几个重要发展节点，这也为之后大规模预训练网络的诞生打下了坚实基础。

从WE到GPT：Pretrain+Finetune两阶段过程

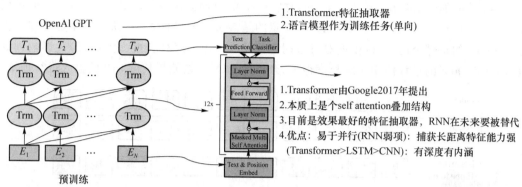

1.Transformer特征抽取器
2.语言模型作为训练任务(单向)

1.Transformer由Google2017年提出
2.本质上是个self attention叠加结构
3.目前是效果最好的特征抽取器，RNN在未来要被替代
4.优点：易于并行(RNN弱项)；捕获长距离特征能力强
　(Transformer>LSTM>CNN)；有深度有内涵

图 11-4　GPT 预训练过程

NLP 预训练技术

若想详细了解 NLP 预训练技术的详细发展历史，请扫描书右侧的二维码。

11.1.2　超大规模预训练网络介绍——BERT

BERT 的全称是 Bidirectional Encoder Representation from Transformers，即双向 Transformer 的 Encoder，因为 Decoder 是不能获取预测的信息的。模型的主要创新点都在预训练方法上，即用了 Masked LM 和 Next Sentence Prediction 两种方法分别捕捉词语和句子级别的表征。

由于 Transformer 结构本书前面章节已经解析过，这里直接给出 BERT 模型的结构，如图 11-5 所示。

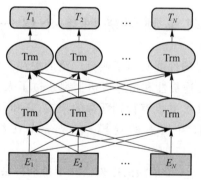

图 11-5　BERT 模型结构

对比 ELMo，虽然都是双向结构，但其目标函数不同。BERT 的 Embedding 由三种 Embedding 求和而成，如图 11-6 所示。

图 11-6 中，Token Embeddings 是词向量，第一个单词是 CLS 标志，可以用于之后的分类任务，Segment Embeddings 用来区别两种句子，Position Embeddings 是学习得到的。第一步预训练的目标是做语言模型，该模型是双向的，对比模型 ELMo 只是将 left-to-right 和 right-to-left 分别训练拼接起来，BERT 做到了普通语言模型无法做到的深度双向。BERT

使用了一个加 mask 的技巧,在训练过程中随机 mask 15％的 token,最终的损失函数只计算被 mask 掉的那个 token。随机 mask 的时候 10％的单词会被替代成其他单词,10％的单词不替换,剩下 80％才被替换为 mask。要注意的是 Masked LM 预训练阶段模型是不知道真正被 mask 的是哪个词,所以模型对每个词都要关注。因为序列长度太大(512)会影响训练速度,所以 90％的过程使用 128 长度训练,余下的 10％步数使用长度 512 的输入进行训练。

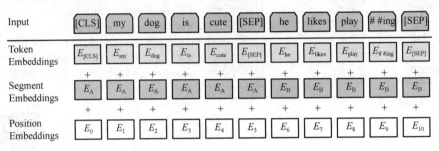

图 11-6　BERT 的 Embedding 组成

因为涉及 QA 和 NLI 之类的任务,BERT 增加了第二个预训练任务,目的是让模型理解两个句子之间的联系。训练的输入是句子 A 和 B,B 有一半的概率是 A 的下一句,输入这两个句子,模型预测 B 是不是 A 的下一句。此处预训练的时候可以达到 97％～98％的准确度。Fine-tunning 阶段针对其他任务需要进行一些调整,如图 11-7 所示。

BERT 是截至 2018 年 10 月的最佳模型,通过预训练和精调横扫了 11 项 NLP 任务,而且它使用的是 Transformer,更加高效且能捕捉更长距离的依赖。对比之前的预训练模型,它捕捉到的是真正意义的双向上下文信息。

若想详细了解 BERT 的网络结构原理及训练过程,请扫描书右侧的二维码。

BERT

11.1.3　主流超大规模预训练网络介绍——GPT-2

GPT-2 由于其稳定、优异的性能吸引了业界广泛的关注。它在文本生成上有着惊艳的表现,其生成的文本在上下文连贯性和情感表达上都超过了人们对目前阶段语言模型的预期。仅从模型架构而言,GPT-2 并没有特别新颖的架构,它和只带有解码器的 Transformer 模型很像。然而,GPT-2 有着超大的规模,它是一个在海量数据集上训练的基于 Transformer 的巨大模型。

GPT-2 可以处理最长 1 024 个单词的序列。每个单词都会和它的前续路径一起流过所有的解码器模块。从模型的输入开始,GPT-2 同样从嵌入矩阵中查找单词对应的嵌入向量,该矩阵也是模型训练结果的一部分。但在将其输入给模型之前,我们还需要引入位置编码。1 024 个输入序列位置中的每一个都对应一个位置编码,这些编码组成的矩阵也是训练模型的一部分,位置编码如图 11-8 所示。至此,输入单词在进入模型第一个 Transformer 模块之前所有的处理步骤就结束了。训练后的 GPT-2 模型包含两个权值矩阵:嵌入矩阵和位置编码矩阵。将单词输入第一个 Transformer 模块之前需要查到它对应的嵌入向量,再加上位置对应的位置向量。

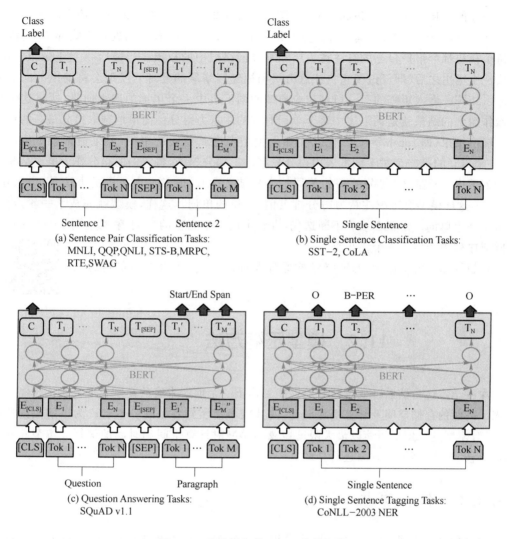

图 11-7 其他任务的 BERT 参数调整

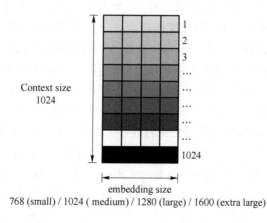

图 11-8 GPT-2 位置编码

第一个 Transformer 模块处理单词的步骤如下：首先通过自注意力层处理，接着将其传递给神经网络层。第一个 Transformer 模块处理完单词后,会将结果向量传入堆栈中的下一个 Transformer 模块,继续进行计算。每一个 Transformer 模块的处理方式都是一样的,但每个模块都会维护自己的自注意力层和神经网络层中的权重。当最后一个 Transformer 模块产生输出之后(即经过了它自注意力层和神经网络层的处理),模型会将输出的向量乘上嵌入矩阵。嵌入矩阵的每一行都对应模型的词汇表中一个单词的嵌入向量,所以这个乘法操作得到的结果就是词汇表中每个单词对应的注意力得分。简单地选取得分最高的单词作为输出结果(即 top-k =1)。但其实如果模型考虑其他候选单词,效果通常会更好。所以,一个更好的策略是对于词汇表中得分较高的一部分单词,将它们的得分作为概率从整个单词列表中进行抽样(得分越高的单词越容易被选中)。通常一个折中的方法是,将 top-k 设为 40,这样模型会考虑注意力得分排名前 40 位的单词。这样,模型就完成了一轮迭代,输出了一个单词。模型会接着不断迭代,直到生成一个完整的序列-序列达到 1 024 的长度上限或序列中产生了一个终止符。

若想详细了解 GPT-2 的网络结构原理及训练过程,请扫描书右侧的二维码。

GPT-2

11.2　模型压缩方法

深度学习让自然语言处理任务的性能到达了一个前所未有的高度。但复杂的模型同时带来了高额的存储空间及计算资源消耗,使其较难落实到各个硬件平台。为了解决这些问题,需对模型进行模型压缩以最大限度地减小模型对计算空间和时间的消耗。本节将从模型的剪枝、量化、蒸馏等方面进行介绍。

11.2.1　模型剪枝

模型剪枝基于目前的一种假设或共识,即 DNN 的过参数化(Over-parameterization)。深度神经网络与其他很多机器学习模型一样,可分为训练和预测两个阶段。训练阶段网络根据训练数据学习模型中的参数(对神经网络来说主要是网络中的权重),预测阶段则是将新数据输入模型,经过计算得到输出结果。上文提到的 DNN 的过参数化即是指训练阶段网络需要大量的参数来捕捉数据中的微小信息,而当训练完成并进入预测阶段后,网络通常并不需要这么多的参数,因此这样的假设支持我们在部署前对模型进行剪枝与简化。

模型剪枝的基本思想是剪裁最不重要的部分。第一种思路(最简单的思路)是贪心法,或称为 Saliency-based 方法,即按重要性进行排序,之后将不重要的部分去除。一种最简单的方式就是按参数(或特征输出)绝对值大小来评估重要性,然后用贪心法对重要性较低的部分进行剪枝,这类方法称为 Magnitude-based Weight Pruning。对于结构化剪枝来说,要获得结构化的稀疏权重,通常用 Group LASSO 算法来得到结构化的稀疏权重。第二种思路是考虑参数裁剪对损失的影响,如其中的一个工作采用目标函数相对于激活函数的泰勒展开式中的一阶项的绝对值作为剪枝时参数重要性的准则,这样就避免了二阶项的计算。第三种思路是考虑对特征输出的可重建性的影响,即最小化裁剪后网络对于特征输出的重建误差。其基于的认知为:如果对当前层进行裁剪后对后面的输出没有较大影响,则说明裁掉的是不太重要的信息。另外,还有基于其他准则对权重进行重要性排序的方法。贪心算法的缺点就是只能找到局部最优解,因为它忽略了参数间的相互关系,因此还有一些方法去尝试考虑参数间的相互关系,试图找到全局更优解,如规划问题、贝叶斯方法、基于梯度的方法、基于聚类的方法等。

很多研究者认为剪枝方法在现在的深度学习研究中没有得到足够的重视,其需要得到更多的关注与实践,且深度学习在实践中解决的许多问题也可以从剪枝方法中获益。

11.2.2 模型量化

量化模型(Quantized Model)是模型加速(Model Acceleration)方法之一,包括二值化网络(Binary Network)、三值化网络(Ternary Network)、深度压缩(Deep Compression)等。随着神经网络深度增加,网络节点变得越来越多,规模随之变得非常大,这对移动硬件设备非常不利。因此想要在有限资源的硬件设备上布置性能良好的网络,就需要对网络模型进行压缩和加速,其中量化模型由于在硬件上移植会非常方便,因此在理论上来讲是非常有发展潜力的。比较有名气的量化模型有 Deepcompression、Binary-Net、Tenary-Net、Dorefa-Net 等。

量化其实是一种权值共享的策略。量化后的权值张量是一个高度稀疏的有较多共享权值的矩阵。对于非零参数,我们还可以进行定点压缩,以求获得更高的压缩率。以 Deepcompression 为例,其最后一步是使用哈夫曼编码进行权值的压缩,但将权值使用哈夫曼编码进行编码,解码时的时间代价将会非常大。还需注意的是,Deepcompression 中对于输出没有压缩,因此这种方案对于硬件加速的主要作用体现在遇到 0 即可 zero skip,即使用判断语句替代乘法器。

理论上来讲,量化模型是通往高速神经网络最佳的方法,不过由于种种问题,如实现难度大、准确性不稳定、使用门槛较高等,导致通常目前使用较多的是其他更加常用的模型加速方法。

11.2.3 模型蒸馏

模型蒸馏采用的方法是迁移学习,这部分研究的主要思想是通过预先训练好的复杂模型(Teacher Model)的最后输出结果来作为先验知识,结合 One-Hot label 数据,共同指导一个简单的网络(Student Model)学习。蒸馏的目标是让 student 学习到 teacher 的泛化能力。下面给出模型蒸馏中常用的名词解释:

teacher -原始模型或模型 ensemble;

student -新模型;

transfer set -用来迁移 teacher 知识、训练 student 的数据集合;

soft target-teacher 输出的预测结果(一般是 Softmax 之后的概率);

hard target -样本原本的标签;

temperature -蒸馏目标函数中的超参数;

born-again network -蒸馏的一种,指 student 和 teacher 的结构和尺寸完全一样;

teacher annealing -防止 student 的表现被 teacher 限制,在蒸馏时逐渐减少 soft targets 的权重。

在原始模型训练阶段,根据提出的目标问题,设计一个大模型或者多个模型集合(N_1, N_2,…,N_t)即 teacher,之后并行训练集合中的网络。

在精简模型训练阶段,首先设计一个简单网络 N_0 即 student,然后收集简单模型训练数据,此处的训练数据可以是训练原始网络的有标签数据,也可以是额外的无标签数据。之后将收集到的样本输入原始模型(N_1,N_2,…,N_t),修改原始模型 teacher 的 Softmax 层中温度参数 T 为一个较大值,如 $T=20$。每一个样本在每个原始模型可以得到其最终的分类概率向量,选取其中概率值最大的即为该模型对于当前样本的判定结果。对于 t 个原始模型就可以得到 t 个概率向量。然后对 t 概率向量求取均值作为当前样本最后的概率输出向量并保存。之后标签融合前面收集到的数据定义为样本原本的标签,即 hard_target,有标签数据的取值为其标签值 1,无标签数据取值为 0。然后有计算公式 Target＝a * hard_target＋b * soft_target($a+b=1$)。其中 hard target 为小模型 student 的类别概率输出与 label 真值的交叉熵(此时 student 的 $T=1$),soft target 为小模型的类别概率输出与大模型的类别概率输出的交叉熵(student 与 teacher 的 T 相同,$T=20$)。Target 最终作为训练数据的标签去训练精简模型,如图 11-9 所示。参数 a,b 是用于控制标签融合权重的,由于 soft target 具有更高的熵,它能比 hard target 提供更多的信息,因此可以使用较少的数据以及较大的学习率。将 hard 和 soft 的 target 通过加权平均来作为学生网络的目标函数,soft target 所占的权重更大一些。soft target 所分配的权重应该为 T^2,hard target 的权重为 1。这样训练得到的小模型也就具有与复杂模型近似的性能效果,但是复杂度和计算量却要小很多。然后设置精简模型 Softmax 层温度参数与原始复杂模型产生 Soft-target 时所采用的温度一致,按照常规模型训练精简网络模型。最后在部署时将精简模型中的 Softmax 温度参数重置为 1,即采用最原始的 Softmax。

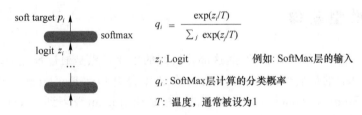

$$q_i = \frac{\exp(z_i/T)}{\sum_j \exp(z_j/T)}$$

z_i: Logit　　　　　例如: SoftMax层的输入

q_i: SoftMax层计算的分类概率

T: 温度,通常被设为1

图 11-9　模型蒸馏中间过程

若想详细了解 BERT 的模型蒸馏方法 Distillation BERT,请扫描书右侧的二维码。

BERT 的蒸馏方法

11.3　其他热门的研究点

　　自然语言处理的具体表现形式包括机器翻译、文本摘要、文本分类、文本校对、信息抽取、语音合成、语音识别等。自然语言处理就是要计算机理解自然语言,自然语言处理机制涉及两个流程,包括自然语言理解和自然语言生成。按照词法分析、句子分析、语义分析、信息抽取、顶层任务可以将自然语言处理的研究点分为如图 11-10 所示。

图 11-10　自然语言处理热门研究点汇总

11.3.1 热门研究点介绍——问答系统

问答系统是信息检索系统的一种高级形式,它通过 Web 搜索或链接知识库等方式,检索到用户问题的答案,并用准确、简洁的自然语言回答用户。问答系统更接近信息检索中的语义搜索,针对用户用自然语言提出的问题,通过一系列的方法生成问题的答案,但与信息检索系统的不同在于,问答系统根据用户的问题直接给出精准的答案,而不是给出一系列包含候选答案的页面。系统生成答案的过程虽然也涉及简单的上下文处理,但通常是通过指代消解和内容补全完成处理操作的。问答系统主要针对特定领域的知识进行一问一答,侧重于知识结构的构建、知识的融合与知识的推理。

问答系统在任务上与很多相关领域的任务有共同点。例如,问答系统与信息检索均需要根据用户提出的问题在 Web 上进行答案信息的检索,问答系统与数据库查询(Database Query)均需要在数据库或知识库上进行答案信息的查询。问答系统适用于特殊而复杂的信息需求,可以从多样化的、非结构化的信息中获取问题的答案,并且需要对问题进行更多自动化的语义理解。现有的问答系统根据其问题答案的数据来源和回答的方式的不同,大体上可以分为以下 3 类:

(1)基于 Web 信息检索的问答系统(Web Question Answering,WebQA):WebQA 系统以搜索引擎为支撑,理解分析用户的问题意图后,利用搜索引擎在全网范围内搜索相关答案反馈给用户。典型的系统有早期的 Ask Jeeves 和 AnswerBus 问答系统。

(2)基于知识库的问答系统(Knowledge Based Question Answering,KBQA):KBQA 系统通过结合一些已有的知识库或数据库资源(如 Freebase、DBPedia、Yago、Zhishi. me 等),以及利用维基百科、百度百科等非结构化文本的信息,使用信息抽取的方法提取有价值的信息,并构建知识图谱作为问答系统的后台支撑,再结合知识推理等方法为用户提供更深层次语义理解的答案。

(3)社区问答系统(Community Question Answering,CQA):CQA 系统也叫基于社交媒体的问答系统,如 Yahoo! Answers、百度知道、知乎等问答平台。大多数问题的答案由网友提供,问答系统会检索社交媒体中与用户提问语义相似的问题,并将答案返回给用户。

KBQA 系统是目前应用最广泛的问答系统之一,适用于人们生活的方方面面,例如在医疗、银行、保险、零售等行业建立相应专业知识的问答系统(智能客服系统),可以给用户提供更好的服务。知识库(Knowledge Base,KB)是用于知识管理的一种特殊的数据库,用于相关领域知识的采集、整理及提取。知识库中的知识源于领域专家,是求解问题所需领域知识的集合,包括一些基本事实、规则和其他相关信息。知识库的表示形式是一个对象模型(Object Model),通常称为本体,包含一些类、子类和实体。不同于传统的数据库,知识库中存放的知识蕴含特殊的知识表示,其结构比数据库更复杂,可以用来存放更多复杂语义表示的数据。知识库早被应用于专家系统,它是一种基于知识的系统,包含表示客观世界事实的一系列知识及一个推理机(Inference Engine),并依赖一定的规则和逻辑形式推理出一些新的事实。KBQA 是基于知识库中的专业知识建立的问答系统,也是目前最主流的问答系统。常见的知识库有 Freebase、DBPedia 等。知识库一般采用 RDF 格式对其中的知识进行表示,知识的查询主要采用 RDF 标准查询语言 SPARQL。除此之外,还有一些(如维基百科等)无结构化文本知识库。虽然不同的问答系统会有不同的体系架构,但一般来说,KBQA 系统包含问句理解、答案信息抽取、答案排序和生成等核心模块,其基本架构如图11-11 所示。

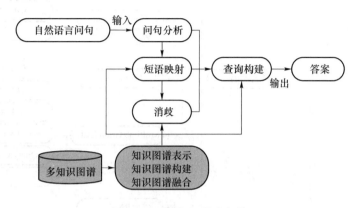

图 11-11　KBQA 基本架构

11.3.2　热门研究点介绍——机器阅读理解

机器阅读理解(Machine Reading Comprehension,MRC)就是给定一篇文章,以及基于文章的一个问题,让机器在阅读文章后对问题进行作答。MRC 的常见任务主要有四个:完形填空、多项选择、片段抽取和自由作答。完形填空的任务定义为将文章中的某些单词隐去,让模型根据上下文判断被隐去的单词最可能是哪个;多项选择的任务定义为给定一篇文章和一个问题,让模型从多个备选答案中选择一个或多个最有可能是正确答案的选项;片段抽取的任务定义为给定一篇文章和一个问题,让模型从文章中抽取连续的单词序列,并使得该序列尽可能地作为该问题的答案;自由作答的任务定义为给定一篇文章和一个问题,让模型生成一个单词序列,并使得该序列尽可能地作为该问题的答案。与片段抽取任务不同的是,该序列不再限制于文章中的句子。这四个任务构建的难易程度越来越高,对自然语言理解的要求越来越高,答案的灵活程度越来越高,实际的应用场景也越来越广泛。

经典机器阅读理解的基本框架主要包括嵌入编码(Embedding)、特征抽取(Feature Extraction、Encode)、文章-问题交互(Context-Question Interaction)和答案预测(Answer Prediction)四个模块,如图 11-12 所示。2016 年之前 MRC 采用的主要是统计学习的方法,2016 年在 SQuAD 数据集发布之后,出现了一些基于注意力机制的匹配模型。2018 年之后浮现了各种预训练语言模型,如 BERT 等。

机器阅读理解的研究趋势包括以下 4 个方面:

(1) 基于外部知识的机器阅读理解:在人类阅读理解过程中,当有些问题不能根据给定文本进行回答时,人们会利用常识或积累的背景知识进行作答,而在机器阅读理解任务中却没有很好地利用外部知识。其面临的挑战包括相关外部知识的检索及外部知识的融合。

(2) 带有不能回答的问题的机器阅读理解:机器阅读理解任务有一个潜在的假设,即在给定文章中一定存在正确答案,但这与实际应用不符,有些问题机器可能无法进行准确的回答。这就要求机器判断问题仅根据给定文章能否进行作答,如若不能,将其标记为不能回答,并停止作答;反之,则给出答案。其面临的挑战包括不能回答的问题的判别、干扰答案的识别等。

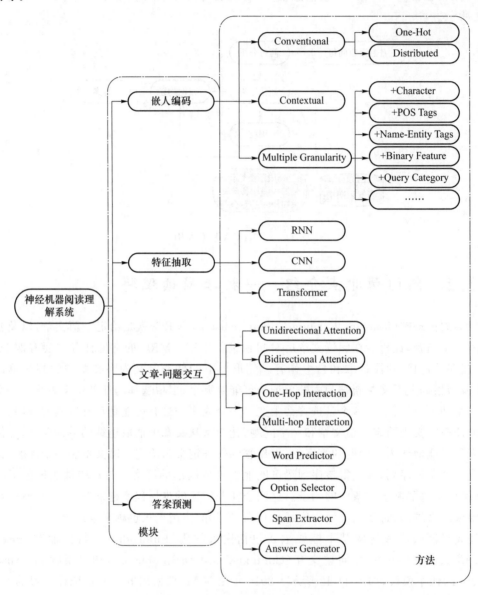

图 11-12　机器阅读理解基本框架

　　(3) 多条文档机器阅读理解:在机器阅读理解任务中,题目都是根据相应的文章进行设计的。而人们在进行问答时,通常先提出一个问题,再利用相关的可用资源获取回答问题所需的线索。不再仅仅给定一篇文章,而是要求机器根据多篇文章对问题进行作答。其面临的挑战包括相关文档的检索、噪声文档的干扰、检索得到的文档中没有答案、可能存在多个答案、需要对多条线索进行聚合等。

　　(4) 对话式阅读理解:当给定一篇文章时,提问者先提出一个问题,回答者给出答案,之后提问者再在回答的基础上提出另一个相关的问题,多轮问答对话可以看作是上述过程迭代进行多次。其面临的挑战包括对话历史信息的利用、指代消解等。

若想详细了解机器阅读理解综述及模型介绍,请扫描书右侧的二维码。

机器阅读理解

11.4　多模态任务的举例与现状

每一种信息的来源或者形式,都可以称为一种模态。例如,人有触觉、听觉、视觉等;信息的媒介有语音、视频、文字等。以上的每一种都可以称为一种模态。多模态机器学习旨在通过机器学习的方法实现处理和理解多源模态信息的能力。目前比较热门的研究方向是图像、视频、音频、语义之间的多模态学习。本节将针对多模态学习在深度学习方面的研究方向和应用做相关介绍。

11.4.1　多模态学习的概念

多模态学习可以划分为以下五个研究方向:多模态表示学习、模态转化、对齐、多模态融合、协同学习。

多模态表示学习是指通过利用多模态之间的互补性,剔除模态间的冗余性,从而学习到更好的特征表示。主要包括两大研究方向:联合表示(Joint Representations)和协同表示(Coordinated Representations)。如图 11-13 所示,联合表示将多个模态的信息一起映射到一个统一的多模态向量空间;协同表示负责将多模态中的每个模态分别映射到各自的表示空间,但映射后的向量之间满足一定的相关性约束(如线性相关)。

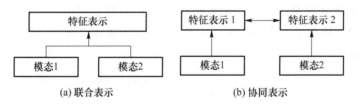

图 11-13　多模态学习中的联合表示与协同表示

模态转化也称为映射,负责将一个模态的信息转换为另一个模态的信息。模态间的转换主要有两个难点:一是未知结束位,例如实时翻译中,在还未得到句尾的情况下,必须实时地对句子进行翻译;二是主观评判性,是指很多模态转换问题的效果没有一个比较客观的评判标准,也就是说目标函数的确定是非常主观的。例如,在图片描述中,形成怎样的一段话才算是对图片好的诠释? 也许一千个人心中有一千个答案吧。

多模态的对齐负责对来自同一个实例的不同模态信息的子分支/元素寻找对应关系。这个对应关系可以是时间维度的,比如将一组动作对应的视频流同主干图片对齐。类似的还有电影画面-语音-字幕的自动对齐。对齐又可以是空间维度的,比如图片语义分割:尝试将图片的每个像素对应到某一种类型标签,实现视觉-词汇对齐。

多模态融合负责联合多个模态的信息,进行目标预测(分类或者回归),属于 MMML 最早的研究方向之一,也是目前应用最广的方向,它还存在其他常见的别名,例如多源信息融合、多传感器融合。按照融合的层次，可以将多模态融合分为 pixel level，feature level 和 decision level 三类，分别对应对原始数据进行融合、对抽象的特征进行融合和对决策结果进行融合。而 feature level 又可以分为 early 和 late 两个大类，代表了融合发生在特征抽取的早期和晚期。当然还有将多种融合层次混合的 hybrid 方法。

协同学习是指使用一个资源丰富的模态信息来辅助另一个资源相对贫瘠的模态进行学习。比如迁移学习就是属于这个范畴，绝大多数迈入深度学习的初学者尝试做的一项工作就是将 ImageNet 数据集上学习到的权重，在自己的目标数据集上进行微调。迁移学习比较常探讨的方面目前集中在领域适应性问题上，即如何将 train domain 上学习到的模型应用到 application domain。迁移学习领域著名的还有零样本学习和一样本学习，很多相关的方法也会用到领域适应性的相关知识。

11.4.2 图像-文本多模态任务举例及研究现状

图像与文本的多模态结合是近年来快速崛起的研究方向，其中以图像描述、视觉问答及视觉对话等任务为典型代表的图像-文本多模态任务更是发展迅速，且有着丰富广阔的应用前景，本小节将简要介绍这三个典型的图像-文本多模态任务。

图像描述（Image Caption）是一个融合计算机视觉、自然语言处理和机器学习的综合问题，它类似于翻译一幅图片为一段描述文字。该任务对于人类来说非常容易，但是对于机器却非常具有挑战性，它不仅需要利用模型去理解图片的内容并且还需要用自然语言去表达它们之间的关系。除此之外，模型还需要能够抓住图像的语义信息，并且生成人类可读的句子。随着深度学习领域的发展，一种将深度卷积神经网络（Deep Convolutional Neural Network）和循环神经网络（Recurrent Neural Network）结合起来的方法如图 11-14 所示，在图像标注问题上取得了显著的进步。该方法的成功使得基于该方法的对图像标注问题研究迅速地火热起来。

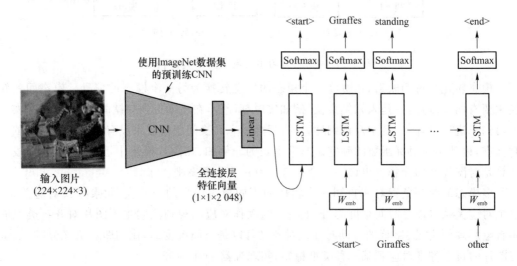

图 11-14 图像描述主体网络结构

视觉问答（VQA）指的是给定一张图片和一个与该图片相关的自然语言问题，计算机能产生一个正确的回答。显然这是一个典型的多模态问题,融合了 CV 与 NLP 的技术,计算机需要同时学会理解图像和文字。正因如此,直到相关技术取得突破式发展的 2015 年,VQA 的概念才被正式提出。可见,VQA 仍然是一个非常新颖的研究方向。图像是更高维度的数据,比纯文本具有更多的噪声。文本是结构化的,也具备一定的语法规则,而图像则不然。

　　文本本身即是对真实世界的高度抽象,而图像的抽象程度较低,可以展现更丰富的信息,同时也更难被计算机"理解"。与 Image Captioning 这种看图说话的任务相比,VQA 的难度也显得更大。因为 Image Captioning 更像是把图像"翻译"成文本,只需把图像内容映射成文本再加以结构化整理即可,而 VQA 需要更好地理解图像内容并进行一定的推理,有时甚至还需要借助外部的知识库。如 2019 年的 MuRel 视觉问答模型,就是发现了目前注意力网络在 VQA 中表现出了非常好的效果,但是注意力这种简单的机制是不足以对复杂的推理特征或者高层次的任务进行建模,因此提出了一种能够在真实图像中学习端到端推理的多模态关系网络,其可以通过用丰富向量表示来处理问题和图像之间的推理交互,和成对结合的区域关系的建模的结构,另外其将前面的单元整合到 MuRel 网络中去,该网络细化了图像和文本的交互,达到了当时 VQA 模型的最佳性能。相较于图像描述,VQA 的评估方法更为简单,因为答案往往是客观并简短的,很容易与 Ground Truth 对比判断是否准确,不像 Image Captioning 需要对长句子做评估。视觉问答的现有模型可以分为四大类,即融合嵌入方法、注意力机制、复合模型、使用先验知识库方法。融合嵌入方法是处理多模态问题时的经典思路,在这里指对图像和问题进行联合编码,该方法如图 11-15 所示。注意力机制起源于机器翻译问题,目的是让模型动态地调整对输入项各部分的关注度,从而提升模型的"专注力"。复合模型的核心思想是将设计一种模块化的模型,可根据问题的类型动态组装模块来产生答案。虽然 VQA 要解决的是看图回答问题的任务,但实际上,很多问题往往需要具备一定的先验知识才能回答。因此,把知识库加入 VQA 模型中也成为一个很有前景的研究方向。

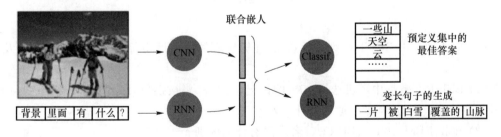

图 11-15　视觉问答融合嵌入方法示意图

　　视觉对话主要任务为 AI 代理与人类以自然的会话语言对视觉内容进行有意义的对话。具体而言,给定图像,对话历史和关于图像的问题,代理必须将问题置于图像中,从历史推断上下文,并准确的回答问题。视觉对话具有访问和理解的多轮对话历史,所以需要一个可以组合多个信息源的编码器。相比于视觉问题任务,其因为不但要考虑图像信息,同时需要结合多轮对话历史做出判断,因此具有更大的挑战性。视觉对话的主体网络结构如图 11-16 所示。

视觉问答

　　若想详细了解视觉问答的详细原理及主流模型方法,请扫描书右侧的二维码。

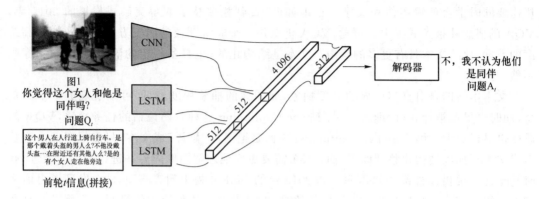

图 11-16　视觉对话主体网络结构

本 章 小 结

　　本章首先介绍了超大规模预训练网络的基本原理及典型网络代表,之后从模型剪枝、模型量化及模型蒸馏三个方面讲解了主流模型压缩方法,然后从理解与生成两个方面,汇总介绍了其他自然语言处理热门研究点并介绍了问答系统与机器阅读理解等任务,最后在多模态学习概念的基础之上,介绍了图像-文本多模态任务的任务定义及网络架构。本章是对全书其他章节自然语言处理任务与应用的重要补充,在读者对本章进行了充分的学习后,将会对自然语言处理的其他研究热点与发展趋势展望有着基本且较全面的认识。

思 考 题

　　(1)简要地画出 BERT 的结构示意图,并标注清楚结构模型每一部分的代表符号及其代表的意义。

　　(2)BERT 在数据中随机选择 15% 的标记,其中 80% 被换位[MASK],10% 不变,10% 随机替换其他单词,这样做的原因是什么?

　　(3)比较 ELMo、GPT、BERT 三者之间有什么区别。

　　(4)简述模型剪枝、模型量化、模型蒸馏的原理。

　　(5)Bert 采用哪种 Normalization 结构? LayerNorm 和 BatchNorm 有什么区别? LayerNorm 结构有参数吗? 参数的作用是什么?

　　(6)简要写出图像描述、视觉问答、视觉对话任务的基本定义及异同。

本章参考文献

［1］ Peters M，Neumann M，Iyyer M，et al. Deep Contextualized Word Representations ［C］//Proceedings of the 2018 Conference of the North American Chapter of the Association for Computational Linguistics：Human Language Technologies，Volume 1 (Long Papers). 2018：2227-2237.

［2］ Radford A，Narasimhan K，Salimans T，et al. Improving language understanding by generative pre-training (2018)［J］. URL https：//s3-us-west-2. amazonaws. com/openai-assets/research-covers/language-unsupervised/language_ understanding_paper. pdf，2018.

［3］ Devlin J，Chang M W，Lee K，et al. BERT：Pre-training of Deep Bidirectional Transformers for Language Understanding［C］//Proceedings of the 2019 Conference of the North American Chapter of the Association for Computational Linguistics：Human Language Technologies，Volume 1 (Long and Short Papers). 2019：4171-4186.

［4］ Radford A，Wu J，Child R，et al. Language models are unsupervised multitask learners［J］. OpenAI blog，2019，1(8)：9.

［5］ Han S，Mao H，Dally W J. Deep Compression：Compressing Deep Neural Networks with Pruning，Trained Quantization and Huffman Coding［C］// International Conference on Learning Representations. 2016.

［6］ Courbariaux M，Bengio Y. BinaryNet：Training Deep Neural Networks with Weights and Activations Constrained to $+1$ or -1［J］. arXiv：160202830，2016.

［7］ Li F，Zhang B，Liu B. Ternary weight networks［J］. arXiv preprint arXiv：1605. 04711，2016.

［8］ Zhou S，Wu Y，Ni Z，et al. Dorefa-net：Training low bitwidth convolutional neural networks with low bitwidth gradients［J］. arXiv preprint arXiv：1606.06160，2016.